碳中和的政策与实践

The Policy and Practice for Carbon Neutrality

主编 李泓江 田江

四川人民出版社

图书在版编目（CIP）数据

碳中和的政策与实践/李泓江，田江主编. —成都：
四川人民出版社，2021.10（2022.5 重印）
ISBN 978-7-220-12448-8

Ⅰ. ①碳… Ⅱ. ①李… ②田… Ⅲ. ①二氧化碳
－排气－研究－中国 Ⅳ. ①X511

中国版本图书馆 CIP 数据核字（2021）第 195845 号

TANZHONGHE DE ZHENGCE YU SHIJIAN
碳中和的政策与实践

李泓江 田 江 主编

出 版 人	黄立新
责任编辑	廖姝云 范雯晴
封面设计	李其飞
内文设计	戴雨虹
责任校对	吴 玥 舒晓利
责任印制	周 奇
出版发行	四川人民出版社（成都三色路 238 号）
网 址	http://www.scpph.com
E-mail	scrmcbs@sina.com
新浪微博	@四川人民出版社
微信公众号	四川人民出版社
发行部业务电话	（028）86361653 86361656
防盗版举报电话	（028）86361661
照 排	四川胜翔数码印务设计有限公司
印 刷	成都东江印务有限公司
成品尺寸	155mm×230mm
印 张	21.5
字 数	275 千
版 次	2021 年 10 月第 1 版
印 次	2022 年 5 月第 2 次印刷
书 号	ISBN 978-7-220-12448-8
定 价	68.00 元

《碳中和的政策与实践》 编委会

一、学术顾问

刘　琦　海南省委原常委、组织部长，国家能源局原副局长

童章舜　国家发展和改革委员会地区振兴司司长

杨良松　国家石油储备中心原主任、中国国际文化交流中心国际能源经济研究院院长

曾　勇　电子科技大学校长、教授、博士生导师

黄　琦　成都理工大学副校长、教授、博士生导师

丁　辉　生态环境部应对气候变化司处长、博士

赵厚川　中国石油四川销售公司党委书记、执行董事

何晓秋　重庆长江勘测设计院有限公司董事长

二、编委会成员（排名不分先后）

李泓江　田　江　赵浩宇　申立勇　赵继强　秦　霞　路应金
董倩宇　朱　娜　余　涛　刘乃贵　皮江涛　何佳璐　钟　晓
宋景锐　温　璐　王悦好

序　言

随着世界人口持续增长和全球经济快速发展，人类面临的气候变化挑战日益凸显。气候变化的多尺度、多方位、多层次影响，导致气温升高、海平面上升、极端气候事件频发，给人类生存和发展带来严峻挑战。根据联合国政府间气候变化专门委员会（IPCC）定期发布的气候变化评估报告，"人类活动导致气候变化"已经从最初的"非常可能""极有可能"等不确定的表述调整为"毫无疑问"的肯定表述。目前，积极应对气候变化，推动人类社会可持续发展，已成为当今世界面临的共同课题。

党和政府高度重视生态文明建设。2005 年 8 月 15 日，时任浙江省委书记的习近平在安吉考察时首次提出"绿水青山就是金山银山"这一科学论断。党的十九大把"增强绿水青山就是金山银山的意识"写进《中国共产党章程》，"两山"理论作为习近平生态文明思想的核心在全国落地生根，成为全党全社会的思想共识和行动遵循。

2018 年 5 月，在全国生态环境保护大会上，习近平总书记进一步指出"生态文明建设是关系中华民族永续发展的根本大计""生态环境是关系党的使命宗旨的重大政治问题，也是关系民生的重大社会问题"，再次强调坚持"绿水青山就是金山银山"基本原则，加快构建生态文明体系，确保到 2035 年，生态环境质量实现根本好转，美丽中国目标基本实现，到本世纪中叶，生态文明全面提升，实现生态环境领域国家治理体系和治理能力现代化，建成美丽中国。

2020 年 9 月 22 日，习近平总书记在联合国大会上表示："中国将提高国家自主贡献力度，采取更加有力的政策和措施，二氧化碳排放力争于 2030 年前达到峰值，努力争取 2060 年前实现碳中和。"这是中国首次在国际社会上提出碳中和承诺，展现了中国积极应对全球气候变化的大国担当。2021 年我国"十四五"规划纲要提出"制定 2030 年前碳排放达峰行动方案；锚定努力争取 2060 年前实现碳中和，采取更加有力的政策和措施"。

在庆祝中国共产党成立 100 周年大会上，习近平总书记对未来我国推进生态文明建设提出了新的要求，要"坚持人与自然和谐共生，协同推进人民富裕、国家强盛、中国美丽"。

党的十八大以来，我国秉持"绿水青山就是金山银山"理念，在推动经济实现高质量发展的同时，在生态文明建设中取得举世瞩目的成就。当前，我国开启全面建设社会主义现代化国家新征程，向第二个百年奋斗目标进军，必须牢固树立生态文明意识，增强生态文明建设的战略定力。全面实现碳中和既是我国对世界的承诺，也是我国全面实施创新驱动发展战略、推动经济高质量发展的重要内容；既是对人类文明发展经验教训的历史总结，又是引领中国长远发展的战略谋划。实现碳达峰、碳中和目标，根本上是要实现我国经济社会发展全面绿色转型，以绿色低碳、循环发展的经济体系全面推动社会发展，实现中华民族的永续发展和人民对美好生活的向往。

本书立足于我国绿色低碳发展实践，全面梳理全球碳中和有关公约和协定，从碳中和的理论层面、政策层面、实践层面以及要素层面进行了全面系统的论述。在理论层面，本书从经典的科斯定理、经济外部性、可持续发展等理论科学解释了碳中和的理论依据。在政策层面，本书从我国生态文明建设、碳税机制以及有关地方政策，剖析了我国碳中和宏观政策的创新与科学指导。在实践层面，本书立足于服务国家大局，坚持问题导向，着眼于推进绿色低碳发展，促进经济社会发展全面绿色转型，既有对德国、澳大利亚、美国等国家碳排放制度的借鉴，也有我国在深圳、上海等地开展碳交易试点的经验总结，同时结合中国石化集团、中国国电集团等单位开展碳资产管理的案例分析，为各地开展绿色低碳实践提供参考和借鉴。本书重点介绍碳交易、碳金融、碳资产以及零碳生活，从概念到理论、从工具到应用、从中国到全球，为读者呈现全面系统的碳中和方法论，为全面实现"碳达峰、碳中和"目标提供科学指导。本书在篇末专门编著了一章关于"零碳生活"的内容，引导民众从我做起、从身边的点滴小事做起，践行"零碳生活"，为生态环保做贡献。

本研究团队一直聚焦我国产业发展，着力研究我国产业发展政策和实践，本书是研究团队长期研究工作的总结和成果提炼，不仅为我国传统产业转型升级和经济结构优化提供了理论参考，也为下一步促进低碳产业布局和资源配置指明了发展方向，对促进碳交易体制机制创新、碳金融产品开发、碳资产管理以及低碳技术和碳减排技术的推广和应用，提供全面的理论指导和技术参考。

在撰写本书过程中，研究团队深入能源、交通、智能制造等各类企业开展调研，广泛听取了相关企业关于碳中和在政策、体制、机制、实践等方面的意见和建议，为本书提供了翔实的素材。

本书的撰写得到了国家生态环境部应对气候变化司、国家发展和改革委员会地区振兴司、国家石油储备中心、中国国际文化交流中心国际能源经济研究院、四川省委宣传部等有关部门及相关领导的大力支持，对本书的选题、内容设计等方面进行了指导。

在本书编著过程中，充分学习和参考了有关专家学者的研究成果，并在书中予以标注，在此谨向这些专家学者表示衷心感谢。同时，本书的出版得到了四川人民出版社的大力支持，黄立新社长全程参与选题立项和编辑出版工作，并选派优秀的编辑团队提供了全方位支持！

由于碳中和是全球面临的新课题，加之碳中和的实践与日俱进，本书在内容上难免有不妥之处，热忱欢迎广大读者和专家学者批评指正！

在此，我谨代表编委会向支持本书编著和出版的有关领导及专家学者表示诚挚感谢！向全体编委会成员以及出版编辑的辛勤付出致以诚挚谢意！

李泓江

2021 年 8 月北京

目　录

引 言

习近平总书记在第七十五届联合国大会一般性辩论上发表重要讲话，提出："中国将提高国家自主贡献力度，采取更加有力的政策和措施，二氧化碳排放力争于 2030 年前达到峰值，努力争取 2060 年前实现碳中和。"实现"碳达峰、碳中和"目标是党中央立足国际国内两个大局做出的重大战略决策，彰显了中国积极应对气候变化、走绿色低碳发展道路的决心，也为人民健康、安全、舒适的生活提供保障。这对于我国生态文明建设、引领全球气候治理、实现"两个一百年"奋斗目标具有重大意义。"碳达峰、碳中和"目标也是应对气候变化、推动我国生态文明建设与绿色发展的必然要求，是我国绿色低碳发展的必经之道。

一、 "碳中和" 理念的国际影响

经过多年努力，联合国组织世界各国科学家共发表了五次关于气候变化问题的科学评估报告。一方面，这些报告通过列举系统观察到的事实，确认了地球不断超常升温的变化趋势，而且越来越确定这种升温的主要原因是人类活动排放的温室气体在大气中不断积累的结果。因人类活动过多地排放温室气体引起的、以全球变暖为主要特征的全球气候变化，是人类面临的最大的生态环境威胁。全球变暖如果不能得到有效控制，生态环境和生物多样性将受到严重负面影响，许多地方的人类生存条件也将受到不可逆的破坏，由此引发的粮食、水资源等系统危机将严重影响人类生存安全。另一方面，多方面的研究结果和各国探索实践也一致说明，人类可以通过技术创新、能源革命、改变经济结构布局、创新消费模式等方式，用积极行动实现低碳转型，可以有效减少温室气体的排放，并在必要的响应时间内，实现全球性温室气体减排，把全球温升的幅度和速度控制在一个可以逐步适应的变化范围之内。

为应对由于人类活动大幅增加大气中温室气体体积分数而带来的全球气候变化，自 20 世纪 90 年代以来，国际社会一直在气候变化问题上不断努力探索进一步的有效合作，并在联合国框架下进行了一系列气候变化谈判，先后达成了《联合国气候变化框架公约》《京都议定书》《巴黎协定》等条约或协定，建立应对气候变化的新机制，奠定了世界各国携手应对全球气候变化的制度和规则基础。《巴黎协定》生效后，各缔约国先后制定了各自减排温室气体的行动目标。2018年，联合国政府间气候变化专门委员会（Intergovernmental Panel on Climate Change，IPCC）发布了《全球升温1.5℃特别报告》。之后各国几乎都将升温控制在1.5℃以内作为长期温控目标来论证应对气候变化的政策、行动及国际合作，碳中和、气候中性、温室气体净零排放等概念成为学界、政界以及产业界在应对气候变化领域最为重要的话题。截至2021年4月，全球已有100多个国家做出了在21世纪中叶左右实现温室气体净零排放承诺。

碳中和（Carbon Neutrality）的概念由英国伦敦的未来森林公司（后更名为碳中和公司）于1997年首度提出，是指家庭或个人以环保为目的，通过购买经过认证的碳信用来抵消自身碳排放，公司亦为这些用户提供植树造林等减碳服务。广义上的"碳中和"则指通过植树造林、生物固碳、节能环保等方式抵消一段时间内国家及企业产生的二氧化碳等温室气体排放量，使之实现相对"净零排放"，根据所遵循的国际计算标准将碳足迹降至零。1999年，苏·霍尔（Sue Hall）在俄勒冈州创立名为"碳中和网络"的非营利组织，旨在呼吁企业通过"碳中和"的方式实现潜在的成本节约和环境可持续发展，并与美国国家环境保护局、美国大自然保护协会等机构共同开发"碳中和认证"和"气候降温"品牌①。随着后来的发展，"碳中和"的概念多表述为：在规定的时间段和规定的区域内（如某个国家、地区或组织内），人为向大气环境中释放的二氧化碳排放量与人为的二氧化碳去除量相平衡，即做到二氧化

---

① Ellison，Katherine. Burn Oil，Then Help a School Out；It All Evens Out [N]. CNN Money，2002-07-08.

碳"源"与"汇"的平衡。或从规定的时间起，在规定的区域内，直接完全消除人为二氧化碳排放，即二氧化碳净零排放。

低碳发展、低碳转型已成为世界的一个发展潮流。众多国家宣称在21世纪实现碳中和的这一举动表明，国际社会已将全球气候变化议题的层次从环境保护和资源利用问题进一步提升到经济发展的模式和质量。过去，污染排放的外部成本没有得到充分重视，致使世界各国和人民都要面对气候变化带来的损失。应对气候变化，本质上需要应对工业化进程中落后的生产方式，只有提高资源利用效率和生产效率、降低污染量和排放量，走可持续发展道路，才能从根本上改善全球气候环境问题①。

我国官方首次提到"碳中和"，可以追溯到中国绿化基金会设立中国绿色碳基金。该项碳基金成立于2007年7月20日，旨在积极实施以增加森林储能为目的的造林护林等林业碳汇项目，从而缓解气候变化带来的影响。2015年6月30日，李克强总理在法国访问期间宣布，中国政府已向《联合国气候变化框架公约》秘书处提交文件描述中国2030年的自主行动目标。2020年9月22日，习近平总书记在第七十五届联合国大会一般性辩论上提出："中国将提高国家自主贡献力度，采取更加有力的政策和措施，二氧化碳排放力争于2030年前达到峰值，努力争取2060年前实现碳中和。"习近平总书记向世界释放出中国将坚定走绿色低碳发展道路、引领全球生态文明和建设美丽世界的积极信号，充分展现了我国实施积极应对气候变化国家战略的雄心和决心，体现了真正的大国格局、大国战略、大国担当②。

① 王文，刘锦涛. 碳中和元年的中国政策与推进状况——全球碳中和背景下的中国发展（上）[J]. 金融市场研究，2021，108（05）：1-14.
② 柴麒敏. 共同开创国家碳中和繁荣美丽新时代 [J]. 阅江学刊：2020（06）：36-40.

二、 "碳中和" 重构绿色低碳经济布局

碳中和需要构建与之配套的多种政策工具协同发力的政策体系。面对复杂的国际碳中和局势以及全球气候环境问题,各国纷纷布局本国的绿色发展政策,致力于政府行政引导与市场机制发挥各自优势相协同,包括设立绿色基金、开展绿色项目优惠、推动能源清洁化和交通电动化、加大生态环境保护和生物多样性保护的力度等。各国碳中和政策布局以向相关企业提供税收优惠和财政支持为主,同时设立国家级的绿色产业基金,引导绿色融资向绿色产业倾斜。政府层面的扶持,促进企业主动进行绿色转型,不断提高可持续经济在国民经济中的占比,并带动绿色就业,借助绿色产业增长提供就业岗位。各国碳中和政策的推出,其根本目的并不只是控制温室气体排放总量与减缓全球气候变化,更是以可持续发展为导向进行产业经济的全面转型与升级。

在碳中和愿景的引领下,全球的产业和能源形态会发生突破性、根本性的转变。清洁可再生能源成为能源市场主流,国际能源格局开始转变。可再生能源的全面应用是可持续发展的核心,各国碳中和能源减排战略亦普遍以降低化石能源发电占比、减少煤炭消费为主,不断提高风电、水电、光伏、氢能、生物质能等清洁能源的发电占比,使传统的国际石油能源格局逐渐发生转变。

产业结构调整是当今各国发展经济的重要课题,调整和建立合理的产业结构,目的是促进经济和社会的发展,以及人民物质文化生活的改善。一般来说,产业结构转变经历了从以轻工业为中心向以重工业为中

心，从以原材料工业为中心向以加工、组装工业为中心，然后再转向以技术密集产业为中心的这样一个产业结构转变过程。

中国正在经历经济增长方式的重大变革，政府决心改变过去依赖资源大量投入驱动的经济增长模式，提出从"需求侧"和"供给侧"两个方面来共同促进中国经济增长向价值创造型的可持续发展方式的转型。"需求侧"改革重点是降低投资扩大消费，调整需求结构；而"供给侧"改革则主要是提高全要素生产力与促进产业转型升级，优化生产结构①。

在低碳经济中，二氧化碳排放量＝人口数量×人均 GDP×单位 GDP 能耗×单位能耗排放量。因此，二氧化碳的排放量取决于人口数量、人均国内生产总值、单位国内生产总值能耗、单位能耗排放量这四个因素。

目前，我国工业部门的碳排放占总排放量的 70%。随着经济发展方式转变，产业结构调整迅速，能源消耗和碳排放增速大为缓解。

2020 年 10 月 29 日中国共产党第十九届中央委员会第五次全体会议通过的《中共中央关于制定国民经济和社会发展第十四个五年规划和二〇三五年远景目标的建议》强调，要打造新兴产业链，推动传统产业高端化、智能化、绿色化，发展服务型制造；发展战略性新兴产业，加快壮大新一代信息技术、生物技术、新能源、新材料、高端装备、新能源汽车、绿色环保以及航空航天、海洋装备等产业。推动互联网、大数据、人工智能等同各产业深度融合，推动先进制造业集群发展。按照远景规划，高耗能原材料产量或将陆续达到峰值，而内涵型经济增长方式将使高科技产业、装备制造以及信息、医药产业呈现较快增长势头，高

---

① 中国尽早实现二氧化碳排放峰值的实施路径研究课题组. 中国碳排放尽早达峰 [M]. 北京：中国经济出版社，2017.

耗能工业占比 GDP 比重下降，能有效促进单位增加值的能源消耗快速下降。未来经济发展方向将强调现代制造业和现代服务业并行发展的策略，带动产业结构整体转型升级。

三、"碳中和" 推动绿色金融创新

绿色低碳发展成为国际合作重要导向及国际竞争新兴战场。尽管各国在绿色金融的概念界定和体系建设等方面存在异同，但运用金融资源支持绿色可持续产业发展和应对全球气候环境变化的重要理念已成共识。其中，金融资源以信贷资源、政策资源、机构资源、市场资源等为主，共同组成推动绿色产业项目融资和服务的综合体系。各国积极通过发展绿色金融带动疫情后的绿色经济复苏，同时在碳中和目标下的可持续经济发展中为绿色金融增添支持低碳减排的重要属性，并推动政府经费开支与市场资金流向发生转变。与此同时，国际范围内新的绿色金融中心应运产生，以英国明确要建立的伦敦和利兹两个全球绿色金融与投资中心①为例，未来其他各国也将逐步建立绿色金融信息资讯中心、碳金融交易中心、绿色衍生品中心等。

我国正在全面开展碳排放权的市场体系建设。碳中和首要治理对象是以二氧化碳为主的温室气体，将碳排放进行资产化，将产生更多的可操作性与市场可能性。我国早在 2011 年即开展了碳排放权交易试点工

---

① 樊文佳. 英国将在伦敦与利兹新建全球绿色金融与投资中心［N/OL］. 新浪财经，［2021-02-19］. http：//finance. sina. com. cn/esg/investment/2021-02-19/doc-ikftpnny8060579. shtml.

作，碳排放权的资产化以及配额的限定，使碳排放权具备资源稀缺性，可交易的属性又以碳市场流动性的方式为企业提供了更多的选择，而碳排放权开放个人投资交易后也为市场投资者提供了新兴投资机遇。

2019年财政部印发《碳排放权交易有关会计处理暂行规定》，规定了碳排放权的会计核算获得标准和依据，推动了碳债券、碳信托、碳期货的创新进程。但自2021年我国碳交易市场全面启动以来，在全国范围内并没有引发符合预期的足够大的反响，一是由于碳排放权登记和交易两大系统尚在建设之中，二是由于还需要进一步提高企业的参与度和积极性，并增强对企业于碳交易市场前景与重要性的意识和认知。

从全球经验来看，支撑绿色低碳发展最重要的资源是金融资源。根据中国人民银行推出的相关政策，金融资源将逐渐向绿色领域倾斜，中国人民银行将主动引导绿色金融服务向低碳经济发展，更多与绿色发展相关的货币政策工具和信贷政策等将不断推出，增强了金融机构参与绿色融资的积极性和主动性。与此同时，金融资源的充分供给将会促进碳中和基础设施建设不断完善，硬件设施包括城市绿色基建、低碳建筑、绿色工厂、绿色园区等，软件设施包括碳排放交易与核算信息服务系统、绿色金融资讯中心与数据处理系统、碳足迹与环境信息披露数据库等方面。众多软硬件资源的整合与调用，将为碳中和相关产业提供全面高效的服务。

四、 我国大力实施绿色低碳发展

早在2016年8月31日，中国人民银行、财政部、发改委、环境保护部、原银监会、证监会和原保监会联合发布了《关于构建绿色金融体系的指导意见》，这是全球首个由中央政府部门制定的绿色金融政策框架，是我国构建绿色金融的总纲领。该指导意见明确了绿色金融工具，主要包括绿色信贷、绿色投资、绿色发展基金、绿色保险，以及各类碳金融产品等，其中碳金融产品主要包括碳远期、碳掉期、碳期权、碳租赁、碳债券、碳资产证券化、碳基金以及碳排放权期货交易等。

2017 年以来，国务院先后批复浙江、江西、广东、贵州、新疆、甘肃六省九地开展了各具特色的绿色金融改革创新实践，中国人民银行、发改委、财政部、环境保护部、原银监会、证监会、原保监会等七部门联合发布了各绿色金融改革创新试验区的总体方案。

2020 年 7 月 8 日，中国人民银行、发改委和证监会联合发布的《绿色债券支持项目目录（2020 年版）》（征求意见稿），2021 年 4 月中国人民银行、发改委、证监会联合发布了《绿色债券支持项目目录（2021 年版）》，这将是各类绿色金融工具在实践中的政策参考。

2020 年 10 月 29 日，深圳发布的《绿色金融条例》是我国第一部绿色金融法律法规，也是深圳作为中国特色社会主义先行示范区的具体实践。

2020 年 12 月召开的中央经济工作会议提出要做好碳达峰、碳中和工作，这为绿色金融的发展带来了新动力。

2021 年 1 月，中国人民银行召开工作会议，在工作会议提出的 10 项重点工作中，"落实碳达峰碳中和重大决策部署，完善绿色金融政策框架和激励机制"位列第三位。

"十四五"是我国经济发展转型期，绿色发展有望成为更为重要的新动力，推动经济可持续、高质量发展。近年来中国绿色金融政策与市场获得快速发展，也为在碳中和目标下构建绿色金融政策设计和绿色低碳发展带来了广阔的空间。我国应发挥绿色金融体系的作用，通过政策创新、管理创新、产品创新、市场创新、技术创新，让顶层设计与地方实践结合，将协调机制、能力建设、基础设施完善等多项措施并举，推动"碳达峰、碳中和"目标早日实现，为绿色低碳发展带来可持续的重要推动力①。

---

① 安国俊. 碳中和目标下的绿色金融创新路径探讨 [J]. 南方金融，2021 (02)：3-12.

第一章

全球气候变化的挑战

近年来，全球气候变化使全人类面临着生存与发展的挑战。气候问题因具有紧迫性与联动性，成为困扰全球且需要共同应对的核心问题。联合国政府间气候变化专门委员会的历次评估报告表明，人类活动正在改变地球气候系统，日益加速的全球气候变化已经对人类生活造成显著影响。现在采取应对气候变化的政策与行动可以推动创新、促进经济增长，并带来诸如促进可持续发展等广泛效益。

一、 气候概述

（一）气候的概念

气候是气候学最为基础的概念。一般而言，气候是指在太阳辐射和气候系统各子系统的相互作用下，地球上的某一区域在某一特定时段内天气（气候要素）的多年平均状况及极端情形。天气（气候要素）是气候研究的主要变量，指大气系统常规的物理量，如大气温度、降水、气压、风、环流等，也可扩展到气候系统的其他物理量，如海表温度、土壤湿度、地表温度、海冰等。根据需要，气候要素可取平均值（如平均气温）、总量（如降水量）、极端值（如极端日降水、极端日最高气温等）、方差等统计量。地球上某一区域，可小至一个站点或格点，也可大至全球。定义中，有两个时间尺度，分别是"多年"和"某一特定时段"。世界气象组织规定的"多年"为 30 年，这是考虑到现代气象观测时间大多在世纪尺度内的缘故。因此，气候标准态（简称气候态）一般指 30 年的天气或气候要素平均值。"某一特定时段"在现代气候研究及业务中，指的是日、候、旬、月、季到年，或一年中任何指定的时段，该特定时段的气候要素统计特征，也可称为气候状态，这一气候状态是气候预测业务和研究的对象①。

从 1979 年召开第一次世界气候大会，到联合国政府间气候变化专门委员会先后发表了 5 次评估报告，现代气候学已经形成了"全球气候系统"的概念。人们不再把气候视为一个"不变的""地面的"及"局地的"现象。根据现代气候学的概念，气候是在全球气候系统影响下形成的。气候的形成是地球的 5 个圈层相互作用的结果，这包括大气圈、水圈、土壤圈、岩石圈及生物圈。例如"全球气候变暖"，对这个问题的现代气候学认识不仅仅局限于温度上升，也包括了冰雪的融化、海平面上升、植被变化等。现代的短期气候预测，以及对未来长期气候变化的预估，都是以海—陆—大气耦合模式或全球气候系统模式为基础。因此，可以认为现代气候学已经用新的"全球气候系统"概念代替了经典气候学中狭义的"气候"概念②。

（二）气候变化呈多样性

在时间维度上，从千年尺度来看，全球气候存在明显的冷暖与干湿的交替变化。竺可桢曾根据中国古代文字记载和考古发现，绘出了中国近五千年的年温度变化曲线，表明在千年尺度上，中国气候呈现出冷暖交替的变化。在百年尺度上，大量树木年轮资料表明，气候仍呈现出冷暖与干湿交替变化的特征，且显示出不同的组合，即冷干、暖干、冷湿与暖湿的气候组合。在十年尺度上，大量气象观测资料表明，气候在呈

① 余锦华，耿新. 气候及气候变化概念的新认识 [J]. 教育教学论坛，2020（32）：121-122.
② 王绍武. 从"气候"到"全球气候系统"概念的发展 [J]. 气象科技进展，2011，1（3）：28-30.

现出冷暖与干湿交替变化的同时，还表现出风速与风向、气压与湿度、能见度与辐射等气候要素的波动变化，更加表明了气候变化的多样性。

在空间维度上，从全球空间尺度来看，依据实证分类法，柯本将全球气候划分为 5 个气候带、12 个气候型。此外，依据成因，有学者将气候先分带再分型。两者不同的是，前者主要依据气温和降水，参照植物类型；后者则突出辐射和环流，划分气候带，再依据大陆东西岸位置、海陆影响、地形等因素与环流相结合确立气候型。由此可见，全球气候呈现出多样性特征。从区域空间尺度来看，气候的这种多样性仍然表现突出。中国科学院自然区划工作委员会把中国气候划分为 6 个气候带和 1 个高原气候区，并进一步划分为 32 个气候型。从局地空间尺度看，气候多样性仍然存在。可见，气候因地球公转、自转以及接收太阳辐射的多少而具有绝对意义上的多样性①。

（三）全球气候特征

1. 全球温度持续升高

2020 年全球平均温度较工业化前（1850—1900 年）基线高出 1.2±0.1℃，为有记录以来的 3 个最暖年之一，超过 2019 年，列历史同期第二高（2016 年为第一高）。2015—2020 年是有记录以来最暖的 6 年，2016—2020 年和 2011—2020 年的平均温度均是有记录以来最高。全球大多数陆地区域的温度高于 1981—2010 年的多年平均值，美国西南部局地、南美洲的北部和西部、中美洲部分地区以及包括中国在内的欧亚

---

① 孔锋，王志强，吕丽莉. 基于全球气候变化多样性特征的战略思考［J］. 阅江学刊，2018（01）：82-89.

大陆温度均明显偏高，尤其是欧亚大陆北部部分区域温度比常年温度高5℃。加拿大西部、巴西局地、印度北部和澳大利亚东南部温度则低于1981—2010年多年平均值。

2. 全球海洋持续变暖

海洋热容量是地球系统能量积累的一种量度，大约90％的地球系统能量储存于海洋。随着温室气体浓度增加，地球系统积累了大量能量，增加的能量使海洋变暖，随之而来水的热膨胀又导致海平面上升。2019年全球海洋0～2000m深度持续变暖，创历史新高。700～2000m深度海洋热储量增加的速度与0～300m深度热储量增加的速度相当。海洋变暖速率在过去20年呈显著的增长趋势。2010—2019年，0～2000m深度的海洋升温速率达到了历史最高，为1.2（0.8）±0.2W·m^{-2}。2020年全球海洋热容量与2019年相比基本持平，为有记录以来最高[①]。

3. 全球海洋热浪发生频率倍数增长

瑞士伯尔尼大学Oeschger气候变化研究中心指出，过去40年以来全球海洋的热浪发生的频率增加了20多倍。海洋热浪是指某一海洋区域水温异常高的一段时间。近年来，这种热浪已经对公海和海岸的生态系统造成了相当大的影响。它们带来的负面影响是一系列的：海洋热浪会导致鸟类、鱼类和海洋哺乳动物的死亡率上升，它们会引发有害的藻华，并极大地减少海洋中的营养物质供应。海洋热浪还会导致珊瑚白化，引发鱼类群落向较冷水域迁移，并可能导致极地冰盖的急剧减少。2019年3月，英国海洋生物学会团队就曾在《自然·气候变化》上发表报告，他们的数据显示，1987—2016年间，年均海洋热浪天数比1925—1954年间

---

① 翟建青，代潭龙，王国复. 2020年全球气候特征及重大天气气候事件 [J]. 气象，2021, 47 (4)：471-477.

增加50％以上，而太平洋、大西洋和印度洋在内的多个区域极易受到海洋热浪加剧的影响——这些区域也具有较高的生物多样性，可见海洋热浪已经危害到一系列生物过程和有机体。

二、 气候变化

《联合国气候变化框架公约》中对气候变化的定义是指除在类似时期内所观测的气候的自然变异之外，由于直接或间接的人类活动改变了地球大气的组成而造成的气候变化。通俗而言，气候变化是指工业革命以来，由于人为活动排放温室气体导致大气中温室气体浓度增加引起的以变暖为主要特征的全球气候变动。气候变化是对人类生存发展紧迫而严峻的威胁，需要世界各国同舟共济、共同努力应对，要树立创新、协调、绿色、开放、共享的新发展理念，推动世界经济"绿色复苏"，汇聚可持续发展合力。

（一） 气候变化的原因

气候变化的原因主要有两个，一是自然引起的，二是人为引起的。人口增长、经济增长、技术进步、能效提高、节能、各种能源价格相对降低等都会影响人为的温室气体排放的未来趋势。目前，气候呈现变暖趋势，就我国而言，农业是受影响最严重的产业，气候变暖对草原畜业、渔业都是不利的。

气候变化在其状态空间上呈现多种变化形式，由自然变率与人类活动共同作用导致的气候变化，是造成某些极端天气气候事件频发、自然灾害强度加大的可能原因。气候变化的机理非常复杂，自然变率是影响气候变化的内在系统性因子，而人类活动则是影响气候变化的另一重要因子，至于如何量化这两方面因素对气候变化的影响，实现对气候变化归因检测，是目前科学家们关注的问题。从统计学角度分析，一些极端天气发生的频率和强度的确与气候变化有关，比如2015年发生在欧洲、南亚、东南亚、中国、澳大利亚等地的高温热浪，都因气候变化而变得更加剧烈。然而，能否将极端天气事件与气候变化建立必然的联系，目前科学界尚未形成统一的结论。联合国政府间气候变化专门委员会特别评估报告也指出，在温室气体持续排放的背景下，全球极端高温事件的频数也只是以"较高的信度"增加，高温天气可能变得更热。目前普遍的观点认为，人类活动导致的温室气体浓度持续上升，温室效应持续增强，这是造成全球变暖的重要驱动力①②，也为部分极端天气事件的发生提供了重要的孕灾环境，例如：气温升高会导致大气变暖，有利于保持水分和能量，也为暴风雨、台风和龙卷风等极端天气事件提供了能量和物质来源。除此之外，科学家们通过观测数据和国际气候比较计划模式也检测到人类活动对极端天气事件的影响，但如何量化人类活动贡献率，单次极端天气事件的原因如何，仍然是目前研究的难点。总之，气候变化中人类活动这一影响因子造成了全球变暖，这是导致部分极端天气事件增多、灾害风险加大的主要原因。

① Bell M. Climate change, extreme weather events and is-sues of human perception [J]. Archaeological Dialogues, 2012, 19 (1): 42-46.
② Committee on Extreme Weather Events and Climate Change Attribution. Attribution of extreme weather events in the context of climate change [M]. Washington D. C., USA: The National Academies Press, 2016.

（二）气候变化的事实

目前，对气候系统各个要素的观测主要通过全球气候观测系统（GCOS）进行。基于大量观测的结果，全球气候变暖已是不争的事实。分析全球三个常规地面观测资料数据集和两个再分析资料数据集，2018年全球平均温度比1981—2010年的气候平均值高出0.38℃，比工业化之前高了约1.0℃。2014—2018年是人类有完整气象观测记录以来最暖的5年。1870—2018年，全球平均海表温度呈显著上升趋势。2018年，全球平均海表温度比常年偏高0.18℃。气候变化的关键驱动因素——大气温室气体变化是另一个重要指标。2017年，全球温室气体浓度创新高，二氧化碳（CO_2）浓度为405.5ppm，甲烷（CH_4）为1859ppb，氧化亚氮（N_2O）为329.9ppb，这些数值分别为工业化之前水平的146％、257％和122％，已经超过了80万年前的自然变率。基于多圈层的大量观测，全球平均海平面加速上升，2006—2015年全球平均海平面每年上升3.6mm，是1901—1990年上升速率的2.5倍[1]。1985—2018年，南大西洋和北大西洋极端波高增加，引发了极端海平面事件、海岸侵蚀和洪水。过去几十年间，全球变暖已引发冰冻圈普遍退缩，极地冰盖和山地冰川发生物质亏损。1967—2018年，北极地区6月份积雪面积平均10年缩小13.4％。多年冻土温度已上升至创纪录的水平。1978—2018年，北极地区9月份海冰范围平均10年缩小12.8％。20世纪70年代以来，全球海洋持续增暖。1982—2016年，海洋热浪频率增加了1倍，强度更大。

---

[1] IPCC. Summary for Policymakers. IPCC Special Report on the Ocean and Cryosphere in a Changing Climate [R/OL]. (2019-08-29) [2019-10-07]. https：//www.ipcc.ch/srocc/chapter/summary-for-policymakers.

联合国政府间气候变化专门委员会第 5 次评估报告表明，1880—2012 年的 100 多年时间里，全球地表平均气温上升了 0.85℃，在此背景下，全球各地自然灾害事件与极端天气事件频发、自然生态系统受到威胁、人类生存及经济发展受到严峻挑战①。中国是受全球气候变化影响的敏感区和脆弱区，也是极端天气气候事件发生最为频繁的国家之一。中国气象局气候变化中心发布的《中国气候变化蓝皮书（2019）》指出：中国极端天气气候事件趋多趋强，气候风险水平呈上升趋势。中国海岸线漫长，沿海地区社会经济、基础设施等高度密集，使得该地区成为极端天气灾害发生的高风险区。受到自然变率以及人类活动的叠加影响，沿海地区自然灾害的形成机制、演化规律、时空特征、损失影响的深度和广度等均呈现出新的变化，灾害风险评估和风险应对日趋严峻②。

　　气候变化是当今人类社会可持续发展面临的重大挑战。联合国政府间气候变化专门委员会认为，人类对气候系统的影响是明确的且该影响仍在不断增强（如图 1.1—1.4 所示）③。

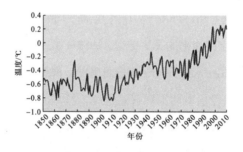

图 1.1　全球平均陆地和海表综合温度异常变化

（资料来源：张晋宾，周四维. 碳中和体系解读 [J]. 华电技术，2021，43（6）：1-10. ）

① IPCC. Intergovernmental panel on climate change climate change 2013：Fifth assessment report（AR5）[M]. Cambridge，UK：Cambridge University Press，2013.
② 王军，谭金凯. 气候变化背景下中国沿海地区灾害风险研究与应对思考 [J]. 地理科学进展，2021，40（5）：870-882.
③ 张晋宾，周四维. 碳中和体系解读 [J]. 华电技术，2021（06）：1-10.

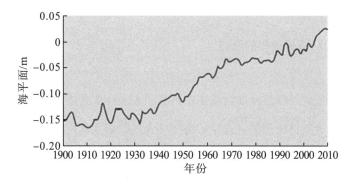

图 1.2　全球平均海平面变化

（资料来源：张晋宾，周四维. 碳中和体系解读［J］. 华电技术，2021，43（6）：1-10.）

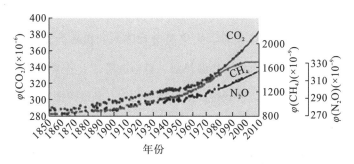

图 1.3　全球温室气体体积分数变化

（资料来源：张晋宾，周四维. 碳中和体系解读［J］. 华电技术，2021，43（6）：1-10.）

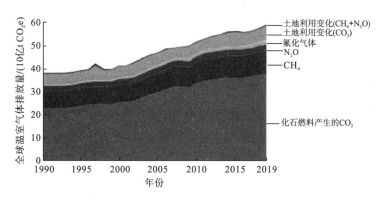

图 1.4　所有来源的温室气体排放

（资料来源：张晋宾，周四维. 碳中和体系解读［J］. 华电技术，2021，43（6）：1-10.）

（三） 气候变化的影响

气候变化不仅对全球自然生态系统和人类社会造成影响，还会改变大尺度的大气环流形势，通过"海洋—大气"相互作用、"陆地—大气"相互作用等影响气候规律。气候变化导致极端天气气候事件频繁发生。20 世纪中叶以来，全球高温热浪频繁发生，持续时间变长，降水强度变大，部分地区的干旱强度提高，持续时间更长。

1. 对自然生态系统的影响

从气候系统的变化来看，未来温度和降水的极端性趋势将会更明显，高气候变率状态下我国高温热浪、暴雨洪涝、干旱等极端灾害发生的时间、强度、频率、区域特征呈显著变化[①]。水资源南多北少的格局不会改变，2030 年中国水资源系统将面临更高的脆弱性，中度脆弱及以上区域面积明显增大，极端脆弱区域面积进一步扩大，随着供需矛盾加剧，水资源安全风险明显上升，呈现从东南向西北递增的趋势。

冰冻圈及相关水文变化已经影响到高山区和极地的陆地生态系统与淡水生态系统，许多物种的季节性活动发生改变。例如一些耐寒或依赖雪的物种数量减少，灭绝风险增加，部分苔原和北方高纬度森林的生产力有所下降。中国的冰冻圈正在经历着快速萎缩，冰川分布区年降水量增加带来的冰川积累量增加不足以抵消因温度升高而带来的冰川消融量增加。未来冰川径流随气温升高总体呈现"先增后减"趋势，冰川覆盖率越小的流域冰川径流减小越快，快速增温加剧了冻土退化、冰湖溃

---

① 秦大河. 中国极端天气气候事件和灾害风险管理与适应国家评估报告 [M]. 北京：
科学出版社，2015.

决、冻土区滑坡、泥石流灾害增加。中国过去 50 年长江三角洲附近海平面上升的速率最高，达每年 5.45mm①，超过了全球平均海平面上升速率，风暴潮、天文大潮、海平面上升的叠加效应将加剧海岸带的淹没风险，导致滨海湿地减少、红树林和珊瑚礁退化。

西北干旱区和青藏高原区是我国生态系统脆弱程度较高的地区，重度脆弱和极度脆弱区占国土面积比例超过 30%。预计未来 20 年，中国东北地区和青藏高原的高寒气候区将显著缩减；在最坏的情景下，2040—2050 年中国东北部亚极大陆冬季干旱气候将消失，到 2070 年青藏高原高寒气候也将消失②。气候变暖引起的极端气候事件伴随的火灾和病虫害也将严重影响中国生态系统。适应高温的外来物入侵，将使部分野生种植资源大量丧失，部分栽培、养殖物种的分布受到影响，濒危物种将面临更大风险③。

气候变化影响植被覆盖、生产力和碳循环，不仅会影响物候，也会影响物种的分布范围。受二氧化碳浓度增加和气候变化的影响，全球范围内陆地生态系统的净生产力有所提高，陆地碳汇有所增加；但由于极端天气气候事件也呈增加趋势，更为频繁的暴风雨、野火等灾害导致土地退化，虫害暴发的强度不断增加，由此加大了生态系统的损失。气候变化还改变了动植物的分布格局，北方、温带和热带地区主要生态系统类型正在发生向高纬度和高海拔方向改变的变化。

20 世纪 50 年代以来，海洋酸化现象更为严重，上层海洋贫氧区扩

---

① WANG G D, KANG J C, YAN G D, et al. Spatio-temporal variability of sea level in the east China sea [J]. Journal of Coastal Research, 2015, 40-47.
② CHAN D, WU Q G, JIANG G X, et al. Projected shifts in Koppen climate zones over China and their temporal evolution in CMIP5 multi-model simulations [J]. Advances in Atmospheric Sciences, 2016, 33 (3): 283-293.
③ 冯爱青, 岳溪柳. 中国气候变化风险与碳达峰、碳中和目标下的绿色保险应对 [J]. 环境保护, 2021 (08): 20-24.

大。海洋增暖、海冰消融和生物地球化学变化已导致海洋物种分布范围和季节活动规律发生变化，并对生态系统结构和功能产生影响。例如海洋变暖导致最大捕捞潜力总体下降，加剧了一些鱼类种群因过度捕捞所受的影响。气候变暖引发鱼类和贝类种群分布和种群数量发生变化，依赖渔业的土著人口和当地社区受到负面影响，有害藻华的发生范围扩大，频率增加，已经影响了粮食安全、旅游业收入、当地经济和人类健康。

全球升温1.5℃与2℃，区域气候将产生明显的差异。这些差异包括大多数陆地和海洋地区的平均温度上升、大多数居住地区的热极端事件增加、有些地区的强降水增加、有些地区干旱和降水不足的概率上升等。全球升温1.5℃将对陆地和海洋生态系统、人类健康、食品和水安全、经济社会发展等造成诸多风险和影响。但是与全球升温2℃相比，升温1.5℃对自然和人类系统的负面影响相对小一些。如相比升温2℃，升温1.5℃时北极出现夏季无海冰情况的概率将由每10年1次降低为每100年1次；到21世纪末，全球海平面升高幅度将降低0.1米，近1000万人将免受海平面上升的威胁；海洋酸化和珊瑚礁受到的威胁在一定程度上得到缓解[①]。

2. 对人类社会活动的影响

气候变化对社会经济系统的影响主要表现在农业、交通、能源、旅游等关键行业和城市人居环境、人群健康以及重大工程等方面，并存在极大的空间差异性。

随着全球气候变化，中国农业作物布局发生变化，适宜种植区面积

---

① 巢清尘. 全球气候治理的学理依据与中国面临的挑战和机遇［J］. 阅江学刊，2020（01）：33-43.

扩大。由于极端气候发生频繁，农业灾害发生频率高、损失规模较大的特点突出，我国玉米、水稻、小麦三大粮食作物生产面临的气候风险增加。玉米对气候变暖的敏感性高于小麦，呈减产趋势，热带地区作物产量对气候变暖的敏感性高于温带地区，雨养农业区作物产量的敏感性高于灌溉农业区，并且粮食品质也会受到影响。未来极端气候事件（降水、雪灾、大风等）增多、增强将对交通运输产生风险，尤其是路网脆弱性较强的区域。气候变化将影响能源的供给和需求以及整个系统的运行状况，极端事件将增加能源消耗，城市用能需求将普遍提高①。可再生能源对气候变化较为敏感，未来水力发电在部分地区产能可能显著下降；风能资源变化不大，太阳能资源呈现增加趋势。旅游业脆弱性高的地区集中在西部和华北、华中地区，其生态和社会经济环境脆弱是导致旅游业脆弱的根本原因。城市人口的迅速增加导致人居环境脆弱性不断增加，而农村由于风险应对能力较低，农村人居环境脆弱性指数较高。整体上看，东部的城市地区和中西部的农村地区人居环境面临较高的脆弱性，风险较大。在人体健康方面，中国东部沿海和西部地区受高温热浪的影响较大，南方地区受低温寒潮影响较大；气候环境变化也增加了疾病传播及突发的概率，使人群健康面临风险②。

在生态系统方面，在未来几十年中，西北和华北的水资源将处于高风险状态，而西北的生态系统和冰冻圈将受到更大的关注。在社会经济系统方面，华南地区极端天气气候事件发生频率增加，使其整体风险较高，而华北地区由于水资源短缺造成其农业风险偏高。未来强降雨和高

① 陈莎，向翩翩，姜克隽，等. 北京市能源系统气候变化脆弱性分析与适应建议 [J]. 气候变化研究进展，2017，13：614-622.
② 秦大河. 中国极端天气气候事件和灾害风险管理与适应国家评估报告 [M]. 北京：科学出版社，2015.

温热浪的增加趋势将使华东地区的交通和能源风险更高，而西南地区的交通和旅游业受高温的影响将较为严重。整体而言，极端气候事件的频繁发生将显著影响能源、交通及旅游等行业，西北和华北地区的水资源风险突出，华北地区的农业风险可能较高，西北地区的生态系统和冰冻圈风险较高。重大工程中，生态工程和冻土工程受气候影响的风险较大，公路工程、铁路工程和水利工程次之。

三、 全球应对气候变化的政策

气候政策是以政府为主体，通过法律手段、政治手段、经济手段与引导方式等不同途径实现应对气候变化问题的政策目标在不同领域起作用的政策工具。为应对由于人类活动大幅增加大气中温室气体体积分数而带来的全球气候变化，自 20 世纪 90 年代以来，国际社会在联合国框架下进行了一系列气候变化谈判，先后达成了《联合国气候变化框架公约》《京都议定书》《巴黎协定》等条约或协定，奠定了世界各国携手应对全球气候变化的制度与规则基础。我们生活在同一个地球上，在气候变化挑战面前，没有一个国家、一个城市、一个人能够置身事外、独善其身，应对气候变化已成为人类社会的共同事业。

（一） 主要经济体应对气候变化的政策

1. 欧盟绿色新政

欧盟委员会于 2019 年 12 月发布了《欧洲绿色新政》，旨在提振经济，改善人们的健康和生活质量，将欧盟转变为一个公平、繁荣的社会及富有竞争力的资源节约型现代经济体，到2050年使欧洲成为全球第一个温室气体净零排放的大陆，实现经济增长与资源消耗脱钩，使欧盟占据全球领导者地位。《欧洲绿色新政》推出的重要起因是全球气候变化，落脚点是推动欧盟经济社会绿色可持续发展，核心目标是2050年实现碳中和。主要包括以下"七大行动"：

（1）构建清洁、可负担、安全的能源体系：能源活动温室气体排放占比75％以上，通过能效提升，发展以可再生能源为基础的电力系统，快速淘汰煤炭，天然气脱碳，能源数字化、智能化、绿色化及市场一体化等，确保2030年和2050年低碳目标的实现。（2）构建清洁循环的工业体系：工业部门温室气体排放占比20％，以绿色循环经济和数字经济应对挑战。（3）推动高能效和资源高效利用的建造和建筑升级改造：建筑能耗占比40％，以建造革新、建筑能效提升等手段应对挑战。（4）发展智能可持续交通系统：交通运输温室气体排放占比25％，通过可持续与智慧出行等手段应对挑战。（5）实施"从农场到餐桌"的绿色食品体系：大幅减少化学杀虫剂、化肥、抗生素的使用量，推动"从农场到餐桌"的食品系统的可持续发展。（6）保护自然生态和生物多样性：制定2030年生物多样性战略和森林新战略，提高森林固碳能力，发展海洋蓝色经济。（7）创建零污染、无毒生态环境。为实现2030年气候与能源目标（2030年温室气体排放量比1990年的排放量下降50％～55％），预计每年需2600亿欧元的额外投资，约占2018年欧盟国内生产总值（GDP）的1.5％。

2. 英国绿色工业革命

2020年11月，英国政府公布了《绿色工业革命十点计划》，旨在使英国成为绿色技术和绿色金融的世界中心，并实现2050年前温室气体净零排放的目标。该计划包括以下内容：

（1）推进海上风电：充分利用成熟技术，支持创新，到 2030 年，实现风电装机容量翻两番，达到 40GW（包括 1 GW 的创新型海上浮动风能）。（2）推动低碳氢增长：到 2030 年，实现 5GW 低碳氢产能，为住宅、交通和工业提供清洁燃料和供暖；供给产业、交通、电力和住宅领域；10 年内建成首个完全由氢能供能的示范城镇。（3）输送新的先进核电：一方面发展大型核电，另一方面开发小型模块化反应堆（SMR）和先进模块化堆。（4）加速向零排放交通工具转型：从 2030 年开始，停售汽/柴油车，所有交通工具均应具有显著的零排放能力；从 2035 年开始，所有交通工具均应达到 100％零排放。（5）绿色公共交通、骑行与步行。（6）飞机零排放与绿色航运：推动可持续航空燃料的使用，研发零排放飞机和清洁海运技术，使英国成为绿色船只和绿色飞机的家园。（7）更绿色的建筑：使建筑能效更高并脱离化石燃料的使用。2028年前每年安装 60 万台热泵，未来住宅比当前标准降低 75％～80％的碳排放。（8）投资二氧化碳的捕集、利用与封存（CCUS）：到 2030 年实现每年捕集 10 Mt 二氧化碳的能力，投入 10 亿英镑以支持在 4 个工业群中部署 CCUS。（9）保护自然环境：到 2030 年保护和改善 30％陆地面积；投入 52 亿英镑，实施为期 6 年的防洪和沿海防御计划。（10）绿色金融和创新：到 2027 年，总研发投资提高到国内生产总值的 2.4％；下一阶段绿色创新旨在降低净零转型的成本，培育更好的产品和新的商业模式并影响消费者行为。

3. 日本绿色增长战略

2020 年 12 月，日本政府发布 2050 年实现碳中和目标的《绿色增长战略》，旨在促进产业结构和社会经济变革，创造"经济与环境良性循环"的产业政策，即绿色增长战略。为确保 2050 年碳中和目标的实现，该战略对 14 个产业分别制订了绿色增长实施计划和 2021—2050 年绿色增长路线图，其中 14 个产业的主要目标如下：

（1）海上风电产业：装机容量 2030 年达 10GW，2040 年达 30～45GW；2030—2035 年削减成本至 8～9 日元/（kW·h）；国产化率 2040 年达 60％。（2）氨燃料产业：2030 年火电厂掺烧 20％的氨，2050 年实现纯氨燃料发电；2030 年氨供应价格目标为 10 日元/m³（标态）。（3）氢能产业：氢供应量 2030 年达 3Mt，2050 年达 20Mt；力争在发电、交通、钢铁、化工等领域将氢能成本降到 2030 年 30 日元/m³（标态），2050 年 20 日元/m³（标态）。（4）核能产业：到 2030 年成为小型模块化反应堆全球主要供应商；研发高温气冷堆，到 2050 年核能制氢成本降至 12 日元/m³（标态）；研发核聚变，2040—2050 年实现实用化规模示范。（5）汽车和蓄电池产业：未来 10 年加速电动汽车普及；力争 2050 年实现合成燃料成本低于汽油；研发下一代电池，增强蓄电池产业的全球竞争力。（6）半导体和信息通信产业：通过数字化推动能效需求管理和碳减排；支持数字设备和信息通信产业的节能和绿色化；2030 年所有新建数据中心节能 30％，2040 年实现该产业碳中和目标。（7）船舶产业：2028 年前实现零排放船舶的商用；2050 年实现全部船舶的氢、氨等替代燃料转换。（8）物流、人流和土木工程基础设施产业：全面建设碳中和港口；部署智能交通，推广绿色出行，实现低碳排放的交通运输社会；打造绿色物流，提高交通网络枢纽运输效率，推动低碳化；实现基础设施和城市空间零碳排放；通过推广智能建造和提高工效，施工现场到 2030 年实现每年减少 32000t 碳排放，到 2050 年实现碳中和目标。（9）食品、农林和水产业：大力推广甲烷和氧化亚氮等温室气体减排技术，推进农林业机械化、渔船电气化、氢能化，打造智慧农业、林业和水产业，发展农田、森林和海洋固碳技术，到 2050 年实现该产业碳中和。（10）航空业：推动电气化、绿色化发展，约2030年进行混合动力系统电动飞机技术示范，稍晚进行氢动力飞机技术示范；2050年全面实现电气化，碳排放较2005年减少一半。（11）碳循环产业：研发各种碳回收和资源化利用技术。生产成本目标：2030年碳制混凝土，30日元/kg；2030年碳制藻类生物燃料，100日元/L；2050年碳制塑料原料，100日元/kg。碳分离及回收成本目标：2030年低压废气，2000日元/t二氧化碳；高压废气，1 000日元/t二氧化碳；2050年直接空气捕集（DAC），2 000日元/t二氧化碳。（12）住宅和建筑业及下一代太阳能产业：利用大数据、人工智能和物联网等技术对电动汽车、空调等进行能量管理；推广全生命周期负碳住宅和零能耗建筑物及住宅，普及和扩大木结构建筑、高性能建材/设备的研发及应用，加快研发下一代太阳能电池（如钙钛矿电池等）；2030年增量住宅/建筑实现零能耗；2050年后存量住宅/建筑实现零能耗。（13）资源循环相关产业：向循环经济转型（如普及和推广废弃物发电、热利用和沼气利用）；2050年将温室气体排放量降为零。（14）生活方式相关产业：普及零排放建筑物和住宅，部署先进智慧能量管理系统，利用数字技术推动共享经济；2050年实现碳中和、弹性、舒适的生活方式。实施绿色增长战略，预计到2030年、2050年会分别带来年均90万亿和190万亿日元的经济增长①。

4. 美国气候政策

美国政府于2021年2月重新加入《巴黎协定》后，推出关于保护气候环境、重建科学机构、应对气候危机等行政命令或备忘录。拜登政府的气候政策以绿色经济复兴和气候安全为核心，重点关注与气候相关

① 张晋宾，周四维. 碳中和体系解读 [J]. 华电技术，2021（06）：1-10.

的产业结构、市场需求、基础设施投资、社区参与、关键资源、气候人权和国防等政策。在美国国内方面，拜登政府以科技创新、促进需求、投资基础设施建设为三大手段，使清洁能源融入美国经济发展整体进程。在气候外交方面，拜登政府将气候危机置于美国外交政策与国家安全的中心位置，气候问题成为美国外交政策和国家安全的重要内容。美国通过气候外交与盟友合作，重塑自身的气候领导力。美国气候外交是涵盖盟友、经贸、对外援助和投资、科研、区域合作及国防军事等多方面内容的"团结应对策略"①。

5. 澳大利亚气候解决方案

澳大利亚政府在废除《国家能源保障计划》后，寻求出台一个应对气候变化的替代方案。2019 年 2 月，澳大利亚政府正式公布了《气候解决方案》，计划投资 35 亿澳元来应对气候变化，兑现澳大利亚在《巴黎协定》中做出的 2030 年温室气体减排承诺。

《气候解决方案》的核心是重启减排基金（Emissions Reduction Fund）项目。减排基金项目是澳大利亚政府在废除《碳定价机制》之后出台的一项减排政策，其主要的运作方式是政府以逆向拍卖的方式收购企业的减排量，达到鼓励企业进行减排的目的。

澳大利亚政府将减排基金项目视为一项低成本且高效的减排政策。一方面，政府通过为有意愿进行减排的企业提供资金支持，可以使企业免受因减排而带来的经济损失。另一方面，减排基金将会有利于减少温室气体的排放，使澳大利亚可以兑现 2030 年的减排承诺②。

---

① 于宏源，张潇然，汪万发. 拜登政府的全球气候变化领导政策与中国应对 [J]. 国际展望：2021（02）：21-44.
② 侯冠华. 澳大利亚气候政策的调整及其影响 [J]. 区域与全球发展，2020（05）：116-133.

（二）我国应对气候变化的政策

中国是最早制定应对气候变化国家方案的发展中国家。2007 年 7 月 20 日，中国绿化基金会中国绿色碳基金成立，碳基金旨在积极实施以增加森林储能为目的的造林护林等林业碳汇项目，缓解气候变化带来的影响，这是与"碳中和"相关的概念首次在中国官方层面展现。2007 年成立的国家应对气候变化领导小组制定了《中国应对气候变化国家方案》。2008 年中共中央政治局就气候变化问题进行了集体学习，强调必须充分认识应对气候变化的重要性和紧迫性。2008 年中国出台了《中国应对气候变化的政策与行动》，制定了应对气候变化的政策路线图。

2009 年《中国政府提出落实巴厘路线图——中国政府关于哥本哈根气候变化会议的立场》，宣布 2020 年单位 GDP 碳排放相比 2005 年下降 40%～45%，并纳入经济和社会发展中长期规划，而此承诺的碳减排量差不多相当于全球减排量的 1/4。2010 年，中共中央政治局再次就气候变化问题进行集体学习，进一步强调必须确保实现 2020 年行动目标。

2013 年中国颁布《国家适应气候变化战略》，2014 年发布《2014—2015 年节能减排低碳发展行动方案》和《国家应对气候变化规划（2014—2020 年）》等。

2015 年 6 月，中国向《联合国气候变化框架公约》秘书处提交了应对气候变化国家自主贡献文件。此外，中国还非常重视通过节能减排与碳减排工作的协同推进。国家"十三五"规划纲要进一步提出了对能源气候方面更高要求的目标指标：单位 GDP 能源消耗年均累计下降 15%，单位 GDP 二氧化碳排放年均累计下降 18%。

2020 年 10 月，生态环境部、国家发展和改革委员会、中国人民银行、中国银行保险监督管理委员会和中国证券监督管理委员会共同出台了《关于促进应对气候变化投融资的指导意见》，提出了 2022 年和 2025 年的发展目标，以助力落实国家自主贡献目标，推动长期低碳转型。

在《中华人民共和国国民经济和社会发展第十四个五年规划和 2035 年远景目标纲要》中，国家明确提出"实施可持续发展战略，完善生态文明领域统筹协调机制，构建生态文明体系，推动经济社会发展全面绿色转型"，在坚持公平、共同但有区别的责任及各自能力原则下，积极应对全球气候变化。其要点包括以下几个方面：（1）完善能源消费总量和强度双控制度，重点控制化石能源消费（到 2025 年，单位 GDP 能耗降低 13.5%；到 2030 年，非化石能源占一次能源消费比重达到 25%左右）。（2）实施以碳强度控制为主、碳排放总量控制为辅的制度，支持有条件的地方、重点行业、重点企业率先碳达峰（"十四五"时期，碳强度下降 18%；到 2030 年，碳强度比 2005 年下降 65%以上）。（3）推动能源清洁低碳安全高效利用（到 2030 年，风电、太阳能发电总装机容量达到 1200GW 以上），深入推进工业、建筑、交通等领域低碳转型。（4）加大甲烷、氢氟碳化物、全氟化碳等其他温室气体的控制力度。（5）提升生态系统碳汇能力（"十四五"时期，森林覆盖率提高到 24.1%；到 2030 年，森林蓄积量将比 2005 年增加 60 亿 m^3）。（6）锚定努力争取 2060 年前实现碳中和，采取更加有力的政策和措施。

《2021 年国务院政府工作报告》指出，中国将制定 2030 年前碳排放达峰行动方案。3 月 15 日召开的中央财经委员会第九次会议中正式将"碳达峰、碳中和"纳入生态文明建设顶层布局，相比于其他国家而言显示出了强大的政策效率和执行力度，时间目标也更为清晰和明确。

习近平总书记在 2021 年 4 月 22 日举行的领导人气候峰会上发表重要讲话，明确指出中国将启动全国碳市场上线交易；在 2021 年 4 月 27

日举办的国新办中国应对气候变化工作进展情况吹风会上，生态环境部应对气候变化司司长李高也再次明确要加快推动碳市场建设，在"十四五"期间推动全国碳市场稳定运行、持续发展，同时扩大覆盖行业范围以及参与交易主体的范围，引导更多的资金流向减排和应对气候变化领域。随着碳价信号渗透到各行各业的决策流程中，这为确保经济社会平稳转型和高质量发展奠定了基础①。

当前，全球气候变化是人类面临的共同挑战，世界上处于不同发展阶段的国家面临的挑战不同，优先考虑的行动亦必然不同。对于低收入国家来说，其面临的主要挑战包括：加强机构职能，提高农业生产力，扩大现代能源的使用。中等收入国家拥有更大的机构职能和资源，但面临着结构转型和城市发展的复杂问题。发达国家面临的挑战是加快自主创新，更新基础设施并且以促进增长的方式发展现代化公共财政和促进低碳化②。

---

① 张建宇. 中国碳中和：引领全球气候治理和绿色转型 [J]. 国际经济评论，2021（3）：25.
② 樊万选，王志博. 气候变化的科学认知与中国应对的挑战 [J]. 林业经济，2017（06）：16-19.

第二章

全球气候协议与碳排放体系

工业社会的发展，造成了严重的环境污染，影响了地球的生态环境。气候变化是全球性的环境问题，因此，建立公平有效的国际气候治理机制已成为当今国际社会的主要议程之一。

各国经过漫长的谈判和博弈，终于形成了具有法律约束力的国际气候协议。1992年世界主要国家签署了《联合国气候变化框架公约》，意在将大气中的温室气体含量稳定在一定水平，防止人为活动对气候系统造成危险的干扰。随着世界环境形势日趋严峻，国际气候协议不断调整。1997年《京都议定书》的制定，对《联合国气候变化框架公约》进行了实质性补充。2015年《巴黎协定》的颁布，让越来越多的国家加入共同应对气候变化的行动中。

为实现《巴黎协定》提出的长期应对气候变化的目标，世界各国提出了近期和中长期温室气体减排目标。各国已达成共识，将构建长效的节能减排机制，控制二氧化碳的排放量，走低污染、低耗能、低排放的绿色低碳经济发展之路。因此，以市场机制推动低碳发展、减少温室气体排放已经成为国际社会应对全球气候变化、转变经济增长方式的趋势，以碳排放交易制度为代表的市场手段是区域化组织、国家和地区减排温室气体的重要措施。自2002年英国建立世界上第一个自愿碳排放交易体系以来，先后出现了欧盟排放交易体系、澳大利亚碳排放交易体系和美国区域温室气体减排行动计划。目前全球有多个国家和地区都在大力发展碳排放交易，包括中国、欧盟、美国、日本和澳大利亚等。

一、《联合国气候变化框架公约》

（一）《联合国气候变化框架公约》的背景

自 20 世纪 80 年代以来，国际社会逐渐意识到气候变化问题的重要性，开始对气候变化进行研究并制订相应对策。1992 年《关于环境与发展的里约宣言》的发表，指出全球各国应基于本国的经济与治理能力，积极应对气候问题，广泛采取措施治理污染并预防环境进一步恶化。1992 年 5 月 9 日，联合国里约环境与发展大会通过的《联合国气候变化框架公约》（UNFCCC）成为国际社会应对气候变化问题的法律性文本。

（二）《联合国气候变化框架公约》的内容

《联合国气候变化框架公约》确认人类活动是导致气候变化的原因，强调"历史上和目前全球温室气体排放的最大部分源自发达国家；发展中国家的人均排放仍相对较低；发展中国家在全球排放中所占的份额将会增加，以满足其社会和发展需要"。《联合国气候变化框架公约》主要包括以下几方面的内容：

1. 明确了应对气候变化的总目标

《联合国气候变化框架公约》确立的最终目标："将大气中温室气体

的浓度稳定在防止气候系统受到危险的人为干扰的水平上。这一水平应
当在足以使生态系统能够自然地适应气候变化、确保粮食生产免受威胁
并使经济发展能够可持续地进行的时间范围内实现。"

2. 确立了应对气候变化的基本原则

《联合国气候变化框架公约》确立了"共同但有区别的责任"原则。
《联合国气候变化框架公约》规定,"各缔约方应当在公平的基础上,并
根据它们共同但有区别的责任和各自的能力,为人类当代和后代的利益
保护气候系统。因此,发达国家缔约方应当率先应对气候变化及其不利
影响"。《联合国气候变化框架公约》还规定,"应当充分考虑到发展中
国家缔约方尤其是特别易受气候变化不利影响的那些发展中国家缔约方
的具体需要和特殊情况"。其次,《联合国气候变化框架公约》体现了预
防原则,要求"各缔约方应当采取预防措施,预测、防止或尽量减少引
起气候变化的原因,并缓解其不利影响"。《联合国气候变化框架公约》
还强调可持续发展原则并明确规定,"各缔约方有权并且应当促进可持
续的发展"。此外,《联合国气候变化框架公约》还体现了国际合作原
则,要求"各缔约方应当合作促进有利和开放的国际经济体系,这种体
系将促成所有缔约方特别是发展中国家缔约方的可持续经济增长和发
展,从而使它们有能力更好地应对气候变化的问题。为应对气候变化而
采取的措施,包括单方面措施,不应当成为国际贸易上的任意或无理的
歧视手段或者隐蔽的限制"。

3. 承认发展中国家有消除贫困、发展经济的优先需要

《联合国气候变化框架公约》规定:"发展中国家缔约方能在多大程
度上有效履行其在本公约下的承诺,将取决于发达国家缔约方对其在本
公约下所承担的有关资金和技术转让的承诺的有效履行,并将充分考虑
到经济和社会发展及消除贫困是发展中国家缔约方的首要和压倒一切的

优先事项。"

4. 明确了发达国家与发展中国家承担有区别的义务

《联合国气候变化框架公约》要求发达国家应带头减少温室气体排放，并积极向发展中国家提供资金和技术等方面的支持。按照公约，发达国家和东欧经济转型国家应率先采取减排措施，"个别地或共同地使二氧化碳和《蒙特利尔议定书》未予管制的其他温室气体的人为排放恢复到 1990 年的水平"。

（三）《联合国气候变化框架公约》 的影响

《联合国气候变化框架公约》是应对气候变化的第一份国际公约，有 197 个缔约方。《联合国气候变化框架公约》奠定了应对气候变化的制度和规则基础，明确了应对气候变化的目标和基本原则，建立了一系列法律、技术程序和机构，具有重要的历史意义。但作为发达国家和发展中国家相互妥协的结果，《联合国气候变化框架公约》并未提出具体的温室气体减排计划，也未提出确保发达国家向发展中国家提供资金和技术援助的机制。在促进履约方面，虽然《联合国气候变化框架公约》很有远见地提及了解决履约问题的"多边协商程序"，但实践中并未建立类似《蒙特利尔议定书》的履约监督机制。

二、《京都议定书》

（一）《京都议定书》的背景

为了人类免受气候变暖的威胁，1997 年 12 月，《联合国气候变化框架公约》第三次缔约方大会在日本京都召开，149 个国家和地区的代表通过了旨在限制发达国家温室气体排放量以抑制全球变暖的《京都议定书》（*Kyoto Protocol*），这是具有法律约束力的国际公约。

2005 年 2 月 16 日，《京都议定书》正式生效。发达国家从 2005 年开始承担减少碳排放量的义务，而发展中国家则从 2012 年开始承担减排义务。中国于 1998 年 5 月签署并于 2002 年 8 月核准了该议定书。截至 2005 年 8 月 13 日，全球已有 142 个国家和地区签署该议定书，其中包括 30 个工业化国家，批准国家的人口数量占全世界总人口的 80%。这是人类历史上首次以法规的形式限制温室气体排放。为了促进各国完成温室气体减排目标，议定书允许采取以下四种减排方式：一是两个发达国家之间可以进行排放额度买卖的"排放权交易"，即难以完成削减任务的国家，可以花钱从超额完成任务的国家买进超出的额度。二是以"净排放量"计算温室气体排放量，即从本国实际排放量中扣除森林所吸收的二氧化碳的数量。三是可以采用绿色开发机制，促使发达国家和发展中国家共同减排温室气体。四是可以采用"集团方式"，即欧盟内部的许多国家可视为一个整体，采取有的国家削减、有的国家增加的方法，在总体上完成减排任务。《京都议定书》创造了"总量控制和排放交易（Cap-and-Trade）"机制，是全球碳排放制度的核心内容，要求参与该计划的各国政府必须承诺碳排放量在规定的限度内。

（二）《京都议定书》的内容

1. 明确了发达国家的量化减排义务

《京都议定书》规定了发达国家的整体减排指标。《联合国气候变化框架公约》没有规定温室气体量化减排指标，而《京都议定书》在此方面作出了弥补。《京都议定书》首次为工业化国家制定了温室气体减排的量化目标，即2008—2012年其温室气体排放量在1990年水平上平均削减5.2%。但遗憾的是所定减排目标过低，对于不少发达国家而言，不仅不需要减排，甚至可以增加排放。特别是对于俄罗斯以及其他东欧国家，由于其经济在1990年大幅下行，即使开足马力排放，也无法用尽其排放额度，这导致出现大量剩余排放额度，降低了发达国家减排的力度。

《京都议定书》再次确认了"共同但有区别的责任"原则以及发展中国家的发展权。尽管《京都议定书》很好地体现了"区别责任"，却在落实"共同但有区别的责任"原则方面走向极端化。由于《京都议定书》谈判过程中未能形成良性合作氛围，发展中国家在维护"共同但有区别的责任"原则方面坚持高门槛标准，坚持仅由发达国家承担强制量化减排义务，发展中国家不参与量化减排。这成为美国等发达国家拒不接受《京都议定书》的主要原因，也为后续谈判及执行中的大量矛盾埋下了伏笔。美国作为当时温室气体最大排放国长期游离于《京都议定书》之外，严重损害了《京都议定书》的权威性、普遍性和有效性。

2. 建立了灵活履约机制

为降低成本并鼓励发达国家及发展中国家共同参与减排，《京都议定书》引入了三种灵活机制。

第一种机制是国际排放贸易。《京都议定书》允许发达国家将其超额完成的减少排放单位有偿转让给其他有需求的发达国家。

第二种机制是联合履约。《京都议定书》允许发达国家之间开展减排项目合作，一方可将项目产生的减排量转让给另一方。议定书缔约方会议及联合国履约监督委员会负责对项目产生的减排量进行监测、评估和核查。

第三种机制是清洁发展机制。清洁发展机制是《京都议定书》最为成功的减排国际合作机制。根据《京都议定书》，发达国家可以在发展中国家开展温室气体减排项目，通过购买项目活动所产生的减排量，以抵消自身所承担的温室气体减排指标。清洁发展机制旨在使发达国家以较低成本在发展中国家完成减排任务，而发展中国家则可通过该机制获得资金。中国、印度、巴西、墨西哥等发展中国家是清洁发展机制项目的最主要分布国。

3. 规定了其他相关机制

在资金机制方面，《京都议定书》再次重申了《联合国气候变化框架公约》的相关条款，要求发达国家提供"新的和额外的"资金，以支持发展中国家履行公约。但事实上，由于《京都议定书》本身未建立有效的资金机制，因而未能妥善解决发展中国家关切的资金和技术机制问题。《京都议定书》在敦促发达国家向发展中国家提供资金和转让技术方面未能提出真正有效的方案，发达国家的承诺只是停留在纸面上。

在履约机制方面，《京都议定书》借鉴了《蒙特利尔议定书》有关实践，对建立遵约机制作出授权性规定："作为本议定书缔约方会议的

《联合国气候变化框架公约》缔约方会议，应在第一届会议上通过适当且有效的程序和机制，用以断定和处理不遵守本议定书规定的事情，包括就后果列出一个示意性清单，同时考虑到不遵守的原因、类别、程度和频度。依本条可引起具拘束性后果的任何程序和机制应以本议定书修正案的方式予以通过。"

（三）《京都议定书》的影响

《京都议定书》是人类历史上首次以国际法的形式规定量化减排指标，对缔约国具有法律约束力。《京都议定书》的实施对世界的经济、政治格局都产生了深刻和长远的影响，成为全球应对气候变化的里程碑。它是《联合国气候变化框架公约》的重要补充和发展，标志着应对气候变化国际法律秩序构建取得新的进展，代表着"环境政策全球化倾向的新高峰"。虽然各个国家政治、经济、地理条件迥异，但《京都议定书》按照"共同而有区别的责任"的原则，为各个国家在减缓气候变化中设定了不同的责任和义务，搭建了全球性的具体细致的机制框架，有力地推动了人类在共同面对气候挑战时积极采取的一致行动。

但是《京都议定书》签署后，由于各缔约方之间对于发达国家和发展中国家责任界定、承担义务等方面存在分歧，各国之间对于《京都议定书》的讨论一直不断，因此，《京都议定书》从颁布到执行一直困难重重。首先，《京都议定书》被认为对发达国家制定的总体定量减排目标过低，实质上并没有改变气候变化的趋势，全球温室气体排放量仍在逐年上升；其次，减排目标的确定和排放分配规则只是谈判各方博弈的结果，缺乏科学依据，更多地取决于各国的政治意愿和谈判技巧，公平和效率原则没有得到体现；再次，目前的气候谈判耗时耗力，但效果不佳，发达国家对发展中国家的资金和技术支持未能到位，其执行缺乏有效监督，总体上是缺乏一个有力的遵约机制，缺乏对违约国的国际处罚机制；最后，"京都三机制"过于灵活，粗线条，缺少细节的规定，而且这些灵活机制的更大的风险还在于议定书缔约方可能基于利益考虑，将注意力集中在运用机制中自身的得失①。

国际气候协议的演进大约经历了三个发展阶段：第一阶段从 1990 年启动《联合国气候变化框架公约》谈判到 1992 年签署该公约，再到 1994 年该公约生效。这一阶段主要从法律上确立了国际气候治理公约的最终目标和一系列基本原则。第二阶段从 1995 年公约第一次缔约方会议讨论制定第一个议定书开始，到 1997 年京都会议达成《京都议定书》，再到 2005 年《京都议定书》正式生效。这一阶段首次为发达国家与经济转轨国家规定了具有法律约束力的定量减排目标，在防范全球气候变暖方面迈出了重要的一步。然而由于国际气候合作领域复杂的利益博弈，《京都议定书》的法定有效期在 2012 年终止，届时以新的国际机制安排延续国际气候合作，其对应的时间范围即后京都时代。对于新的国际气候机制的开始制定时间，按照《京都议定书》的规定，应在其到期前七年开始。据此，2005 年底在加拿大蒙特利尔召开的《联合国气候变化框架公约》第十一次缔约方大会暨《京都议定书》第一次缔约方会议，拉开了关于议定书 2012 年到期后如何就温室气体减排进行合作的帷幕，开启了后京都时代谈判。构建后京都机制的核心仍然是温室气体减排责任承担问题，特别是美国对待温室气体减排的态度及其会作出何种承诺更是新机制构建成功与否的关键。

---

① 段晓男，曲建升，曾静静，等.《京都议定书》缔约国履约相关状况及其驱动因素初步分析 [J]. 世界地理研究，2016，25（4）：8-16.

在后京都议定书时代，国际社会气候合作的重要协议促成了国际碳排放权交易体系的全新发展。2007 年底，"巴厘线路图"的达成重新确定了减排的内容与时间，在秉承"共同而有区别的责任"原则的基础上，明确了包含所有发达国家缔约方在内需严格履行的减排责任，此外，其在《京都议定书》的基础上设立"适应气候变化基金"，为吸引发展中国家加入减排体系提供了资金及技术支持。随后的《哥本哈根协议》《坎昆协议》《德班协议》和多哈会议等代表性的系列事件均在不同程度上促成了国际减排共识，活跃了国际碳交易活动，并切实推动全球碳排放权交易体系及全球减排进程的不断发展与深化①。

三、《巴黎协定》

（一）《巴黎协定》的背景

《联合国气候变化框架公约》旨在将大气中的温室气体含量稳定在一定水平，防止人为活动对气候系统造成危险的干扰。但《联合国气候变化框架公约》仅规定了一个原则性目标，未给出具体的量化减排目标。在《联合国气候变化框架公约》的推进过程中，政府机构逐渐意识到，仅靠《联合国气候变化框架公约》来解决气候变化问题还远远不够。于是各国在 1997 年通过了对《联合国气候变化框架公约》的实质

---

① 李强. 后京都时代美国参与国际气候合作原因的理性解读 [J]. 世界经济与政治，2009 (3)：101-103.

性补充，并制定了《京都议定书》。《京都议定书》为发达国家规定了具体的量化减排指标，但未提及长期减排目标。随着世界环境形势日趋严峻，越来越多的国家加入到共同应对气候变化的行动中。《巴黎协定》是继《京都议定书》后第二份有法律约束力的气候协议，对 2020 年后全球应对气候变化行动作出了安排。这标志着一个全球应对气候变化新行动框架的诞生，在国际社会进入应对气候变化新阶段的同时，全球减排进程的新篇章已然开启①。

（二）《巴黎协定》的内容

从环境保护与治理上来看，《巴黎协定》明确了全球共同追求的"硬指标"。《哥本哈根协议》开创了国家"自下而上"自主作出减排承诺的新规则，首次提出把全球温度上升幅度控制在 2℃ 的全球目标，《坎昆协议》则予以进一步确认。《巴黎协定》对把全球温度上升幅度控制在 2℃ 全球目标作了进一步发展。协定指出，各方将加强对气候变化威胁的全球应对，把全球平均气温较工业化前水平升高控制在 2℃ 之内，并为把升温控制在 1.5℃ 之内努力。只有全球尽快实现温室气体排放达到峰值，21 世纪下半叶实现温室气体净零排放，才能降低气候变化给地球带来的生态风险以及给人类带来的生存危机。

同时，协定还将适应、资金两大元素纳入应对气候变化的目标，强调"提高适应气候变化不利影响的能力并以不威胁粮食生产的方式增强气候复原力和温室气体低排放发展"，以及"使资金流动符合温室气体低排放和气候适应型发展的路径"。协定将适应、资金问题提升至与减

---

① 宋冬.《巴黎协定》遵约机制的构建［D］. 北京：外交学院，2018.

缓问题同样重要的层面，顺应了广大发展中国家的一贯关切。

从经济视角方面，《巴黎协定》首先推动了各方以"自主贡献"的方式参与全球应对气候变化行动，积极向绿色可持续的增长方式转型，避免过去几十年严重依赖石化产品的增长模式继续对自然生态系统构成威胁；其次，促进发达国家继续带头减排并加强对发展中国家提供财力支持，在技术周期的不同阶段强化技术发展和技术转让的合作行为，帮助后者减缓和适应气候变化；最后，通过市场和非市场双重手段，进行国际合作，通过适宜的减缓、顺应、融资、技术转让和能力建设等方式，推动所有缔约方共同履行减排贡献。

在遵行原则方面，协定强调其目的在于加强《联合国气候变化框架公约》的有效实施，体现公平原则、"共同而有区别的责任"原则及各自能力，并且考虑各国不同的国情。协定所有缔约国达成共识且都能参与，有助于国际（双边、多边机制）合作和全球应对气候变化意识的培养。《联合国气候变化框架公约》确立的"共同而有区别的责任"原则被视为应对气候变化法律制度最为根本的原则，也是发展中国家在谈判中坚决捍卫的核心原则。在落实层面，《京都议定书》采取了绝对化的"二分法"方式，根据发展程度将缔约方划分为附件一国家和非附件一国家，为附件一国家规定了约束性减排指标，非附件一国家则不承担量化减排义务，而是在可持续发展框架下根据国情采取应对气候变化的行动。这一安排较好体现了"区别义务"，但未能很好体现"共同义务"，因而使《京都议定书》在执行层面争拗不断，甚至一度危及《京都议定书》的存续。这一问题在《巴黎协定》中得以解决。《巴黎协定》要求所有国家共同参与减排，在承担义务的性质方面未作区分，但在承担义务的程度上作了区分，例如在减缓、适应、资金、技术、能力建设、透明度等具体条款的设计中，不同程度地反映了发达国家与发展中国家责任的差异。这表明国际社会在理解及落实"共同而有区别的责任"原则问题上已越来越趋于务实。

在减排方面，协定要求各方通报应对气候变化的"国家自主贡献"，每五年对应对气候变化的进展情况进行"全球盘点"，盘点结果作为缔约方以国家自主方式更新和加强行动的参考。发达国家应继续率先进行全经济范围绝对减排，鼓励发展中国家逐步进行全经济范围减排。欧美等发达国家继续率先减排并开展绝对量化减排，为发展中国家提供资金支持。中印等发展中国家应该根据自身情况提高减排目标，逐步实现绝对减排或者限排目标。最不发达国家和小岛屿发展中国家可编制和通报反映它们特殊情况的关于温室气体排放发展的战略、计划和行动。

在资金方面，协定重申发达国家对发展中国家的资金义务，并鼓励其他国家自愿捐资。在技术转让和能力建设方面，协定提出技术转让的长期愿景，明确《联合国气候变化框架公约》已建立的相关技术和能力建设机制继续发挥其应有作用。在执行机制方面，协定要求设立强化透明度框架，规定了争端解决机制，并明确了协定生效、修订和退出的相关程序。

《联合国气候变化框架公约》在执行方面明确了报告履约信息的原则性要求，并要求建立附属机构对相关信息加以审评。《京都议定书》为发达国家设定了强制减排义务，并进一步细化了对发达国家的相关报告和审评要求。在遵约方面，《京都议定书》规定通过有效程序和机制处理不遵约情况，进而建立了自身的遵约机制。在减排义务扩大至所有缔约方的背景下，《巴黎协定》建立了更为广泛、细致的核算及执行机制，包括面向所有国家的报告和审评等透明度要求，并借鉴《京都议定书》的规定，要求建立专门的机制以促进协定的履行和遵守。

（三）《巴黎协定》的影响

《巴黎协定》是继《联合国气候变化框架公约》《京都议定书》之后，人类历史上应对气候变化的第三个里程碑式的国际法律文本，形成2020年后的全球气候治理格局。它是在新的国际经济政治格局下，为实现《联合国气候变化框架公约》目标而缔结的一项全面、均衡、具有法律约束力、适用于所有缔约方的国际气候变化新协定，是当前国际社会所能达成的最佳可行方案，具有历史进步意义。

《巴黎协定》首次以具有法律约束力的形式确认了各国"自下而上"提出减排目标的合法性，并通过全球盘点机制评估各国行动与全球目标之间的差距，进而鼓励各国进一步提升减排力度，实现了国际减排模式的历史性转变。《巴黎协定》标志着向低碳世界转型的开始。《巴黎协定》的实施对于实现可持续发展目标至关重要，该协定为推动减排和建设气候适应能力的气候行动提供了路线图。

总之，《巴黎协定》既强调各国行动的自主性，又要求缔约方不断提高减排力度，是一份全面、均衡的协定，标志着全球应对气候变化进入新阶段①。

---

① 党庶枫.《巴黎协定》国际碳交易研究［D］. 重庆：重庆大学，2018.

四、 欧盟碳排放交易体系

（一） 欧盟碳排放交易体系的背景

全球气候协议在明确相关国家减少温室气体排放责任的同时，也成为碳排放权交易体系得以存在的制度基础。其中，最直接推动碳排放权交易体系形成的是《京都议定书》。议定书首次以法律的形式规定了以碳交易来控制温室气体排放的总体思路，与此对应，二氧化碳排放权也被视作一种商品，进而形成了碳排放权交易市场。欧盟设计并推行排放交易机制的最初动因就在于完成《京都议定书》所规定的减排任务，并且希望以最小的经济代价实现最大的温室气体减排，同时促进企业不断创新。

欧盟整体经济发展水平高、能源消耗量大，其温室气体的排放量较大。但由于内部各国的经济规模和能源结构的不同，各国温室气体排放规模的差异也很大。法、德、英、意、西等五国的排放量可占到欧盟总排放量的75％以上。因此考虑这些因素，根据欧盟特殊的经济及能源结构，建立一个合理健全的减排交易体系则是欧盟自身减少温室气体排放量，推进经济社会持续可协调发展的内在要求。

（二） 欧盟碳排放交易体系的内容

欧盟碳排放交易体系是世界上第一个多国家联合参与的强制性总量

控制排放交易体系，拥有目前为止规模最大的碳交易市场。欧盟碳排放交易体系包括了28个欧盟成员国和3个非成员国（冰岛、挪威、列支敦士登），覆盖超过1.1万座发电站、高耗能工厂，航空业自2012年1月1日起也被纳入到交易体系中。从总量上来说，占欧盟总排放量约45%的温室气体排放受到欧盟碳排放交易市场的管控。

在此体系中，覆盖了各成员国的能源、化工、电力、钢铁、水泥等行业，这些企业排放的二氧化碳总量占欧盟排放总量的一半。参与欧盟交易市场的受管制排放实体需履行减排义务，按照政府每年发放的一定量配额，若某企业在本年度的实际排碳量大于配额，则该企业有权在碳交易市场购买额度；若实际排碳量小于配额，则该企业需向其他的企业或政府出售额度。总而言之，企业需通过技术的改造升级或者与其他企业进行交易来达到减排的要求。

首先，关于配额分配，欧盟碳排放交易体系以控制碳排放总量为出发点，按照统一的减排目标在成员国内部实施，在碳排放配额分配的过程中按照历史排放数据、预计未来的排放和不同部门具备的排放特点等要素来配置每一个成员国的碳排放数量，然后每一个成员国继续将这些配额按照同样的标准细分给国内各个企业。

其次，关于交易方式，主要是进行排放配额交易，所有成员国的企业之间基于欧盟碳排放交易体系这个平台，结合自身在碳配额方面的实际情况，比如某些企业具有超额的碳排放配额那将会出售配额获得一定的报酬，如果有些企业的碳排放配额短缺，则将支付一定的价格来购买配额。还有的交易方式是核证减排量交易，这是建立在清洁发展机制基础之上的产物，欧盟碳排放交易体系规定欧盟成员国可以向其他的非成员国购买温室气体排放权，比如发达的欧洲国家由于自身具备减排的义务，可以向没有减排义务的欠发达国家购买碳排放权，在此情况下，欧盟成员国的企业帮助欠发达国家降低一定单位的碳排放，那么就可以在本国获得相同单位的碳排放权。上述的流程和工作都需要经过清洁发展机制执行委员会的评判和颁发核证减排量。

欧盟碳排放交易体系经历了三个发展阶段，每个阶段的目标、交易机制都不一样。在行业的覆盖方面，也是稳步扩大，不同的阶段包含了不同的行业。

欧盟碳排放交易体系的第一阶段（2005—2007年）是试运行阶段。这一阶段主要目的是积累经验，完善相关测试系统及统计数据，为后续体系建设奠定基础。这一阶段针对的主要为能源生产和能源使用密集行业，包括能源供应、石油提炼、钢铁、建筑材料和造纸行业。排放权交易仅限于二氧化碳，且给各成员国的碳排放配额均为免费。该阶段大部分的"欧盟排放许可（EUA）"被免费分配给排放企业，未使用的EUA并不能累积到下一个阶段。在这一阶段，至少95%的配额依据历史排放水平被免费分配给控排企业。控排企业应在履约期结束前上缴所需配额，逾期未缴的会受到处罚。

第二阶段（2008—2012年）为履行减排义务阶段。该阶段为实现《京都议定书》承诺的关键时期。这一阶段欧盟碳排放交易体系的范围除了欧盟27个成员国，还覆盖了冰岛、挪威和列支敦士登，重点管制行业除了能源密集型行业以外，也包括航空业。这一阶段仍然以免费分配为主，但是配额数量在这一时期下降了6.5%。但欧盟经济下行带来的减排使得市场对配额的需求进一步下降，最终导致大量未使用配额剩余、配额价格低迷。第二交易期开始允许项目交易的减排单位和核证减排量抵消不超过相当于欧盟排放限额13.4%的排放量。此外，关于企业关闭和新进入（包括企业扩产和减产）也有了特别规定。

重要的改变发生在第三阶段（2013—2020年）。第三阶段被称为减排阶段，这一阶段的主要目标是保证欧盟所有成员国每年的碳排放总量下降率为 1.74％以上，以确保在 2020 年实现《京都议定书》约定的减排 20％的承诺（以 1990 年为基准）。这一阶段，"国家分配计划"将由欧盟整体限额取代；第二交易期的配额可以储存下来在第三期使用；对于项目配额抵消也有了新规定，即从 2013 年开始，新项目产生的核证减排量必须来自最不发达国家；拍卖成为配额分配的主要方式，免费分配将在 2027 年之前被彻底取消。其中，发电厂需要竞拍其核定排放量对应的所有配额；高耗能工厂需要竞拍其核定排放量对应的 20％的配额，这一数字会每年递增，至 2020 年达到 70％；至于航空业，在此期间将有 15％的配额以拍卖方式分配。

当然，欧盟碳交易体系在操作层面上也存在着一些不完善之处。首先是配额的发放，免费发放配额的形式在很大程度上效率低下，在实际运行中，由于欧盟对配额的过度发放，导致交易市场上配额的供求关系不平衡进而使其价格被打压，完全没有起到限制排放的初衷。其次，并没有将除二氧化碳外的其他温室气体纳入体系。诸如甲烷、氧化亚氮的温室效应作用更加明显。

（三） 欧盟碳排放交易体系的影响

欧盟碳排放权交易体系作为全球规模最大、体系最复杂的碳排放权交易制度，自正式实施以来，一直是全球碳排放交易体系的核心，得到了国际社会的肯定，具有引领与示范的作用。

欧盟碳排放交易体系的成功运行，及时弥补了美国退出行为给《京都议定书》带来的影响，使议定书得以正常推行，开创了碳排放交易的新局面。欧盟在全球气候问题上态度积极，并通过率先探索碳排放交易，成为全球气候问题领导者，这给抵制强制减排的美国以压力和挑战。

一方面，欧盟率先构建和运行的欧盟碳排放权交易体系，在碳排放交易市场中占有了先机，拥有了以欧元为碳交易定价的定价权。而且，欧盟碳排放交易体系大大降低了企业的减排成本，使得欧盟低碳技术和低碳企业在全球碳减排的行动中独具竞争优势。此外，欧盟碳排放交易体系优化了欧盟的能源结构，较大幅度提升了欧盟的能源利用率，使欧盟的低碳产业始终处于全球的前沿位置；欧盟碳排放交易体系还推动了欧洲的金融机构积极开展碳金融业务，助力欧洲金融业在低碳金融领域的快速发展。可以说，欧盟碳排放交易体系运行过程中所产生的经济利益和市场前景，在一定程度上吸引着美国形成自愿碳减排体系，也是将美国吸引回国际气候合作谈判桌前的因素之一。

另一方面，欧盟率先构建欧盟碳排放交易体系，也确立了由欧盟领导全球减排行为的政治话语权。作为跨国家的碳排放交易体系，欧盟碳排放交易体系的成功运行已经向全球证明，尽管各国的经济和社会水平、具体国情存在差异，但只要有共同的低碳发展的目标，就能够共同合作，制定统一的强制减排体系，并在此基础上形成统一的碳排放交易市场。而且，早在欧盟开始设计欧盟碳排放交易体系时，欧盟就考虑了发挥市场机制的作用，并通过市场实现与其他国家的减排合作，使构建全球性统一的强制减排体系成为可能，也推动了相关国家积极采取碳减排措施，在全球形成了低碳发展的共识，为世界各国构建排放权交易机制提供了参考，也为全球排放交易体系的构建与运作提供了制度、机构等基础。

另外，它通过实践证明了市场机制在治理环境问题上效果显著。虽然欧盟碳排放权交易体系蕴含着很多复杂的政治经济问题，但是从效果上看，它确实在一定程度上缓解了全球变暖的形势，而且为解决气候问题创造了一种新的范式，为其他国家乃至在全球范围内建立温室气体排放权交易机制提供了可以借鉴的经验①。

五、 澳大利亚碳排放交易体系

（一） 澳大利亚碳排放交易体系的背景

澳大利亚不仅是南半球经济最发达的国家，还是一个碳排放大国。国际能源署的数据表明，2010 年澳大利亚因燃烧产生的二氧化碳排放量占全球碳排放总量的 1.35％。相关数据表明，澳大利亚人均碳排放量超过中美两国，是发达国家中人均温室气体排放量最多的国家之一。温室气体排放量的持续上升对澳大利亚的影响越来越大。澳大利亚科学家的研究表明，如果再不采取行动，任由该国的温室气体排放量继续增加，到 2100 年，温室气体排放将导致澳大利亚的墨累—达令河流域的农业生产灌溉率下降 92％，从而影响奶制品、水果、蔬菜和粮食的产量，甚至出现农业发展的终结。城市供水成本将提高 35％。海平面的上升，使得沿海建筑面临很大的被损害的危险。若采取措施减缓温室气体排放，能将温室气体浓度稳定在 450ppm，到 2100 年，墨累—达令河流域农业生产灌溉率将只下降 6％，城市供水成本将提高 4％，沿海建筑

---

① 何少琛. 欧盟碳排放交易体系发展现状、改革方法及前景 [D]. 长春：吉林大学，2016.

受到暴风雨损害的风险大幅下降。因此，尽早采取积极应对气候变化措施，构建长效的节能减排机制、控制二氧化碳的排放量，走低污染、低耗能、低排放的绿色低碳经济发展之路，对于澳大利亚而言刻不容缓。

澳大利亚是世界上最早实施强制性温室气体减排计划的国家之一。2003 年，澳大利亚启动新南威尔士州温室气体减排计划，为后来全面实施碳排放交易奠定了很好的基础。2007 年，澳大利亚政府正式签署《京都议定书》后，不但积极参与到全球减排行动的国际协商中，该国也开始制定长期减排的气候变化政策，不断提出更高的温室气体减排目标。2008 年，澳大利亚政府提出了"碳污染减排机制"法案，拟引入碳排放交易机制，但因金融危机，遭到反对党和工业界的强烈反对，两次被参议院驳回。2011 年，澳大利亚国会通过了《清洁能源法案》，政府预计全套计划的实施可在 2020 年削减 1.59 亿吨二氧化碳排放量，与 2000 年相比可以实现减排 5% 的目标。法案的通过是澳大利亚应对气候变化的一个重要里程碑，它确立了澳大利亚将通过实施碳税、碳排放交易机制来减少碳排放污染，为澳大利亚经济与环境可持续发展铺平道路。2012 年，澳大利亚在全国范围内开始推行碳排放交易，成为继欧盟和新西兰之后第三个建立国内碳排放交易机制的发达经济体。

（二）澳大利亚碳排放交易体系的内容

澳大利亚从 2008 年开始一直致力于碳交易机制的设计、筹建、实施。澳大利亚碳排放交易体系在世界碳交易市场中独树一帜。具体体现在以下几点：一是精心设计渐进式的碳价机制。澳大利亚碳排放交易体系充分吸取欧盟碳排放交易体系价格剧烈波动的经验教训。澳大利亚2011 年通过《清洁能源法案》，该法案明确从 2012 年起开始实施为期三年的固定碳价机制，从 2015 年起，大部分碳排放配额由清洁能源局拍卖，碳市场开始与欧盟衔接，碳价格由市场决定。在实施灵活价格机制的前三年，制定一个价格上限以避免价格过度上涨，保证碳交易市场的稳定。2015 年的价格上为 2015—2016 年国际预期碳价加 20 澳元，并以每年 5% 的速度增长。从 2018 开始完全由市场决定价格和减排资源。这种从固定价格到限制浮动价格再到完全浮动价格的价格机制保证了碳价在稳定中发展。二是配套机制的创新与完善。产业援助计划、家庭援助计划、能源安全基金、碳税管理体制等配套机制的设立为碳交易体系的正常运转排除了阻碍因素，在很大程度上缓解了新能源法对经济社会造成的影响及其实施的阻力，运用辅助措施统筹兼顾地补偿碳减排对社会、企业、个人造成的经济损失。

澳大利亚碳排放交易体系是一个全面的国家级的碳排放交易体系。该体系涉及的控排范围包含澳大利亚碳排放量前 500 名的企业，重点是年碳排放量大于 25000t 温室气体的企业，不包括小企业和家庭的碳排放，涵盖了澳大利亚约 60% 的碳排放量。

六、 美国区域温室气体行动计划

（一）美国区域温室气体行动计划的背景

美国也是世界上温室气体排放量最大的国家之一。在人均二氧化碳的排放量上，印度不及美国的 1/20，中国不及美国的 1/10。由此可见，美国削减温室气体的排放量势在必行。2019 年 11 月，美国政府宣布退出《巴黎协定》，此前美国也拒绝签署《京都议定书》。虽然美国在国际气候变化问题上的态度并不明朗，但其国内已存在多个碳排放交易体系，在温室气体减排和碳市场交易等领域取得了值得借鉴的成就。

作为世界上最早践行排污权理论并建立排污权交易体系的国家，其在二氧化硫排放交易制度运行中积累的丰富经验为其开展碳排放权交易提供了良好的制度环境、技术基础和人才储备。1990 年美国为了减少酸雨排放，制定了二氧化硫的排放交易制度。此制度建立在美国 1990 年《清洁空气法案》的框架下，旨在 2007 年末将二氧化硫的总排放量减少到 1980 年的一半，该制度的实践效果显著，在降低二氧化硫排放的同时有效降低了排放成本。

尽管美国尚未建立全国性的碳市场，但已先后建立多个区域性碳排放权交易市场。当前，美国已经或正在建立的区域性碳交易计划包括美国区域温室气体行动计划、西部气候倡议、中西部温室气体减排协议以及加州碳排放总量控制与交易计划。其中美国区域温室气体行动与加州碳排放总量控制与交易计划已进入实际运作阶段，并且是发展最成熟的区域性碳交易计划。

（二）美国区域温室气体行动计划的内容

美国区域温室气体行动计划是美国第一个区域性的强制执行减排体系。该计划的亮点在于强制交易、碳配额非免费发放以及有效的监管，这为美国区域温室气体行动计划的正常运行提供了有效保证，这也是美国从二氧化硫减排市场获得的经验。其主要包括以下内容：

（1）总量控制。美国区域温室气体减排计划主要管制对象为 2500 万瓦特以上的矿物燃料火电厂，成员州总二氧化碳排放上限控制在 1.88

亿吨以内。基于覆盖区域内发电行业二氧化碳历史排放数据、潜在的排放源等，确定碳交易计划的总量控制。该计划分为两个阶段。在第一阶段（2009—2015 年）年度排放总量约合为 1.7 亿吨，减排目标是区域碳排放量保持在 2009 年的水平。这一时期是缓冲期，让受管控的企业有足够的适应时间。在第二阶段（2015—2018 年），总量控制将每年减少 2.5％，累计减排达到 10％。

（2）配额分配模式。配额分配模式包含配额的分配额度以及分配方式。美国区域温室气体减排计划碳排放配额的初始分配分为两个层次：一是将整个区域的配额分配到各州，各州之间配额的分配主要是基于各州的历史碳排放水平，并根据用电量、人口、预测的新排放源，以及协商情况等因素进行调整；另一层次是将各州的配额分配到各电厂。在分配方式上，美国区域温室气体减排计划是全球首个、也是当前最大的采取拍卖方式分配配额的总量控制与交易计划，以拍卖的方式进行初始配额的分配。配额拍卖每季度举行一次，初期采用单轮竞价、统一价格、密封投标的方式进行拍卖，后期可以采用多轮竞价等方式，且初次拍卖设定最低价格，约为 1.86 美元/配额，拍卖配额不少于配额总量的 90％，所获得的收益将用于各类能源发展项目。在体系运行过程中，拍卖次数和成交数量较为乐观，但由于配额供给过剩和美国的金融危机，导致 2010—2012 年间出现了多次价格走低的现象。

（3）碳抵消机制。为了提高交易计划的灵活性，美国区域温室气体减排计划设计了碳抵消机制，允许管制对象使用碳抵消配额履行自身的减排义务。其中，美国区域温室气体减排计划允许的碳抵消项目包括：垃圾填埋气（甲烷）的捕捉和销毁；输电和配电装置中的六氟化硫排放减量；造林吸收或封存的二氧化碳；降低或避免天然气、石油或丙烷终端燃烧排放的二氧化碳；农田粪肥管理避免甲烷排放。为了规范碳抵消行为，一方面，美国区域温室气体减排计划设立独立的碳抵消项目核证与监管机构，并严格规范碳抵消项目的申请、认证以及登记程序，对于违反抵消项目规定的，管制机构有权取消或注销抵消配额。另一方面，美国区域温室气体行动计划通过区域内的拍卖方式配发二氧化碳排放许可，各州具有抵销权，即允许电厂通过投资已经经过认可的减排项目来冲抵限排总额的3.3%。

（4）其他柔性机制。这是美国区域温室气体减排计划为保证碳配额交易市场的稳定性，防止配额价格的剧烈波动而设立的预警机制，主要包括安全阀机制与碳抵消触发机制。安全阀机制主要解决初次分配可能导致的碳价过高以及市场供求失衡导致的碳价剧烈波动问题，该机制下管制对象的履约期限将由3年延长至4年；碳抵消触发机制是为防止配额价格剧烈波动的另一个柔性机制，美国区域温室气体减排计划允许管制对象采用一定比例的碳抵消项目，该比例可以依据碳市场价格进行适度调整。

（5）监测、报告与核查机制。监测、报告与核查机制是碳交易体系顺利运行的重要保障。一方面，管制对象要按照美国区域温室气体减排计划的规定安装符合要求的监测系统，并按期限完成监测系统的验证性试运行，如果不能在规定期限内完成检测系统试运行的，将按照二氧化碳最大可能排放值进行记录和报告，管制对象需要按季度向管制机构报告监测数据；另一方面，美国区域温室气体减排计划引入统一的碳排放交易平台，即二氧化碳配额追踪系统和独立的第三方核证与监督机构，对初级市场的拍卖和二级市场中市场交易行为进行监督、核证。

（6）遵循逐步扩展的原则。美国区域温室气体行动计划覆盖范围由发电行业开始逐渐纳入其他行业，为体系后期的政策落实留有缓冲余地；在配额配发过程中充分发挥市场的调节机制，兼顾了交易的效率与公平，拍卖收益也将用于能源项目开发，循环促进减排效率的提升①。

（三）美国区域温室气体行动计划的影响

美国区域温室气体行动计划最重要的制度创新为上限与交易体系。计划基于总量控制，以市场为核心导向，各州拥有自主管理的权力，实现了区域碳排放体系的灵活运行。不足的是，其总体减排目标较低，且缺少国家层面的总体调控，因此对全国范围内温室气体排放的影响存在局限性。

美国区域温室气体行动计划是全球第一个采用拍卖的方式分配企业配额的碳排放权交易体系，具有重要的标杆性作用，拍卖配额的方式提高了配额分配的效率，其拍卖所获收益不仅支持了能效技术的研发及改进，更促进了减排进程与经济发展的有益互动及良性循环，创造了一批新的就业机会，带来显著的环境与经济收益。强劲的市场监管为减排道路扫清障碍，整个计划的实施推动了美国区域内排放量的降低，从根本上支持了低碳经济的快速发展。

【拓展阅读】

德国排放权交易制度

1. 碳排放权交易申报程序

德国对确定参与计划的企业的所有排放二氧化碳的设施进行调查。按《京都议定书》和相关法规要求，对超过一定排放量的设备，生产企

---

① 张益纲，朴英爱. 世界主要碳排放交易体系的配额分配机制研究［J］. 环境保护，2015（4）：55-59.

业在与联邦环保局达成自愿协议的基础上，经审核后才可取得一定数量的排放权。2002—2003年，德国共调查3909家企业，1849家企业经审查后参与了2005—2007年排放权交易。其中，能源设备企业1234家，占67%；工业企业615家，占33%。每个企业在申报排放权指标时还要按照技术标准，核实设备排放的二氧化碳量。联邦环保局要对全部企业设备排放情况进行核定。对于特定工业企业按行业现行最高排放量发放；许可发放后，在一定时间内还可以变更。

排放权交易的申报程序是：第一步，由工业企业按网上统一格式填报排放权申请书，并通过网络传到联邦环保局认定的排放权咨询机构；第二步，由咨询机构将审核建议通过电子邮件反馈给企业；第三步，工业企业按照反馈的初审意见将拟申请的排放数额交联邦环保局排放权交易管理部门；第四步，联邦环保局排放权交易部门审核申请并计算排放权额度；第五步，联邦环保局排放权管理部门将核定的排放权通知下达给工业企业。如果生产企业属于州管辖，则要先向州环保局申报并审核，再由州政府向联邦政府环保局申请；如果企业属于联邦政府，可以直接向联邦环保局申请。只有联邦政府环保部门才是唯一受理并分配排放权的部门。

2. 交易费及其征收

据德国的有关法规，获得排放权的企业应缴纳以下费用。开户费，每个企业每年200欧元；登记管理费分为固定费用和浮动费用两部分，其中固定费用根据设备排放二氧化碳的多少分档收取，排放量在150万吨以下为3200欧元，151万～300万吨之间为6400欧元，301万吨以上为9600欧元。浮动费用主要针对某些特殊设备，根据排放量和行业性质采取超额累进的方式收费，收费每吨收费在0.015至0.035欧元之间。交易费是联邦环保局征收的管理费用，在完成交易后缴纳。一般采取累进制征收，对 1 万～2.5 万吨的交易量，收费 1.25 万～2 万欧元。交易价格由市场上交易双方确定。罚金，对没有按已核定的排放权排放，超过核定量后又不购买排放权的企业，按照第一年每吨 40 欧元、第二年每吨 100 欧元、第三年每吨 200 欧元的标准处罚。2005 年 1 月—11 月底，联邦环保局共收取各种费用约 796 万欧元，主要用于管理机构的正常业务和办公经费，剩余部分由联邦政府投资于可再生能源。

3. 碳排放权交易管理机构的职能

德国碳排放权管理机构的主要任务：一是建立健全碳排放权交易的管理和监督体系，根据 2005 年的管理实践，调整和规范各管理部门的职能；二是对现有碳排放交易的法律法规的实施效果进行评价，在必要情况下进行补充和修改；三是加强与欧盟及其成员国在政策制定、碳排放交易等方面的合作与交流[1]。

澳大利亚碳排放交易支持与补偿制度

为保障碳排放交易机制的顺利实施，澳大利亚的碳定价机制中除了给予企业一定的免费排放许可配额外，还引入了一系列与碳排放交易机制有关的支持、补偿制度，政府将实施碳税所得的全部收入用于支持就业和保护竞争力、进行清洁能源和气候变化项目的投资、资助家庭。

政府承诺将碳税收入的 40% 用于产业扶持和保障就业。碳定价机制中的"就业与竞争力方案"（Jobs and Competitiveness Program）提出在2012—2015 年提供 92 亿澳元的援助，为澳大利亚排放密集型行业提供帮助，确保这些行业不会因实施碳定价机制造成竞争力受损以及维持就业的稳定。对于制造业，澳大利亚政府设立 12 亿澳元的"清洁技术计

---

[1] 周宏春. 世界碳交易市场的发展与启示 [J]. 中国软科学，2009（12）：39-48.

划"，帮助制造业提高能源利用效率，降低碳排放污染。至于发电行业，政府除了每年发放超过 4000 万吨的免费排放配额外，还给予现金财政资助，政府还向发电企业提供贷款，以供其购买超额排放许可。对于钢铁产业，政府提供总额 3 亿澳元的"钢铁产业转型计划"帮助钢铁行业向清洁能源行业过渡。对于煤炭行业，政府提供总额 13 亿澳元的"煤炭行业就业计划"，确保澳大利亚煤炭开采行业就业的稳定。澳大利亚还花费约 10 亿澳元，通过低碳农业倡议计划鼓励农业、林业和土地行业减少碳排放污染，增加土地中的碳贮藏量。

2011 年澳大利亚的能源结构是煤占 70%，天然气和石油占到 23%，可再生能源只占到 7%，澳大利亚政府提出到 2050 年，可再生能源要达到 50%，因此，澳大利亚鼓励在清洁能源和能源有效利用上的投资。2012—2015 年澳大利亚在清洁能源项目上的投资超过 132 亿澳元，这是澳大利亚历史上对清洁能源最大的一次投资。其中清洁能源金融公司（Clean Energy Finance Corporation）投资 100 亿澳元，用于可再生能源和清洁能源项目的商业运作，同时对清洁能源行业提供其他如融资、研发等方面的支持。澳大利亚可再生能源机构（Australian Renewable Energy Agency）投资 32 亿澳元，用于可再生能源技术的创新。对于制造业，政府提供 8 亿澳元的财政资助，用于鼓励大型的制造企业通过"清洁能源投资项目"，投资更为清洁的生产设备和流程。为了实现新制订的 2050 年减排 80% 的目标，澳大利亚政府还准备斥资 1000 亿澳元帮助开发新的可再生能源，如风能、太阳能和地热能。

因为碳税的征收，企业将增加成本支出，这些碳税成本最终将会转嫁给消费者。受到碳排放税的影响，从 2012 年 7 月 1 日起，澳大利亚各地水、电、煤费全面上涨。根据澳大利亚独立价格仲裁庭（IPART）的报告显示，悉尼等地区的电费上涨 20.6%，新南威尔士州地区的电费平均增长 19.7%。从

2012 年 7 月 1 日起，维多利亚州的水费攀升了约 75 澳元，墨尔本水费年涨达 205 澳元。至于煤气费，最高涨幅达到 15%。碳税导致澳洲家庭的生活成本上涨约 0.7%，平均每户家庭每周增加生活成本 9.90 澳元。为了减轻碳定价机制对澳大利亚家庭的影响，政府制定了一系列补偿方案，将实行碳定价机制所得一半以上的收入通过增加补贴、家庭碳税补助金和税收减免等方式，为 90% 受影响家庭提供资助补偿。政府在 2012—2016 年向民众提供 154 亿澳元的家庭补贴，从 2012 年 5 月开始，补助金直接存入受惠人的银行账户，单身的养老金领取者和退休人员获得每年 338 澳元额外碳税补助。如果是夫妇，则每年补助 510 澳元，家庭中每个小孩可得到每年 110 澳元的现金补助，单亲家庭中的小孩更可得到每年 369 澳元的补助。除此之外，2012—2013 年，第一轮减税开始，征税起点从 6000 澳元升至 1.82 万澳元后，600 万年收入 8 万以下的澳洲人获得每年至少 300 元的减税。2015—2016 年的第二轮减税，征税起点进一步升至 1.94 万澳元。补偿方案还特别关注养老金领取者和中低收入家庭，已经有超过 320 万的澳大利亚退休人士收到了政府给予的特别碳税补助金①。

美国大力提升碳减排经济效益

1. 减排效益

美国区域温室气体行动计划将发电行业作为控排对象，根据美国区域温室气体行动计划公布的官方评估报告，自 2005 年以来，美国区域温室气体行动计划成员州发电行业二氧化碳减排效果显著。数据显示美国区域温室气体行动计划成员州发电行业二氧化碳排放总量由 2005 年的 1.63 亿吨降低至 2013 年的 0.92 亿吨，降幅超过 40%。这一时期，

---

① 陈洁民，李慧东，王雪圣. 澳大利亚碳排放交易体系的特色分析及启示 [J]. 生态经济，2013（4）：70-87.

成员州国内生产总值增长了 8%。除了二氧化碳总量的削减，美国区域温室气体行动计划还通过配额拍卖的收入，实施了一批能源效率提升项目。美国官方认为，正是由于美国区域温室气体行动计划在能源效率投入方面的努力，使得美国区域温室气体行动计划成员州的能源效率投入水平全部位于前列。2012 年，全美能源效率投入前十名的州中，美国区域温室气体行动计划成员州就占了 6 个。

2. 配额拍卖收入与投资

截至 2016 年 6 月，美国区域温室气体行动计划共进行了 32 次配额拍卖，共卖出 8.3 亿个碳配额，拍卖累计收入达到 25.17 亿美元。各州配额拍卖数量和收入存在一定差异，其中纽约州配额拍卖收入最多，达到 9.5 亿美元，占成员州全部拍卖收入的 37.8%，其次是马里兰州、马萨诸塞州，拍卖收入达到了 5.2 亿美元和 4.2 亿美元，分别占比达 20.6% 和 16.5%。这三个州的配额拍卖收入占全部收入的 75%。

美国区域温室气体行动计划碳配额拍卖的收入主要用于投资能效提升、清洁和可再生能源利用、温室气体减排等项目。根据美国区域温室气体行动计划官方公布的《2013 年区域温室气体行动二氧化碳配额收入的区域投资》的报告，截至 2013 年 12 月，美国区域温室气体行动计划累积实施了 10.02 亿多美元的投资项目。

美国区域温室气体行动计划用于能源效率提升项目的投资最多，占比达到 62%。能源效率提升项目主要在于改善消费者的能源使用方式，提高能源使用效率。例如，促进家庭住户使用高效能家电，从而获得家庭能源效率提升所带来的节省电费开支的受益；促进企业节能技术和设备的更新，在工业领域推广使用木材加工厂产生的余热发电等。能源效率项目不仅使技术升级的发电企业获得收益，而且可以通过电力环节的成本节省为诸多家庭和企业带来了较多的投资节省，并且为社会带来了成千上万的就业机会，促进了地区就业增长。

直接经济援助项目是给低收入家庭以及符合条件的小型企业直接提供资金。直接经济援助可以减缓低收入家庭冬季由于燃料成本上升而带来的经济压力，这对于美国区域温室气体行动计划所在的美国北部地区尤为重要，因为这些地区的电力消费者对燃料价格波动的敏感性更强，直接经济援助项目可以大大减轻低收入群体这方面的经济负担。尽管直接经济援助并非是帮助消费者提高能源使用效率或者安装清洁和可再生能源设备，但这种方式对消费者的帮助更为直接，且这种项目的实施也不会对电价的波动产生影响。截至 2013 年底，美国区域温室气体行动计划将投资总额的 15％用于直接经济援助项目。在清洁和可再生能源使用方面，其投资项目包括为企业和住户安装可再生或清洁能源系统（如屋顶太阳能电池板，农场为基础的风力涡轮机或燃料电池系统）、提供赠款或低息融资。美国区域温室气体行动计划预计这些投资全生命周期内将使 3600 家住户抵消超过 7300 万美元的电费开支。由于该项目实施安装的组件需在所在州制造，或者由当地认可的承建商进行安装，因此，清洁和可再生能源项目不仅可以加快清洁和可再生能源技术在跨区域范围内推广使用，且为当地创造了就业和经济收益。此外，清洁和可再生能源项目对降低电价也有所贡献，因为用电需求的降低使得较昂贵的电厂运行频率更低，从长远来看，将推动电价下降，从而惠及所有消费者。同时，由于项目降低了清洁和可再生能源使用的成本，扩大了这些能源的使用规模，因此产生了较为显著的环境效益。这些项目的实施不仅直接降低了现有发电厂所产生的排放，而且对于延缓更多化石燃料发电厂的建设也具有一定作用。目前，美国区域温室气体行动计划将投资的 8％用于清洁和可再生能源项目投资，未来，这一领域的投资还将继续加大。美国区域温室气体行动计划还直接投资温室气体减排项目，以帮助相关领域促进温室气体减排。这些项目主要包括用于促进先进能源的技术研发，减少车辆行驶里程以及其他领域的温室气体减排等。如燃料电池公交车的推广使用、工业过程的技术改进、对野生动物栖息地的保护以增加森林碳汇、支持和配合各州气候行动气候与目标等。在全生命周期内，这些投资减少了 31 万吨的二氧化碳排放。截至 2013 年年底，累积大约 9％的资金用于区域温室气体减排项目，其中，2013 年度用于区域温室气体减排项目的资金超过 15％[1]。

---

[1] 吴大磊，赵细康，王丽娟. 美国区域碳市场的运行绩效——以区域温室气体减排行动 (RGGI) 为例 [J]. 生态经济，2017 (2)：49-53.

第三章

我国主要低碳政策

党的十九届五中全会审议通过了《中共中央关于制定国民经济和社会发展第十四个五年规划和二〇三五年远景目标的建议》，把"加快推动绿色低碳发展"纳入新发展阶段的发展蓝图中，为我们不断贯彻新发展理念和构建新发展格局指明了前进方向，提供了根本遵循。

坚持走绿色低碳发展道路，是全面解决经济社会发展所面临的资源瓶颈、环境容量，以及气候变化等问题而提出的新理念，旨在实现人与自然和谐共生，促进人与自然和谐发展。在向第二个百年奋斗目标不断迈进和全面建设社会主义现代化国家新征程中，实现碳达峰、碳中和目标是我国全面实施创新驱动发展战略、推动我国社会经济高质量发展的重要内容。

一、 政策理论基础

（一）可持续发展理论

早在 1987 年，由世界环境与发展委员会发表的《我们共同的未来》首次提出可持续发展的广泛性定义：可持续发展是既满足当代人的需求，又不对后代人满足其需求的能力构成危害的发展。可持续发展是一个密不可分的系统，既要达到发展经济的目的，又要保护好人类赖以生存的大气、淡水、海洋、土地和森林等自然资源和环境，使子孙后代能够永续发展和安居乐业。可持续发展与环境保护既有联系，又不等同。环境保护是可持续发展的重要方面。可持续发展的核心是发展，但要求在严格控制人口、提高人口素质和保护环境、资源永续利用的前提下进行经济和社会的发展。发展是可持续发展的前提，人是可持续发展的中心体，可持续长久的发展才是真正的发展，使子孙后代能够永续发展和安居乐业①。

可持续发展涉及自然、环境、社会、经济、科技、政治等诸多方面，由于研究角度的不同，对可持续发展所做的科学性定义也就不同。

①　李龙熙. 对可持续发展理论的诠释与解析［J］. 行政与法（吉林省行政学院学报），2005（01）：3-7.

1. 侧重于自然属性方面的定义

"持续性"一词首先是由生态学家提出来的,即所谓"生态持续性"。意在说明自然资源及其开发利用程序间的平衡。1991 年 11 月,国际生态学协会(INTECOL)和国际生物科学联合会(IUBS)联合举行了关于可持续发展问题的专题研讨会。该研讨会发展并深化了可持续发展概念的自然属性,将可持续发展定义为"保护和加强环境系统的生产和更新能力",认为可持续发展是不超越环境系统更新能力的发展。

2. 侧重于社会属性方面的定义

1991 年,由世界自然保护同盟(IUCN)、联合国环境规划署(UN-EP)和世界野生生物基金会(WWF)共同发表《保护地球——可持续生存战略》(*Caring for the Earth:A Strategy for Sustainable Living*),将可持续发展定义为"在生存于不超出维持生态系统涵容能力之情况下,改善人类的生活品质",并提出了人类可持续生存的九条基本原则。

3. 侧重于经济属性方面的定义

爱德华-B·巴比尔在其著作《经济、自然资源:不足和发展》中,把可持续发展定义为"在保持自然资源的质量及其所提供服务的前提下,使经济发展的净利益增加到最大限度"。还有学者认为"可持续发展是今天的使用,不应减少未来的实际收入","当发展能够保持当代人的福利增加时,也不会使后代的福利减少"①。

4. 侧重于科技属性方面的定义

斯帕思认为:"可持续发展就是转向更清洁、更有效的技术——尽可能接近'零排放'或'密封式'的工艺方法,尽可能减少能源和其他

---

① 顾焕章. 可持续发展理论的经济学诠释 [N]. 光明日报,2001-05-31(C02).

自然资源的消耗"。

5. 综合性定义

1987年，世界环境与发展委员会在《我们共同的未来》中指出：可持续发展是"既满足当代人的需求，又不对后代人满足其自身需求的能力构成危害的发展"。

1995年9月，党的十四届五中全会通过的《中共中央关于制定国民经济和社会发展"九五"计划和2010年远景目标的建议》提出了我国经济增长方式从粗放型向集约型转变，强调要正确处理社会主义现代化建设中的若干重大关系，系统阐述了改革、发展、稳定的关系，速度和效益的关系，经济建设和人口、资源、环境的关系等内容。

1996年3月，中共中央、国务院召开计划生育工作座谈会，江泽民同志主持座谈会并强调"要实现可持续发展，首先必须合理控制人口规模。要把控制人口、节约资源、保护环境放到重要位置，为子孙后代创造可持续发展的良好环境"。

1989年联合国环境署理事会通过了《关于可持续发展的声明》，认为可持续发展主要包括四个方面的含义：走向国家和国际平等；要有一种支援性的国际经济环境；维护、合理使用并提高自然资源基础；在发展计划和政策中纳入对环境的关注和考虑①。

（二）生态文明建设理论

面对资源约束趋紧、环境污染严重、生态系统退化的严峻形势，必

---

① 丁志铭，曹晓华. 生产力系统理论对可持续发展的诠释［J］. 世界经济文汇，2000（01）：54-56.

须树立尊重自然、顺应自然、保护自然的生态文明理念，走可持续发展道路。生态文明建设其实就是把可持续发展提升到绿色发展高度，为后人"乘凉"而"种树"，就是不给后人留下遗憾而是留下更多的生态资产。生态文明建设是中国特色社会主义事业的重要内容，关系人民福祉，关乎民族未来，事关"两个一百年"奋斗目标和中华民族伟大复兴中国梦的实现。

党中央高度重视生态文明建设，先后出台了一系列重大决策部署，推动生态文明建设取得了重大进展和积极成效。2005 年，党的十六届五中全会明确指出，要加快建设资源节约型、环境友好型社会。党的十七大报告指出，必须把建设资源节约型、环境友好型社会放在工业化、现代化发展战略的突出位置，落实到每个单位、每个家庭。

党的十八大报告提出，要把生态文明建设放在突出地位，融入经济建设、政治建设、文化建设、社会建设各方面和全过程。把应对气候变化、推动低碳发展作为生态文明建设的重要内容①。

党的十九大报告指出，提高污染排放标准，强化排污者责任，健全环保信用评价、信息强制性披露、严惩重罚等制度。构建政府为主导、企业为主体、社会组织和公众共同参与的环境治理体系。当前，我们迫切需要建立环境管控的长效机制，让环境管控发挥绿色发展的导向作用，有效引导企业转型升级，推进技术创新，走向绿色生产。同时，鼓励发展绿色产业，壮大节能环保产业、清洁生产产业、清洁能源产业，使绿色产业成为替代产业，接力经济增长。低碳发展作为环境治理体系的重要内容，有着极大的发展空间。

---

① 江可可. 马克思主义生态思想在当代中国的理论价值和实践意义 [D]. 合肥：中国科学技术大学，2017.

1. 政治层面

在我国积极进行生态文明建设的过程中，党和政府对生态问题高度重视，把解决生态问题、建设生态文明作为一项重大政治任务，将生态文明的成效作为判断执政能力的重要标尺。

（1）树立科学的生态发展观

要充分地理解人类和生态环境之间的客观关系，可以说两者之间是息息相关的，要用科学和发展的眼光来看待我国的生态文明建设。除此之外，各级政府也应当积极地参与其中，主要的工作就是构建一套合理的、符合我国国情的生态环境保护监督机制，积极地向我国社会各界提供在生态保护方面的政治保障，进而更好地开展相关工作。

（2）强化法治化的生态文明建设

在对我国的生态环境进行保护的过程中，必须要从法律的角度对其给予保障，同时完善的法律体系也能够促使更多的民众参与到生态环境保护中，而各级政府也是生态环境保护的重要参与主体，通过立法来明确其自身的权利和义务。除此之外，为了能够对违法者破坏生态环境的行为进行有效的制止，就需要构建一套科学合理的关于生态违法的问责制度，同时还要进一步提高民众的生态保护意识。

（3）政府行政工作推动生态文明建设

政府要进一步加强关于生态环境保护和生态文明建设方面的宣传力度，要让更多的民众能够对生态环境保护的重要性产生深刻的认识，宣传部门要在网络和线下的宣传中积极地倡导生态文明建设的理念。除了正面的宣传引导外，同时政府还要让更多的民众和企业等充分地意识到破坏生态环境不仅会造成严重的后果，而且还需要为此付出巨大的代价。而政府部门在这一过程中必然承担主体责任，那么政府部门在积极进行生态文明建设的过程中，也需要构建一套科学合理的行政管理机制，从而更好地开展相关工作①。

2. 经济层面

在对我国的生态文明进行建设的过程中，不仅仅需要面对相应的生态环境问题，同时还需要面对相应的经济问题。我国的经济体系在运行的过程中，要将生态利益充分地体现在其中，同时还要将人与自然和谐统一的生态理念也融入其中。

（1）以低碳经济构建为社会主义生态文明建设的重要突破点

我国在推动经济发展的过程中，思想观念也在不断地变化，而如今则主要是以低碳经济等新理念为主。低碳经济主要讲究低污染和低能耗等核心内容，同时将高能量和低排放作为重要基础，从而对全球的气候变化以及能源安全等问题进行从容的应对，确保社会经济在发展的过程中不会对生态环境造成破坏。低碳经济同时也是一种先进的经济模式，从它自身特点的角度来说，主要就是将当前已有的资源利用率进行有效的提升，同时尽可能地降低和控制碳排放，在这一背景下，新能源技术的开发已经成为其中的重要方向。我国政府已经充分地意识到在对低碳能源相关技术进行发展的过程中，不但能够促进技术本身的创新，同时也能够帮助我国的经济向可持续发展的方向转变，而且还能够促进我国的和谐社会构建②。

（2）以循环经济建设为生态文明建设的重要支撑

现阶段，我国的资源利用技术还不够先进，所以我国应当进一步加大在这一方面的研发力度，同时在此过程中还需要充分地结合我国的国情，从而对我国的资源利用率进行有效的提升。在对循环经济进行认识

---

① 刘欣. 论我国生态文明建设［J］. 党史博采（理论），2017（03）：34-37.
② 张家炜. 生态文明建设过程中的伦理问题及对策研究［J］. 环境与可持续发展，2015，40（06）：85-87.

的过程中，要从资源的节约和利用方面出发，一般来说，在打造循环经济的时候，不仅能够从企业内部和生产基地等方面来进行，还可以从产业集中区等方面入手。如果是从资源利用技术水平的角度出发，对我国的循环经济进行发展，那么最重要的就是对资源进行有效的利用，同时对资源进行有效的回收，并开展无害化生产，通过这三个方面的技术就能够顺利实现循环经济。在开展环境建设工作的过程中，其中的一项重要内容就是发展科学技术，通过对各种各样循环经济的推动，再加上发展相应的节能减排产业，就能够帮助我国在循环能源利用的基础上构建一个科学的资源利用体系，从而极大地促进我国的生态文明建设。

3. 文化层面

在对我国的生态文明进行建设的过程中，如果从文化层面对其进行分析，那么就需要将人们的生态环境保护意识进行充分的体现，也就是让人们在开展生产生活的过程中，始终将我国的生态文明建设作为目标之一。

（1）构建积极的生态文化思想

现阶段，我国政府在积极地将相关的科学理论转变为广大民众的意识，从而对广大民众的生活和工作进行正确的引导。构建生态文化思想是为了让人类能够与大自然进行和谐相处，是经济发展到一定阶段的必然产物，我国也应当将过去对大自然进行粗犷发掘的做法进行摒弃。所以，我国需要对广大民众开展生态文化教育，帮助我国民众形成相应的生态意识，进而促进我国的生态文明建设。

（2）建设生态文明道德观

人们在对大自然进行改造的过程中，逐渐意识到了对生态环境进行保护的重要性，形成了相应的生态保护意识。生态文明和生态环境之间的关系是非常紧密的，可以说是息息相关的，这两者都会受到人类的生态意识的影响，因为生态意识能够对人类的生态行为产生决定性的影响。因此，我国政府必须要对广大民众的生态文明道德观进行塑造，进一步加强生态危机意识，使其成为我国生态文明建设的一项重要手段①。

各级政府要倡导全民树立生态文明道德观，将宣传的内容与老百姓的生活相结合，同时借助新闻和广播以及校园教育等方式来开展宣传，从而在我国民众身边形成良好的社会风气。总而言之，在对生态文明进行建设的过程中，其本质就是将生态理念和环保技术以及生态道德等内容进行融合，共同来完成建设。

二、 环境经济政策

（一） 环境经济政策的内涵

环境经济政策是指按照市场经济规律的要求，运用价格、税收、财政、信贷、收费、保险等经济手段，调节或影响市场主体的行为，以实现经济建设与环境保护协调发展的政策手段。它以内化环境成本为原则，对各类市场主体进行基于环境资源利益的调整，从而建立保护和可持续利用资源环境的激励和约束机制。

根据如何发挥市场在解决环境问题上的作用，环境经济政策分为"建立市场型"和"调节市场型"两类。

---

① 黄蓉生. 我国生态文明制度体系论析 [J]. 改革，2015（01）：41-46.

建立市场型的环境经济政策主要通过"看不见的手"即市场机制本身来解决环境问题。1960年，美国经济学家科斯在《社会成本问题》一文中提出了"科斯定理（Coase theorem）"，又称为科斯手段，揭示了交易费用及其与产权安排的关系，提出了交易费用对制度安排的影响。具体政策包括收取门票、明晰产权、可交易的许可证、国际补偿体制等。

调节市场型的环境经济政策主要是通过"看得见的手"即政府干预来解决环境问题，例如征收各种环境税费、取消对环境有害的补贴、建立抵押金制度等。其核心思想是由政府给外部不经济性确定一个合理的负价格，由外部不经济性的制造者承担全部外部费用。由于最先提出这一思想的人是英国经济学家庇古，所以这类环境经济政策又称为庇古手段。

（二）我国环境经济政策

为了促进低碳经济发展，我国逐步建立了发展低碳经济的环境经济政策机制，形成了具有法律效力的低碳体制，为低碳经济和技术的贯彻、实施提供环境和政策保障。2002年第九届全国人民代表大会常务委员会第二十八次会议通过了《清洁生产促进法》，该法律在2012年十一届全国人民代表大会常务委员会第二十五次会议上得到修正完善。2008年第十一届全国人民代表大会常务委员会第四次会议通过了《循环经济促进法》，该法律在2018年第十三届全国人民代表大会常务委员会第六次会议上得到修正完善。这些法律的出台以及完善为节能减排、发展低碳经济建立了一个基本的法制保障体系。但从整体上看，仍有不完善的地方，且只有通过法律体系的进一步完善和强化，才能促进企业的低碳经济投资和居民低碳经济消费理念的形成，为低碳经济发展提供强有力的保障。

1. 绿色税收

我国与低碳有关的税收制度是以节能减排为目的的。从广义上讲，环境税包括专项环境税、与环境相关的资源能源税，以及消除不利于环保的补贴政策和收费政策。从狭义上讲，环境税主要是指对开发、保护、使用环境资源的单位和个人，按其对环境资源的开发利用、污染、破坏和保护的程度进行征收或减免的税收。在《环境保护税法》实施之前，与低碳发展有关的税收优惠的法律依据主要是我国的《循环经济促进法》和《清洁生产促进法》[1]。政策实施的目的是在资源约束条件下，通过税收优惠激励企业提高资源综合利用效率，减少单位产品中的化石能源消耗，从而实现清洁生产和节能减排。

（1）资源综合利用和节能服务的流转税优惠

该领域的税收优惠措施主要体现为对资源综合利用企业的免税或退税政策，主要涉及财政部和国税总局《关于再生资源增值税政策的通知》、《关于调整完善资源综合利用产品及劳务增值税政策的通知》和《资源综合利用产品和劳务增值税优惠目录》等文件。节能减排不能以污染环境为代价，因此，财政部和国税总局以《关于享受资源综合利用增值税优惠政策的纳税人执行污染物排放标准有关问题的通知》要求上述企业只有在污染物排放合规后方可享受税收优惠政策[2]。

（2）促进循环经济和清洁生产的所得税优惠

根据《中华人民共和国企业所得税法》的相关规定，所得税类优惠

---

① 郝春旭，董战峰，葛察忠，等. 国家环境经济政策进展评估报告 2020 [J]. 中国环境管理，2021，13（02）：10-15.
② 周迪，罗东权. 绿色税收视角下产业结构变迁对中国碳排放的影响 [J]. 资源科学，2021，43（04）：693-709.

形式主要包括免税、减税、研发费用加计扣除、固定资产加速折旧、投资抵免等。根据《中华人民共和国企业所得税实施条例》和财政部、国税总局的相关文件：企业从事光伏、风力发电等新建公共基础设施项目取得的收入，可以享受自取得经营收入的第一个纳税年度起的"三免三减半"优惠；企业取得的公共污水处理、工业垃圾处理、沼气综合开发利用、节能减排技术改造、海水淡化等环境保护和节能节水的项目收入，可享受"三免三减半"的税收优惠；企业开发新技术、新产品和新工艺所支出的研发费用，未形成固定资产而计入当期损益的，据实加计50%进行税前费用扣除；企业技术转让不超过500万的部分，免征所得税，超出部分，减半征收；企业以《资源综合利用企业所得税优惠目录》规定的资源为主要原材料生产的符合要求的产品所取得的收入，可按90%计算应税所得额；企业购置并使用符合文件要求的环境保护、节能节水、安全生产等专用设备的，实际发生的投资支出的10%可以从当前的应纳税额中抵免，等等。

（3）利于节能减排的财产税和行为税优惠

这主要与车辆购置税、车船税、土地增值税、城镇土地使用税、耕地占用税、房产税和环境保护税等税种有关。主要优惠措施包括：城市公交企业购买公共汽电车辆免征车辆购置税，新能源汽车车辆或船舶车辆购置税和车船税免税，科技企业、孵化器、大学科技园和众创空间的土地增值税免税，电力行业、水利设施、林业、核电站、国家大学科技园等的土地使用税免税以及《中华人民共和国环境保护税法》中规定的免征和减征优惠[1]。此类税收优惠政策比较分散，除《中华人民共和国

---

[1] 丁丁，王云鹏. 论发展低碳经济的税收优惠制度［J］. 北京交通大学学报（社会科学版），2020，19（04）：127-137.

环境保护税》规定的污水和生活垃圾处理、固体废弃物综合利用等免税措施和新能源车辆的车辆购置税和车船税优惠之外，相关措施只具有间接的节能减排诱导效应①。这些政策制度的实行可以实现税收增加、环境保护、社会公平的"三赢"目标。

2. 绿色资本市场

当前，我国正处于经济结构调整和发展方式转变的关键时期，推动产业绿色转型已成为我国经济发展的必然选择。金融作为现代经济的核心，在社会资源配置方面发挥着重要的导向与杠杆作用。构建绿色资本市场可能是当前全国环保工作的一个突破口，是一个可以直接遏制企业资金扩张冲动或间接"斩断"污染企业资金链条、行之有效的政策手段。

2015 年 9 月，中共中央、国务院印发《生态文明体制改革总体方案》，首次明确提出"要建立绿色金融体系"。2016 年 3 月，《"十三五"规划纲要》将"绿色"列为五大发展理念之一，也明确提出要"建立绿色金融体系，发展绿色信贷、绿色债券，设立绿色发展基金"。2016 年 8 月 31 日，中国人民银行、财政部等七部委联合发布《关于构建绿色金融体系的指导意见》，从绿色信贷、绿色证券、绿色保险、绿色信托等多方面，阐述了建立健全绿色金融体系的政策措施，成为指导我国各地发展绿色金融的纲领性文件。2016 年 9 月在杭州举办的二十国集团（G20）领导人峰会上，中国首次将绿色金融作为一项重要议题纳入其中，并推动成立了绿色金融研究小组，研究各国根据自身特点推动绿色金融发展的路径，以提高全球金融机构的绿色化程度和资本市场向绿色

---

① 顾焕章. 可持续发展理论的经济学诠释 [N]. 光明日报，2001-05-31 (C02).

产业配置资源的能力。显然，构建绿色金融体系已上升为国家战略①。

在间接融资渠道方面，我国积极推行"绿色贷款"或"绿色政策性贷款"，对环境友好型企业或机构提供贷款扶持并实施优惠性低利率；而对污染企业的新建项目投资和流动资金进行贷款额度限制并实施惩罚性高利率②。2007年，国家环保总局与银监会、中国人民银行共同发布了《关于落实环保政策法规防范信贷风险的意见》，这应成为绿色信贷的基础文件。与间接融资渠道相比，在直接融资渠道方面，我国积极支持企业发行股票、债券，凡没有严格执行"环评"和"三同时"制度、环保设施不配套、不能稳定达标排放、环境事故多、环境影响风险大的企业，要在上市融资和上市后的再融资等环节进行严格限制，甚至可考虑以"一票否决制"截断其资金链条；而对环境友好型企业的上市融资应提供各种便利条件。

3. 生态补偿

生态补偿政策不仅是环境保护与经济发展的需要，更是政治与战略的需要。生态补偿是以改善或恢复生态功能为目的，以调整保护或破坏环境的相关利益者的利益分配关系为对象，具有经济激励作用的一种制度。进行生态补偿要有完善的机制和政策作为保障，从总体上来说，我国已经初步建立了生态补偿机制，并且形成一定规模，并且在促进社会进步、保障生态安全方面，生态补偿机制发挥着越来越重要的作用。国家从上到下都非常重视环境保护和资源开发的问题，而且已经建立了完善的环境保护法和资源法的法律体系，很多政策和文件当中也规定了对

---

① 王蓉. 环境管理之经济手段的运行条件分析 [J]. 中国乡镇企业会计，2021（06）：123-124.
② 杜朝运，丁超. 推进绿色资本市场建设的国际实践与中国路径 [J]. 福建金融，2017（01）：12-16.

于生态环境建设和生态环境保护的补偿和操作，并且确定了具体的操作办法①。

我国生态补偿政策正在不断完善。第一是生态公益林补偿金政策和退耕还林还草工程、天然林保护工程、退牧还草工程、水土保持收费政策等。第二是矿产资源补偿费政策。第三是耕地占用补偿政策。第四是财政转移支付政策、扶贫政策、西部大开发政策、生态建设工程政策。总体来看，我国现行补偿政策具有明显的部门色彩，没有统一的政策框架和实施规划。

针对区域生态发展的不平衡特征，我国实施发达地区对不发达地区、城市对乡村、富裕人群对贫困人群、下游对上游、受益方对受损方进行以财政转移支付手段为主的生态补偿政策。该政策将为中国制定可持续发展战略、为绿色经济价值体系的实现、为建立环境公平补偿机制奠定基础。

4. 排污权交易

由于技术水平较低和生产方式粗放，我国制造业产生的废气、废水以及废物排放量较多，直接影响大气环境。近几年来，各地频现的雾霾天气直接影响了人类的生活，使得人们再一次认识了环境污染的严重性。毫无疑问，工厂企业直接将不达标的废气、废水排放到环境中是导致雾霾和大气污染的直接原因。因此，对大气污染进行防治的首要工作就是限制工厂排放不达标的废气，减少污染物的排放。面对越来越严重的大气污染，2013 年我国颁布了史上最严的《大气污染防治行动计划》，2014 年国务院办公厅发布了《关于进一步推进排污权有偿使用和交易

---

① 丁雅迪. 生态补偿的政策学理论基础与中国的生态补偿政策 [J]. 江西电力职业技术学院学报，2021，34（02）：153-154＋157.

试点工作的指导意见》，不仅设定了可识别的减排计划，而且扩大了排污权交易试点范围。2017 年，国家发改委发布《全国碳排放权交易市场建设方案（发电行业)》，启动全国碳排放交易体系。这一系列的动作表明我国决心对大气环境进行大力治理，改善环境①。

近年来，我国各地方政府陆续出台了很多关于排污权交易方面的政策，如太原市的《太原市二氧化硫排污权交易管理办法》、浙江省的《浙江省排污权有偿使用和交易试点工作暂行办法》以及天津市的《天津滨海新区开展排污权交易综合试点的总体方案》等，这些地方性政策的出台为我国构建排污权交易通过政策框架提供了有效的理论和实践经验。

我国经过多年的摸索和发展，目前已经建立起了排污权分配方式的雏形，主要包括免费分配、标价出售以及公开拍卖。目前这些排污权配置方法有着各自的优点和缺点。首先，就老企业来说，排污权无偿分配不用额外支出却能获取部分利益，当然是他们最愿意选择的，而新兴企业的环境产权并不是免费获取的，无偿分配排污权对它们来说显然是不公平的。其次，有偿分配的价格是由政府定的，然后按照标准进行分配，就目前来说，这种方式对政府和企业有利，能够形成很好的监督制度，所以也是目前政府首选的排污权分配形式。

5. 绿色贸易

在西方国家开始普遍设立绿色贸易壁垒对中国贸易进行挤压的形势下，我国的贸易政策应做出相应调整。

要避免单纯追求数量增长，忽视资源约束和环境容量的发展模式，平衡好进出口贸易与国内外环保的利益关系。首先得科学统筹进出口。

---

① 封锐. 浅析我国排污权交易政策的有效性 [J]. 科技经济导刊，2017 (17)：123.

在出口方面，应严格限制能源产品、低附加值矿产品和野生生物资源的出口，并对此开征环境补偿费，逐步取消产品的出口退税政策，必要时开征出口关税。在进口方面，应强化废物进口监管，征收大排气量汽车进口的环境税费①。其次，我们一方面须构建防范环境风险的法律法规体系；另一方面须建立跨部门的工作机制；再一方面，还须加强各部门联合执法，对走私野生动植物、木材与木制品、废旧物资、破坏臭氧层物质的违法行为进行严惩。最后，如果条件成熟，还应开展贸易政策的环境影响评价，实现贸易和环境利益的高度统一。

6. 绿色保险

绿色保险又叫生态保险，是在市场经济条件下进行环境风险管理的一项基本手段。其中环境污染责任保险最具代表性，就是由保险公司对污染受害者进行赔偿。中国是碳排放大国，2019年温室气体排放量为140亿吨二氧化碳当量，占全球总排放量的26.7%。为推进碳达峰、碳中和目标的实现，碳排放交易被列为市场机制助力温室气体排放控制的方式之一。碳保险是基于碳排放交易权的衍生发展②。目前碳排放保险产品一方面为节能减排企业的减排量进行保底，一旦超过排放配额，将给予赔偿；另一方面对碳价格进行风险保障，若市场波动导致碳价格下降，则保险公司为碳价格变动进行损失赔付。全国首单碳保险落地于2016年湖北碳排放权交易中心，目前碳保险已陆续在北京、上海、深圳等试点交易所推进，是碳金融在保险方面的创新实践。

---

① 冯爱青，岳溪柳，巢清尘，等. 中国气候变化风险与碳达峰、碳中和目标下的绿色保险应对 [J]. 环境保护，2021，49（08）：20-24.
② 王小艳. 低碳贸易与绿色GDP的互动机制研究 [J]. 现代商业，2017（30）：56-58.

三、 碳税政策

近年来，温室气体排放逐渐升温成环境、经济、社会等热点问题。中国经济近几十年的高速发展不仅建立在对能源的高消耗上，而且对环境造成了重大的影响。随着环境问题越来越受到全世界范围的重视，中国面临着碳减排的巨大压力。目前国外很多国家已经实行碳税政策并成功缓解了二氧化碳排放。在当前气候变化背景下，中国国内对碳税政策问题的讨论十分激烈，要求实行碳税的呼声也越来越高。为应对全球气候变化，一些西方国家通过征收碳税来实现温室气体减排的目的，并已经取得了一定的成效。我国目前是世界上仅次于美国的温室气体排放大国，节能减排的压力很大。学习和借鉴西方国家的经验开征碳税，是我国经济实现科学发展和可持续发展所面临的重要选择。为充分发挥碳税节能减排的政策效应，我国要根据国家能源政策的目标和能源战略的现实要求，综合考虑环境、社会与经济效益之间的关系，在碳税征税范围、计税依据、税率、税收优惠等方面进行合理的政策选择。

（一） 碳税的理论依据

1. 外部不经济性理论

对于外部性的定义主要有两类：一类是从外部性的产生主体角度来定义，另一类是从外部性的接受主体来定义。前者如美国的两位经济学家保罗·萨缪尔森和威廉·诺德豪斯的定义："外部性是指那些生产和消费对其他团体强征了不可补偿的成本或给予了无须补偿的收益的情况。"后者如美国经济学家兰德尔·雷的定义：外部性是用来表示"当一个行动的某些效益或成本不在决策者的考虑范围内的时候所产生的一些低效率现象；也就是某些效益被给予，或某些成本被强加给没有参与这一决策的人"①。根据影响效果的不同，外部性可分为外部经济和外部不经济两类。外部经济就是一些人的生产或消费使另一些人受益而无法向后者收费的现象；外部不经济就是一些人的生产或消费使另一些人受损而前者无法补偿后者的现象。二氧化碳排放行为会造成外部不经济，因为全球气候变化的结果并没有在二氧化碳排放者进行生产决策的考虑范围之内，而承担全球气候变化成本的人也没有参与到这一决策之中，从而导致二氧化碳排放过量。

2. "庇古税"理论

英国经济学家庇古首次用现代经济学的方法从福利经济学的角度系统地研究了外部性问题，通过分析边际私人净产值与边际社会净产值的背离来阐释外部性。庇古认为，如果在边际私人净产值之外，其他人还得到利益，那么边际社会净产值就大于边际私人净产值；反之，如果其他人受到损失，那么边际社会净产值就小于边际私人净产值②。这种边际社会净产值与边际私人净产值的差额就是"边际社会收益"或"边际社会成本"。正是由于"边际社会收益"和"边际社会成本"的存在，依靠自由竞争不可能达到社会福利最大化，政府应该采取适当的经济政策，即存在外部不经济效应时，向企业征税；存在外部经济效应时，给

---

① 沈满洪，何灵巧. 外部性的分类及外部性理论的演化 [J]. 浙江大学学报（人文社会科学版），2002（01）：152-160.
② 李齐云，宗斌，李征宇. 最优环境税：庇古法则与税制协调 [J]. 中国人口·资源与环境，2007（06）：18-22.

企业以补贴。通过这种征税和补贴，就可以实现外部效应的内部化。这后来被称为"庇古税"理论。环境保护领域通行的"谁污染，谁治理"政策就是"庇古税"理论在经济活动中的具体应用。碳税实际上是一种庇古税，征收碳税可以将二氧化碳排放过量造成的外部成本内部化，从而达到二氧化碳的最佳排放量。

3. 公共产品理论

萨缪尔森给出的公共产品的定义得到经济学界最广泛的认同，即"公共产品是具有消费的非排他性和非竞争性等特征的产品"[①]。消费的非排他性具有三个方面的含义：一是公共产品在技术上不易排除众多的受益人；二是公共产品具有不可拒绝性；三是虽然在技术上可以实现排他性原则，但是排他的成本极高。消费的非竞争性，指一个人的消费不会减少其他人的消费数量，或许多人可以同时消费同一种物品。这两个特征成为判断公共产品的主要标准。依此标准来判断，全球气候是一种公共产品，公共产品会造成市场失灵，如果政府不加干预，就会产生"公地悲剧"，即二氧化碳过度排放，导致全球气候变化。

4. 双重红利理论

早期的"庇古税"理论主要研究环境税的外部成本内部化理论，忽视了环境税的收入功能。近年来，随着环境问题日益引起社会的关注，环境税的收入功能也得到了重视。欧美的一些财政学者不仅承认环境税对改善环境方面的作用，而且提出了环境税还可以通过减少扭曲性税收的方式使人们在非环境方面受益，即所谓的双重红利理论。具体来说，环境税可以实现政府的双重目标，一方面能够改善环境质量，即环境目

---

① 秦颖. 论公共产品的本质——兼论公共产品理论的局限性 [J]. 经济学家，2006 (03)：77-82.

标；另一方面能够降低扭曲性税收的超额税收负担，即非环境目标①。对于非环境受益的解释，目前比较有代表性的观点主要有以下三种：

（1）弱式双赢效应，即用从环境税中取得的收入，减少原有的扭曲性税收，减少税收的超额负担。当前，很多发达国家的所得税占其财政收入的比重较大，而所得税是一种扭曲性较强的税制，会减少居民的可支配收入，抑制人们工作积极性，降低消费、储蓄和投资，从而造成超额税收负担。发达国家从 20 世纪 80 年代就开始实行减税政策，缓解税收扭曲作用。但为了保证公共支出水平稳定，在降低所得税的同时，必然要引入其他收入作为补充。环境税制改革可以解决这一问题，一方面能够增加财政收入，另一方面可以改善环境质量，实现双赢效应。

（2）强式双赢效应，即通过环境税改革可以达到提高环境质量以及改进现行税制效率的目的，从而提高福利水平。各国政府的政策目标就是提高社会福利水平，而环境的改善是衡量福利水平的重要指标。而环境税改革既可以改善环境质量，同时还可以通过减少扭曲性税收的方式完善现行税制，提高税收效率，从而提高人民的福利水平。

（3）就业双赢效应，即与环境税改革之前相比，环境税既改善了环境质量又增加了就业。这种观点认为，环境税的收入效应可以有效减少劳动力相关税收，提高雇员的可支配收入，并降低雇主的劳动力成本。这样，劳动力供给和需求同时增加，创造出更多的就业机会。

（二）我国的碳税政策

1990 至 2001 年，我国二氧化碳排放量净增 8.23 亿吨，占同期世界

---

① 梁燕华，王京芳，袁彩燕. 环境税双赢效应分析及其对我国税收的启示 [J]. 软科学，2006（01）：69-71.

增加量的 27%。若不采取适当措施，按目前能源消耗速度，我国温室气体排放将在未来几年迅速扩大，给环境造成更大的压力。税收政策作为国家宏观调控的重要工具，在能源节约及可持续开发和利用上具有其他经济手段难以替代的功能。我国应充分借鉴国外的先进经验，根据国家能源政策的目标和能源战略的现实要求，综合考虑环境、社会与经济效益之间的关系，逐步推进碳税制度建设。

1. 征收范围和计税依据

从西方国家征收碳税情况来看，碳税的征税范围主要是煤、石油、天然气等化石燃料，其计税依据有两种：燃料的碳含量和二氧化碳的排放量。大部分国家是按燃料的碳含量征税，即根据燃料的含碳量计算二氧化碳排放量并据此征税，只有少数国家是直接对二氧化碳或一氧化碳的排放量征税。根据燃料含碳量征税的方法在技术上简单易行，不用考虑能源效率改进技术和碳回收利用技术。而且，由于化石燃料的消耗所产生的二氧化碳占二氧化碳总排放量的 65%～85%，对化石燃料征收碳税基本覆盖了二氧化碳排放源，有利于碳税实现减排的目标。但严格来说，对燃料的含碳量征收碳税与直接对二氧化碳排放征税的效果存在较大差异。这种方法只是鼓励减少化石燃料的消耗，而不利于企业致力于二氧化碳的削减和回收利用技术的研究和开发。考虑到我国的实际情况，建议我国仍然以对煤、石油、天然气等化石燃料为碳税的征收范围，并按燃料的含碳量测算排放量作为计税依据。

2. 碳税的税率

西方国家的碳税大多实行固定税率，只有很少国家实行累进税率，各国碳税的税率水平差异较大。2008 年，芬兰对每吨二氧化碳排放量征收 20 欧元，而瑞典为 107.15 欧元。意大利根据燃料的二氧化碳排放量制定累进税率，最低每吨 5.2 欧元，最高为 68.58 欧元。丹麦的标准税率为每吨 12.10 欧元。同时，各国在最初开征碳税时多采用了相对较低的税率水平，然后再逐步提高。这种做法考虑了纳税人的承受能力，可以减少开征时的阻力。我国碳税税率的设计同样应遵循逐步提高、循序渐进的原则，既要考虑我国节能减排的目标，也要考虑国民经济的可持续发展和经济结构调整，还要考虑企业的承受能力等多种因素。

3. 碳税征收环节和纳税人

从理论上看，碳税可以在能源生产、销售、耗用等环节上选择一个或多个环节进行征收。选择不同的征收环节，碳税的可操作性和效果是不一样的。从充分发挥碳税政策的社会效应角度考虑，碳税应在能源的消费环节征收，这样更有利于刺激消费者减少能源消耗，但从实际管理和操作角度考虑，在销售环节征收碳税更容易操作。然而，对消费者而言，在销售环节征收碳税只相当于提高了能源的价格，并不能很好地发挥碳税的社会效应。从已经开征碳税的国家来看，北欧国家在能源的上下游都征碳税，但实际税负是以下游的消费环节为主。加拿大的不列颠哥伦比亚省都是在能源的最终使用环节征税，而魁北克省则是在生产环节征税。

我国开征碳税同样要考虑其征收环节问题，我国碳税的征收环节宜选择在能源的最终消费环节。因为消费环节是温室气体的直接排放环节，在消费环节征税能够促使高效、节约利用能源，从而实现碳税的减排目的。况且，由于我国开征碳税初期的税率很低，在生产、销售等环节征收碳税可能无法实现碳税的社会政策效应。我国选择在消费环节征收碳税，还可与环境税或排污费等一并由政府管理部门统一征收，有利于降低税收的管理成本。碳税的纳税人是由其征税环节决定的。我国选择消费环节征税，则碳税的纳税人就是对能源最终使用并向大气中排放二氧化碳的所有单位和个体工商。为了便于操作和实施，我国近期不将个人和家庭作为碳税的纳税人。

【拓展阅读】

<h2 align="center">西方国家征收碳税的实践</h2>

为了实现减少二氧化碳排放的目的，从 20 世纪 90 年代开始一些国家开始征收碳税，主要包括丹麦、芬兰、挪威、瑞典、瑞士、德国、意大利、荷兰、加拿大、英国等。此外，还有其他一些国家正在考虑征收碳税。

1990 年，芬兰在全球率先设立了碳税。碳税征收范围为化石燃料，其计税依据是燃料的含碳量。碳税的税率开始时较低，以后几年逐渐增加。芬兰征收碳税的目标是在 20 世纪 90 年代末将碳排放的增长率降低为零。1994 年，芬兰对能源税进行了重新调整，大部分能源征收燃料税，其中对煤炭和天然气征收混合税。1995 年，混合税中的能源税税率是 3.5 芬兰马克/千瓦，碳税的税率是 38.3 芬兰马克/吨二氧化碳。电力部门也通过对化石燃料征收碳税被纳入征税范围。工业中使用的原材料和国际运输用油免税。2002 年，芬兰碳税税率一般为每吨二氧化碳 17.12 欧元，天然气减半征收。

挪威从 1991 年开始对汽油、矿物油和天然气征收二氧化碳税。1992 年挪威把碳税征收范围进一步扩展到煤和焦炭，同时对航空、海上运输、电力等部门给予税收减免。根据燃料含碳量不同，挪威碳税的征税标准也有差别。2005 年，挪威对石油按每吨二氧化碳征 41 欧元的碳税，对轻油征收 24 欧元，对重油征收 21 欧元，对纸浆和造纸工业征收 12 欧元，对工业用电按每兆瓦时征 4.5 欧元的碳税。后考虑到碳税会削弱国家的国际竞争力，挪威政府决定把碳税的收益返还给企业，一部分收入奖励那些提高能源利用效率的企业，另外一部分收入用于奖励那些对于解决就业有贡献的企业。

瑞典从 1991 年开始征收碳税，其税基是根据各种不同燃料的平均含碳量和发热量来确定的。征收范围包括所有燃料油，其中对电力部门使用的部分给予税收豁免。税率根据燃料含碳量的不同而有区别。纳税人包括进口者、生产者和储存者。私人家庭和工业的税率为 250 瑞典克朗/吨二氧化碳。考虑到企业的竞争力，工业企业只需要按 50% 的比例缴税。同时对某些高能耗产业如采矿、制造、纸浆和造纸、电力等给予税收豁免。1993 年瑞典对工业部门的碳税税率降到 80 瑞典克朗/吨二氧化碳，对私人家庭的税率增加到 320 瑞典克朗/吨二氧化碳，同时对一些能源密集型产业给予进一步的税收减免。1994 年后，瑞典对税收实行了指数化，使真实税率保持不变。1995 年碳税的税率微微上调，普通税率为 340 瑞典克朗/吨二氧化碳，工业部门的适用税率是 83 瑞典克朗/吨二氧化碳。2002 年碳税的税率又进一步提高，但对工业部门的税收减免由 50% 上调至 70%。

1992 年丹麦对家庭和企业同时征收碳税。丹麦碳税征收范围包括汽油、天然气及生物燃料以外的其他二氧化碳排放，其计税基础是燃料燃烧时的二氧化碳量，税率是 100 丹麦克朗/吨二氧化碳。碳税的收入的一部分被用于为工业企业的节能项目提供补贴。企业享受税收返还和减免的优惠，对缴纳增值税的企业给予 50% 的税收返还（用作机动车燃料的柴油征收的二氧化碳税除外），如果碳税的净税负超过企业销售额的 1%，税率下调为规定税率的 25%；如果净税负在销售额的 2%～3%，则有效税率降至规定税率的 12.5%；对净税负超过销售额 3% 的企业，税率降至规定税率的 5%。1996 年丹麦对碳税进行了改革，退税方案更为严格，同时还执行了新的能源效率自愿协议。签订自愿减排协议的高能耗企业按优惠税率纳税。企业按用途将其耗费的能源分成供暖用、生产用和照明用三类。丹麦对供暖用能源按 100% 征收碳税，对照明用能源按 90％征收，对生产用能源按 25％征收。1999 年，丹麦政府将企业供暖用能源的碳税调高到 100 欧元/吨二氧化碳，企业适用的能源和二氧化碳税税收体系也进行了结构性调整。

西方国家开征碳税后，在不同程度上控制和减少了温室气体的排放，基本实现了开征碳税的预期目标。以德国为例，截止到 2005 年德国的燃料消费减少幅度高于 10％，二氧化碳气体排放减少了约 2000 万吨，较改革前水平减少达 2％～2.5％。挪威政府估计，如果没有采用碳税，挪威的排放量将会比 1990 年增长 15％～20％，挪威的碳税使一些工厂的二氧化碳排放量降低了 21％，家庭机动车的二氧化碳排放量降低了 2％～3％。为避免因征收碳税而影响居民收入，丹麦、德国等国政府还通过提高养老金和转移支付领取者的补贴，减少低收入阶层的个人所得税等措施提高居民家庭的可支配收入，成功地规避了碳税的收入负效应。

四、 国家与地方相关政策

（一）国家部委政策

党中央和国务院高度重视我国绿色低碳发展。2020 年 9 月 22 日，习近平总书记在第七十五届联合国大会一般性辩论上郑重宣布："中国将提高国家自主贡献力度，采取更加有力的政策和措施，二氧化碳排放力争于 2030 年前达到峰值，努力争取在 2060 年前实现碳中和。"2020年 12 月 12 日，习近平总书记在气候雄心峰会上进一步指出："到 2030年，中国单位国内生产总值二氧化碳排放将比 2005 年下降 65％以上，非化石能源占一次能源消费比重将达到 25％左右，森林蓄积量将比 2005 年增加 60 亿立方米，风电、太阳能发电总装机容量将达到 12 亿千瓦以上。"习近平总书记的宣示为全球气候治理提振雄心并提供新思路，既展现我国积极应对全球气候变化的大国担当，又增强了我国在全球气候治理中的主动权和影响力，推动和引领国际社会加速应对气候变化行动，从而在整体上促进和实现全球生态文明建设。2020 年 10 月，党的十九届五中全会通过《中共中央关于制定国民经济和社会发展第十四个五年规划和二〇三五年远景目标的建议》，首次将碳达峰、碳中和目标写入发展规划，提出制定 2030 年前碳排放达峰行动方案，全面开启了中国以碳中和为目标驱动能源、经济与科创系统全面向绿色转型的新时代。2021 年 3 月 15 日，习近平总书记主持召开中央财经委员会第九次会议，强调实现碳达峰、碳中和是一场广泛而深刻的经济社会系统性变革，要把碳达峰、碳中和纳入生态文明建设整体布局，相关政策的重要性由此凸显出来。

2021 年两会通过"十四五"规划及 2035 远景目标建议，提出"十四五"期间单位国内生产总值能源消耗和二氧化碳排放分别降低 13.5％、18％，森林覆盖率提高到 24.1％的总目标，强调要通过新能源发展、科技创新、制度建设等一系列举措保障"碳达峰、碳中和"目标的实现。国务院发布《新能源汽车产业发展规划（2021—2035 年）》、《新时代的中国能源发展》白皮书、《关于加快建立健全绿色低碳循环发展经济体系的指导意见》等文件，把清洁低碳作为能源发展的主导方向，以 2025 年和 2035 年为节点，逐步实现碳排放达峰后稳中有降，生态环境根本好转的目标。

国务院有关各部委相继出台碳中和相关政策。生态环境部颁布《碳排放权交易管理办法（试行）》等文件，将全国碳排放权交易市场化，通过市场对碳排放量总量进行分配。工业和信息化部提出工业是碳排放的重要领域，能否率先达峰，特别是重点行业能否提前达峰，将是我国兑现应对气候变化承诺的关键，要支持有条件的行业率先达峰。在财政金融方面，全国财政工作会议、中国人民银行工作会议、中央财经委员会第九次会议等会议提出资金投入同污染防治攻坚任务相匹配，推动重点行业结构调整，完善绿色金融政策框架和激励机制；引导金融资源向绿色发展领域倾斜，增强金融体系管理气候变化相关风险的能力，推动建设碳排放权交易市场为排碳合理定价等指导意见。

（二）地方政府政策及规划

我国各省、直辖市、自治区在其公布的"十四五"规划及2035远景目标中，对党中央提出的"碳达峰、碳中和"的发展目标做出了响应，在提高能源利用效率、推进能源结构调整和重点领域节能、支持重点行业或地区优先达到碳中和、建立碳排放权交易体系、创新绿色科技、完善法律法规、引导绿色生活方式等方面做出详述。各省市、自治区在《2021年国务院政府工作报告》中也为实现减碳节能做出了本年的目标规划。

各省市、自治区结合自身自然资源、环境状况及经济情况，因地制宜，提出具体的节能转型措施。北京、上海等经济领先型省市制定森林覆盖率45%、煤炭消费总量占一次能源消费比重下降到30%左右，天然气占一次能源消费比重提高到17%左右等具体目标，力争做实现"碳中和"的排头兵①。河北省将建设首都水源涵养功能区和生态环境支撑

---

① 徐鋆，吴智慧，王珂. 电力替代的市场占有率分析 [J]. 供用电，2013，30（04）：88-93.

区，系统推进大气、水、土壤综合治理。黑龙江、吉林、辽宁等老工业区提出在提高煤炭及二氧化碳清洁高效利用技术的同时，大力发展风电、光伏、氢能等可再生能源，推动多种能源融合发展，推动钢铁、化工、建筑材料等产业耦合，促进原材料工业协同发展①。重庆、四川提出建设跨省市空气质量信息交换平台，发挥西南区域空气质量预测预报中心作用，推动川渝联合预报预警，开展跨区域人工影响天气作业。安徽、江西、江苏、河南、湖南等地计划引入优质区外电路，坚持省外优质引入和省内加快建设相结合，构建保障有力、清洁低碳、适度超前的能源供应体系。山西拥有丰富的煤炭资源，未来将推动煤矿绿色智能开采，推进煤炭分质分级梯级利用，抓好煤炭消费减量等量替代②。甘肃、青海、内蒙古、宁夏、广西、西藏、新疆等地区计划加快调整优化产业结构，合理控制煤炭消费，同时统筹开展治沙治水和森林草原保护，建立良性生态循环。海南、云南等具有生态环境优势的地区将进一步推进国家公园建设，力争走在实现"碳中和"的前沿位置。

随着各地"十四五"规划和 2035 年远景目标的公布，多地明确表示要扎实做好碳达峰、碳中和各项工作，制定 2030 年前碳排放达峰行动方案，优化产业结构和能源结构，推动煤炭清洁高效利用，大力发展新能源。表 3.1 汇总了部分省市、自治区文件中与碳达峰、碳中和相关的部分内容。

---

① 黄宏平. 装机目标大幅上调　光伏产业或全面"回暖"[N]. 中国高新技术产业导报，2013-02-25（C03）.
② 王启瑞. 用好"金字招牌"推动能源革命 [N]. 山西日报，2020-03-02（009）.

表3.1 三十一个省市、自治区"碳达峰、碳中和"目标及规划

序号	省市、自治区	"十四五"发展目标与任务	2021年重点任务
1	北京	碳排放稳中有降,碳中和迈出坚实步伐,为应对气候变化做出北京示范	坚定不移打好污染防治攻坚战。加强细颗粒物、臭氧、温室气体协同控制,突出碳排放强度和总量"双控",明确碳中和时间表、路线图
2	上海	坚持生态优先、绿色发展,加大环境治理力度,加快实施生态惠民工程,使绿色成为城市高质量发展最鲜明的底色	启动第八轮环保三年行动计划。制定实施碳排放达峰行动方案,加快全国碳排放权交易市场建设
3	天津	扩大绿色生态空间,强化生态环境治理,推动绿色低碳循环发展,完善生态环境保护机制体制	加快实施碳排放达峰行动。制定实施碳排放达峰行动方案,持续调整优化产业结构、能源结构,推动钢铁等重点行业率先达峰和煤炭消费尽早达峰,大力发展可再生能源,推进绿色技术研发应用。积极对接全国碳排放权交易市场,完善能源消费"双控"制度,协同推进减污降碳,实施工业污染排放双控,推动工业绿色转型
4	重庆	探索建立碳排放总量控制制度,实施二氧化碳排放达峰行动,采取有力措施推动实现2030年前二氧化碳排放达峰目标。开展低碳城市、低碳园区、低碳社区试点示范,推动低碳发展国际合作,建设一批零碳示范园区	完善基础设施网络。能源网,提速实施渝西天然气输气管网工程,扩大"陕煤入渝"规模,提升"北煤入渝"运输通道能力,争取新增三峡电入渝配额,推动川渝电网一体化发展,推进"疆电入渝",加快栗子湾抽水蓄能电站等项目前期工作
5	云南	采取一切有效措施,降低碳排放强度,控制温室气体排放,增加森林和生态系统碳汇,积极参与全国碳排放交易市场建设,科学谋划碳排放达峰和碳中和行动	加快国家大型水电基地建设,推进800万千瓦风电和300万千瓦光伏项目建设,培育氢能和储能产业,发展"风光水储"一体化,可再生能源装机达到9500万千瓦左右,完成发电量4050亿千瓦时

序号	省市、自治区	"十四五" 发展目标与任务	2021 年重点任务
6	贵州	积极应对气候变化,制定贵州省 2030 年碳排放达峰行动方案,降低碳排放强度,推动能源、工业、建筑、交通等领域低碳化	规范发展新能源汽车,培育发展智能网联汽车产业。公共领域新增或更新车辆中新能源汽车比例不低于 80%,加强充电桩建设
7	广西	持续推进产业体系、能源体系和消费领域低碳转型,制定二氧化碳排放达峰行动方案。推进低碳城市、低碳社区、低碳园区、低碳企业等试点建设,打造北部湾海上风电基地,实施沿海清洁能源工程	推动传统产业生态化绿色化改造,打造绿色工厂 20 个以上,加快六大高耗能行业节能技改。规划建设智慧综合能源站
8	江西	严格落实国家节能减排约束性指标,制定实施全省 2030 年前碳排放达峰行动计划,鼓励重点领域、重点城市碳排放尽早达峰。坚持"适度超前、内优外引、以电为主、多能互补"的原则,加快构建安全、高效、清洁、低碳的现代能源体系。积极稳妥发展光伏、风电、生物质能等新能源,力争装机达到 1900 万千瓦以上	加快充电桩、换电站等建设,促进新能源汽车消费。建成大唐新余电厂二期、南昌至长沙特高压交流工程、奉新抽水蓄能电站
9	江苏	大力发展绿色产业,加快推动能源革命,促进生产生活方式绿色低碳转型,力争提前实现碳达峰,充分展现美丽江苏建设的自然生态之美、城乡宜居之美、水韵人文之美、绿色发展之美	制定实施二氧化碳排放达峰及"十四五"行动方案,加快产业结构、能源结构、运输结构和农业投入结构调整,扎实推进清洁生产,发展壮大绿色产业,加强节能改造管理,完善能源消费"双控"制度,提升生态系统碳汇能力,严格控制新上高耗能、高排放项目,加快形成绿色生产生活方式,促进绿色低碳循环发展

续表 2

序号	省市、自治区	"十四五"发展目标与任务	2021 年重点任务
10	浙江	推动绿色循环低碳发展，坚决落实碳达峰、碳中和要求，实施碳达峰行动，大力倡导绿色低碳生产生活方式，推动形成全民自觉，非化石能源占一次能源比重提高到 24%，煤电装机占比下降到 42%	启动实施碳达峰行动。编制碳达峰行动方案，开展低碳工业园区建设和"零碳"体系试点。大力调整能源结构、产业结构、运输结构，大力发展新能源，优化电力、天然气价格市场化机制，落实能源"双控"制度，非化石能源占一次能源比重提高到 20.8%，煤电装机占比下降 2%；加快淘汰落后和过剩产能，腾出用能空间 180 万吨标煤。加快推进碳排放权交易试点
11	安徽	强化能源消费总量和强度"双控"制度，提高非化石能源比重，为 2030 年前碳排放达峰赢得主动	制定实施碳排放达峰行动方案。严控高耗能产业规模和项目数量。推进"外电入皖"，全年受进区外电 260 亿千瓦时以上。推广应用节能新技术、新设备，完成电能替代 60 亿千瓦时。推进绿色储能基地建设。建设天然气主干管道 160 公里，天然气消费量扩大到 65 亿立方米。扩大光伏、风能、生物质能等可再生能源应用，新增可再生能源发电装机 100 万千瓦以上。提升生态系统碳汇能力，完成造林 140 万亩
12	河北	制定实施碳达峰、碳中和中长期规划，支持有条件市县率先达峰。开展大规模国土绿化行动，推进自然保护地体系建设，打造塞罕坝生态文明建设示范区。强化资源高效利用，建立健全自然资源资产产权制度和生态产品价值实现机制	推动碳达峰、碳中和。制定省碳达峰行动方案，完善能源消费总量和强度"双控"制度，提升生态系统碳汇能力，推进碳汇交易，加快无煤区建设，实施重点行业低碳化改造，加快发展清洁能源，光电、风电等可再生能源新增装机 600 万千瓦以上，单位国内生产总值二氧化碳排放下降 4.2%

序号	省市、自治区	"十四五"发展目标与任务	2021 年重点任务
13	内蒙古	建设国家重要能源和战略资源基地、农畜产品生产基地,打造我国向北开放重要桥头堡,走出一条符合战略定位、体现内蒙古特色,以生态优先、绿色发展为导向的高质量发展新路子	做好碳达峰、碳中和工作,编制自治区碳达峰行动方案,协同推进节能减污降碳。做优做强现代能源经济,推进煤炭安全高效开采和清洁高效利用,高标准建设鄂尔多斯国家现代煤化工产业示范区
14	青海	碳达峰目标、路径基本建立。开展绿色能源革命,发展光伏、风电、光热、地热等新能源,打造具有规模优势、效率优势、市场优势的重要支柱产业,建成国家重要的新型能源产业基地	着力推进国家清洁能源示范省建设,重启玛尔挡水电站建设,改扩建拉西瓦、李家峡水电站,启动黄河梯级电站大型储能项目可行性研究。继续扩大海南、海西可再生能源基地规模,推进青豫直流二期落地,加快第二条青电外送通道前期工作
15	宁夏	制定碳排放达峰行动方案,推动实现减污降碳协同效应。全链条布局清洁能源产业。坚持园区化、规模化发展方向,围绕风能、光能、氢能等新能源产业,高标准建设新能源综合示范区。到 2025 年,全区新能源电力装机力争达到 4000 万千瓦	实行能源总量和强度"双控",推广清洁生产和循环经济,推进煤炭减量替代,加大新能源开发利用
16	西藏	加快清洁能源规模化开发,形成以清洁能源为主、油气和其他新能源互补的综合能源体系。加快推进"光伏+储能"研究和试点,大力推动"水风光互补",推动清洁能源开发利用和电气化走在全国前列,2025 年建成国家清洁可再生能源利用示范区	能源产业投资完成 235 亿元,力争建成和在建电力装机 1300 万千瓦以上。推进金沙江上游、澜沧江上游千万千瓦级水光互补清洁能源基地建设。加快统一电网规划建设,推进藏中电网 500 千伏回路、金沙江上游电力外送、川藏铁路建设电力保障、青藏联网二回路电网工程,实现电力外送超过 20 亿千瓦时。全力加快雅鲁藏布江下游水电开发前期工作,力争尽快开工建设

序号	省市、自治区	"十四五"发展目标与任务	2021 年重点任务
17	新疆	力争到"十四五"末，全区可再生能源装机规模达到 8240 万千瓦，建成全国重要的清洁能源基地。立足新疆能源实际，积极谋划和推动碳达峰、碳中和工作，推动绿色低碳发展	着力完善各等级电压网架，加快 750 千伏输变电工程建设，推进"疆电外送"第三通道建设，推进阜康 120 万千瓦、哈密 120 万千瓦抽水蓄能电站建设，推进农村电网改造升级，提高供电可靠性
18	山西	绿色能源供应体系基本形成，能源优势特别是电价优势进一步转化为比较优势、竞争优势	实施碳达峰、碳中和山西行动，把开展碳达峰作为深化能源革命综合改革试点的牵引举措，研究制定行动方案
19	辽宁	围绕绿色生态，单位地区生产总值能耗、二氧化碳排放达到国家要求。围绕安全保障，提出能源综合生产能力达到 6133 万吨标准煤	开展碳排放达峰行动。科学编制并实施碳排放达峰行动方案，大力发展风电、光伏等可再生能源，支持氢能规模化应用和装备发展。建设碳交易市场，推进碳排放权市场化交易
20	吉林	巩固绿色发展优势，加强生态环境治理，加快建设美丽吉林	启动二氧化碳排放达峰行动，加强重点行业和重要领域绿色化改造，全面构建绿色能源、绿色制造体系，建设绿色工厂、绿色工业园区，加快煤改气、煤改电、煤改生物质，促进生产生活方式绿色转型
21	黑龙江	要推动生态文明建设实现新突破，让龙江山川更锦绣、人与自然更和谐	落实碳达峰要求。因地制宜实施煤改气、煤改电等清洁供暖项目，优化风电、光伏发电布局。建立水资源刚性约束制度
22	福建	深入贯彻习近平生态文明思想，持续实施生态省战略，围绕碳达峰、碳中和目标，全面树立绿色发展导向，构建现代环境治理体系，努力实现生态环境更优美	创新碳交易市场机制，大力发展碳汇金融。开发绿色能源，完善绿色制造体系，加快建设绿色产业示范基地，实施绿色建筑创建行动。促进绿色低碳发展。制定实施二氧化碳排放达峰行动方案，支持厦门、南平等地率先达峰，推进低碳城市、低碳园区、低碳社区试点

序号	省市、自治区	"十四五"发展目标与任务	2021 年重点任务
23	山东	打造山东半岛"氢动走廊",大力发展绿色建筑。降低碳排放强度,制定碳达峰、碳中和实施方案	加快建设日照港岚山港区 30 万吨级原油码头三期工程。抓好沂蒙、文登、潍坊、泰安二期抽水蓄能电站建设。压减一批焦化产能。严格执行煤炭消费减量替代办法,深化单位能耗产出效益综合评价结果运用,倒逼能耗产出效益低的企业整合出清。推进青岛中德氢能产业园等建设
24	河南	构建低碳高效的能源支撑体系,实施电力"网源储"优化、煤炭稳产增储、油气保障能力提升、新能源提质工程,增强多元外引能力,优化省内能源结构。持续降低碳排放强度,煤炭占能源消费总量比重降低 5% 左右	大力推进节能降碳。制定碳排放达峰行动方案,探索用能预算管理和区域能评,完善能源消费"双控"制度,建立健全用能权、碳排放权等初始分配和市场化交易机制
25	湖北	推进"一主引领、两翼驱动、全域协同"区域发展布局,加快构建战略性新兴产业引领、先进制造业主导、现代服务业驱动的现代产业体系,建设数字湖北,着力打造国内大循环重要节点和国内国际双循环战略链接	研究制定省碳达峰方案,开展近零碳排放示范区建设。加快建设全国碳排放权注册登记结算系统。大力发展循环经济、低碳经济,培育壮大节能环保、清洁能源产业。推进绿色建筑、绿色工厂、绿色产品、绿色园区、绿色供应链建设。加强先进适用绿色技术和装备研发制造、产业化及示范应用
26	湖南	落实国家碳排放达峰行动方案,调整优化产业结构和能源结构,构建绿色低碳循环发展的经济体系,促进经济社会发展全面绿色转型。加快构建产权清晰、多元参与、激励约束并重的生态文明制度体系	加快推动绿色低碳发展。发展环境治理和绿色制造产业,推进钢铁、建材、电镀、石化、造纸等重点行业绿色转型,大力发展装配式建筑、绿色建筑。支持探索零碳示范创建
27	广东	打造规则衔接示范地、高端要素集聚地、科技产业创新策源地、内外循环链接地、安全发展支撑地,率先探索有利于形成新发展格局的有效路径	落实国家碳达峰、碳中和部署要求,分区域分行业推动碳排放达峰,深化碳交易试点。加快调整优化能源结构,大力发展天然气、风能、太阳能、核能等清洁能源,提升天然气在一次能源中占比。研究建立用能预算管理制度,严控新上高耗能项目

序号	省市、自治区	"十四五"发展目标与任务	2021 年重点任务
28	海南	提升清洁能源、节能环保、高端食品加工等三个优势产业。清洁能源装机比重达 80%左右，可再生能源发电装机新增 400 万千瓦。清洁能源汽车保有量占比和车桩比达到全国领先	研究制定碳排放达峰行动方案。清洁能源装机比重提升至 70%，实现分布式电源发电量全额消纳
29	四川	单位地区生产总值能源消耗、二氧化碳排放降幅完成国家下达目标任务，大气、水体等质量明显好转，森林覆盖率持续提升；粮食综合生产能力保持稳定，能源综合生产能力显著增强，发展安全保障更加有力	制定二氧化碳排放达峰行动方案，推动用能权、碳排放权交易。持续推进能源消耗和总量强度"双控"，实施电能替代工程和重点节能工程。倡导绿色生活方式，推行"光盘行动"，建设节约型社会，创建节约型机关
30	陕西	生态环境质量持续好转，生产生活方式绿色转型成效显著，三秦大地山更绿、水更清、天更蓝	推动绿色低碳发展。加快实施"三线一单"生态环境分区管控，积极创建国家生态文明试验区。开展碳达峰、碳中和研究，编制省级达峰行动方案。积极推行清洁生产，大力发展节能环保产业，深入实施能源消耗总量和强度"双控"行动，推进碳排放权市场化交易
31	甘肃	用好碳达峰、碳中和机遇，推进能源革命，加快绿色综合能源基地建设，打造国家重要的现代能源综合生产基地、储备基地、输出基地和战略通道。坚持把生态产业作为转方式、调结构的主要抓手，推动产业生态化、生态产业化，促进生态价值向经济价值转化增值，加快发展绿色金融，全面提高绿色低碳发展水平	编制省碳排放达峰行动方案。鼓励甘南开发碳汇项目，积极参与全国碳市场交易。健全完善全省环境权益交易平台

（三） 重点领域相关政策

1. 电力领域

2016 年，国家发改委和国家能源局发布的《能源生产和消费革命战略（2016—2030）》中明确提出：到 2030 年，非化石能源发电量占全部发电量的比重力争取达到 50%。2020 年 12 月 12 日，习近平总书记在气候雄心峰会上宣布："到 2030 年，中国单位国内生产总值二氧化碳排放将比 2005 年下降 65% 以上，非化石能源占一次能源消费比重将达到 25% 左右，森林蓄积量将比 2005 年增加 60 亿立方米，风电、太阳能发电总装机容量将达到 12 亿千瓦以上。"在 2021 年 3 月财政部提请十三届全国人大四次会议审查的《关于 2020 年中央和地方预算执行情况与 2021 年中央和地方预算草案的报告》中提到进一步支持风电、光伏等可再生能源发展和非常规天然气开采利用，增加可再生、清洁能源供给。在 2020 年 11 月国网能源院发布的《中国能源电力发展展望 2020》中提到，在深度减排情景下，我国在 2035 年煤电电源装机容量占比将减少到 26%，2060 年降低至 8%，煤电发电量在发电量中的比重大幅降低。国家电网公司 2021 年 3 月发布"碳达峰、碳中和"行动方案，将推动电网向能源互联网升级，加快信息采集、感知、处理、应用等环节建设，推进各能源品种的数据共享和价值挖掘，2025 年将初步建成国际领先的能源互联网。

2. 石油化工领域

《中华人民共和国国民经济和社会发展第十四个五年规划和 2035 年远景目标纲要》提出到 2030 年，非化石能源占能源消费总量比重提高到 20% 左右。中国煤炭工业协会在《煤炭工业"十四五"高质量发展指导意见》中提出要优化煤炭资源开发布局，在《2020 煤炭行业发展年度报告》中提出"十四五"煤炭行业发展目标，即到"十四五"末，国内煤炭产量控制在 41 亿吨左右，全国煤炭消费量控制在 42 亿吨左右。中国石化 2020 年 11 月 23 日举办碳排放达峰和碳中和战略合作签约仪式暨课题研讨会，2021 年 1 月 15 日签署《中国石油和化学工业碳达峰与碳中和宣言》，2021 年 3 月 29 日提出"确保在国家碳达峰目标前实现二氧化碳达峰，力争比国家目标提前 10 年实现碳中和"。中国石油 2020 年制定绿色低碳转型路径，按照"清洁替代、战略接替、绿色转型"三步走总体部署，努力建设化石能源与清洁能源全面融合发展的"低碳能源生态圈"。力争到 2025 年左右实现"碳达峰"，2050 年左右实现"近零"排放，为全球碳达峰、碳中和目标做出贡献。

3. 交通运输领域

2019 年，工信部发布《关于研究制定禁售燃油车时间表加快建设汽车强国的建议》，明确指出"我国将支持有条件的地方建立燃油汽车禁行区试点，在取得成功的基础上，统筹研究制定燃油汽车退出时间表"。2019 年 3 月，海南省印发了《海南省清洁能源汽车发展规划》，提出 2030 年起全省禁止销售燃油汽车，成为全国首个提出所有细分领域车辆清洁能源化目标和路线图的地区。根据能源与交通创新中心（iCET）发布《中国传统燃油车退出时间表研究》报告，传统燃油的出租车与网约车会在 2020 年到 2030 年逐步从各城市退出，主要替代方式是纯电动汽车。在市场手段和政策手段联合驱动下，中国有望在 2050 年以前实现传统燃油车全面退出。国务院办公厅印发的《新能源汽车产业发展规划（2021—2035 年）》指出"至 2025 年，我国新能源汽车占新车总销量占比 20％"。中共中央、国务院在《国家综合立体交通网规划纲要》中明确提出了"加快推进绿色低碳发展，交通领域二氧化碳排放尽早达峰"的要求。由财政部、工业和信息化部、科技部、发展改革委四部委联合发布的《关于完善新能源汽车推广应用财政补贴政策的通知》中提到，将新能源汽车推广应用财政补贴政策实施期限延长至2022年底，2020—2022年补贴标准分别在上一年基础上退坡10%、20%、30%。

4. 建筑材料领域

《中共中央关于制定国民经济和社会发展第十四个五年规划和二〇三五年远景目标的建议》明确提出"发展绿色建筑"。中国建筑材料联合会发布《推进建筑材料行业碳达峰、碳中和行动倡议书》，推进建筑材料行业低碳技术的推广应用，优化工艺技术，研发新型胶凝材料技术、低碳混凝土技术、吸碳技术，以及低碳水泥等低碳建材新产品。《建筑材料工业二氧化碳排放核算方法》明确建筑材料工业二氧化碳排放分为燃料燃烧过程排放和工业生产过程排放两部分。

5. 钢铁和有色金属领域

2021年1月26日，工信部发言人表示"将研究制定相关工作方案，确保2021年全面实现钢铁产量同比下降"，而此前工信部在2021年的重点工作中也明确提出"2021年要围绕碳达峰、碳中和目标节点，实施工业低碳行动和绿色制造工程，坚决压缩粗钢产量，确保粗钢产量同比下降"。中国铝业集团有限公司和山东魏桥创业集团有限公司联合发布《加快铝工业绿色低碳发展联合倡议书》，提出严控产能总量，严格执行电解铝产能指标置换规定，守住电解铝产能"天花板"，落实铝行业准入条件，力争国内氧化铝、电解铝在"十四五"期间达到产能、产量峰值。内蒙古自治区发展改革委、工业和信息化厅、能源局在《关于确保完成"十四五"能耗双控目标任务若干保障措施（征求意见稿）》中指出，2021—2023年重点对电解铝等高耗能行业重点用能企业实施节能技术改造，各盟市分年度至少按照40％、40％、20％的进度完成全部改造任务，力争改造后单位产品能耗达到国家能耗限额标准先进值。

6. 碳排放交易权领域

第十二届全国政协副主席、中国人民银行原行长周小川在"《财经》年会2021"上提出，要如期实现中国碳达峰、碳中和的目标，依照过去经验，要更大力度地发展和运用碳市场。2020年12月18日，中央经济工作会议提出要做好碳达峰、碳中和工作，加快建设全国用能权、碳排放权交易市场。生态环境部印发的《碳排放权交易管理办法（试行）》2021年2月起施行。《关于统筹和加强应对气候变化与生态环境保护相关工作的指导意见》中提到要加快全国碳排放权交易市场制度建设、系统建设和基础能力建设，以发电行业为突破口率先在全国上线交易，逐步扩大市场覆盖范围，推动区域碳排放权交易试点向全国碳市场过渡。2021年2月，生态环境部部长黄润秋赴湖北省、上海市调研碳市场建设工作时表示，全国碳市场建设已到了最关键阶段，要"确保2021年6月底前启动上线交易"。碳交易市场将通过配额市场化交易的方式，同样发挥了供给侧改革的作用，鼓励企业压减高碳排放的产能，更多采用低碳生产技术。2021年3月国务院发布关于落实《政府工作报告》重点工作分工的意见，意见提出要制定2030年前碳排放达峰行动方案。加快建设全国用能权、碳排放权交易市场；提升生态系统碳汇能力；实施金融支持绿色低碳发展专项政策，设立碳减排支持工具。

7. 其他领域

2020年10月21日，生态环境部等五部委联合出台《关于促进应对气候变化投融资及指导意见》，首次明确了气候投融资的定义与支持范围，引导和促进更多资金投向应对气候变化领域，支持范围包括减缓和适应气候变化两个方面。2020年12月17日，国家林草局副局长刘东生在国务院新闻办公室举行的新闻发布会上表示，目前"十四五"生态建设的主要目标基本确定：力争到 2025 年全国森林覆盖率达到 24.1％，森林蓄积量达到 190 亿立方米，草原综合植被盖度达到 57％，湿地保护率达到 55％，60％可治理沙化土地得到治理。2021 年 2 月 9 日，国务院新闻办公室举行绿色金融有关情况吹风会，介绍了绿色金融有关情况。会议提到，中国人民银行联合相关部门不断完善绿色金融顶层设计，支持绿色金融跨越式发展，初步形成了绿色金融五大支柱。下一步，中国人民银行将聚焦碳达峰、碳中和目标等重大战略部署，充分发挥金融支持绿色发展的资源配置、风险管理和市场定价三大功能。2021 年 2 月 10 日，商务部办公厅发布《关于做好 2021 年绿色商场创建工作的通知》，呼吁"扩大节能家电及绿色产品销售，促进绿色消费"。

第四章 碳交易

碳交易是温室气体排放权交易的统称。根据《京都协议书》，在排放总量控制的前提下，包括二氧化碳在内的温室气体排放权成为一种稀缺资源，从而具备了商品属性。碳交易是一种市场经济行为。根据科斯定理，以二氧化碳为代表的温室气体需要治理，由于各国的能源效率、减排空间以及减排技术等不同，因此治理温室气体的成本不同，导致了同一减排单位在不同国家之间存在着不同的成本。按照商品交换的原则，温室气体排放权作为一种资产权利（产权）则可进行交换，实现不同项目和企业产生的减排量通过市场进行交易。碳权交易成为市场经济框架下解决污染问题最有效率的方式，推动碳资源优化配置，以成本效益最优的方式实现碳减排。碳交易在促进技术进步、产业升级，实现碳达峰、碳中和目标中具有重要作用。

一、 碳排放权

（一） 碳排放权的内涵

碳排放权是指企业在生产经营过程中直接和间接排放二氧化碳的权益。直接排放是指燃烧化石燃料或生产过程中产生的二氧化碳排放；间接排放是指使用外购电、热、冷或蒸汽所产生的二氧化碳排放[①]。

碳排放权内涵丰富。在地球长期演化过程中，大气中温室气体的变化是非常缓慢的周期性过程。碳循环是化学元素非常重要的自然循环，大气和陆生植物、大气和海洋表层植物和浮游生物每年都要进行大量的碳交换。从天然林的角度来看，二氧化碳的吸收和释放是基本平衡的。然而人类活动推动了大量森林植被的快速消亡，特别是工业革命以来，化石燃料的使用量以惊人的速度增加，温室气体排放量持续上升。从全球来看，1975 年到 1995 年，能源生产就增长了 50％，二氧化碳排放量相应有了巨大增长。美国从 1900 年到 2004 年这 104 年间碳排放总量一直处于首位，它和欧盟等发达国家一直处于碳排放的领先地位。随着全球经济的发展，工业产业由发达国家向发展中国家转移，中国排放总量

———————

[①] 天津碳排放交易所. 碳排放权定义 ［EB/OL］.［2021-07-04］. https：//www. chinatcx. com. cn/view/3769. html.

在 2007 年超过美国，成为世界上碳排放总量最多的国家。2018 年中国总排放量达到 117.06 亿吨碳当量，该数字远远超过了位居第二的美国，美国的碳排放量总量为 57.94 亿吨。再其次是印度，碳排放总量为 33.5 亿吨；欧盟跟印度排放量相差无几，为 33.3 亿吨。全球碳排放总量到 2018 年达到了 489.4 亿吨，如图 4.1 所示。但从人均排放量和累计排放量而言，发展中国家还远远低于发达国家。

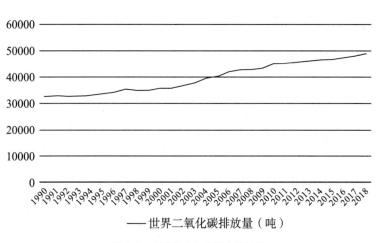

—— 世界二氧化碳排放量（吨）

图 4.1　全球温室气体历史排放量

（数据来源：CAIT，数据包含所有的温室气体）

当国际社会需要共同应对气候变化时，碳排放权就产生了。随着气候对生态环境的影响不断显现，世界各国政府现在都意识到跨国环境问题根本无法在个别国家解决。为了控制温室气体排放和减小气候变化危害，1992 年联合国环境与发展大会通过《联合国气候变化框架公约》，提出了到 2000 年使发达国家温室气体的年排放量控制在 1990 年的水平。1997 年，在日本京都召开了缔约国第二次大会，通过了《京都议定书》，规定了 6 种受控温室气体，明确了各发达国家削减温室气体排放量的比例，并且允许发达国家之间采取联合履约的行动。发展中国家温室气体的排放尚不受限制。碳排放权概念由此借鉴排污权得以引入，1968年，美国经济学家戴尔斯首先提出排污权概念，其内涵是政府作为社会的代表及环境资源的拥有者，把排放一定污染物的权利像股票一样出卖给出价最高的竞买者。污染者可以从政府手中购买这种权利，也可以向拥有污染权的污染者购买，污染者相互之间可以出售或者转让污染权。温室气体不属于污染物，不会对环境造成污染，因此，碳排放权专指温室气体排放权。

（二）碳排放权的属性

碳排放权本质上是属于排污权的范畴，广泛应用于法学、经济学、环境学、公共管理学等领域。碳排放权的含义主要分为发展权和排放权两类，一类是指在《联合国气候变化框架公约》的法律约束下，以可持续发展、共同而有区别的责任以及公正原则为基础的碳排放权，它是联合国规定的"第三代人权"下的发展权，是为了满足一个国家及其国民基本生活和发展的需要，而向大气排放温室气体的权利。这种权利是一种天然的人与生俱来就应该拥有的权利，而非严格的法律权利。另一类是碳交易制度下的碳排放权，是指在国家许可的范围内权利主体对大气或大气环境容量的使用权。这种权利能够通过国家法律规定进行私有化，并进入市场进行交易，达到全社会低成本控制排放的目的。

从碳交易理论和实践应用看，碳排放权的性质主要表现为法律属性和经济属性。前者指法律上规定和调整的碳排放权利，它不仅是碳交易制度立法和实践的根本基础，也是碳市场顺利运行的依据和保障[1]。碳

---

[1] 郑爽. 碳排放权性质评析 [J]. 中国能源，2018，40 (06)：10-15.

排放权具有稀缺性、可转让，具有商品所具备的交换价值，可进入经济领域，侧面反映市场交易的活跃性和成熟度。

1. 经济属性

当颁发减排证书时，温室气体碳排放权的价值就得到了认可。由于核查的复杂性和后续减排空间的限制，碳排放权成为一种稀缺的经济资源，成为一种商品，在碳交易中作为一个新的交易目标出现，具有与普通商品类似的价格形成机制①。随着碳市场交易规模的扩大，碳排放权逐渐衍生出具有投资价值和流动性的金融资产，具有金融属性②，它既具有金融资产的属性，又具有金融资源的属性和金融功能。其金融资产属性体现在碳信用的"准货币"特征上，金融资源属性体现在其具有稀缺性和战略性两方面，金融功能属性主要体现在特殊的减排成本内部化和最小化、产业链低碳转型、气候风险转移和分散功能三方面。碳排放权价值来自政府信用，具备良好的同质性，可充当一般等价物，可以像货币一样可存可借，因此具有货币属性或类货币属性③。

2. 法律属性

我国学者对碳排放权法律属性的认识主要包括：环境容量利用权、准物权、新型财产权、行政规制权和碳资产等，还有些观点是将这些结论进行组合。有学者从行政法观点出发，认为"碳排放权"是一种针对"排放行为"的"行政规制权或行政许可"，受国家管理，由政府支配。碳排放权是政府对于碳排放的管理权（即行政规制权）；排放配额的发放、监督、清缴的过程，是政府行使管理权（公权力）的过程。而按照

---

① 苏亮瑜，谢晓闻. 碳市场发展路径与功能实现：基于碳排放权的特殊性 [J]. 广东财经大学学报，2017，32（01）：24-31＋56.
② 乔海曙，刘小丽. 碳排放权的金融属性 [J]. 理论探索，2011（03）：61-64.
③ 张彩平，肖序. 碳排放权初始会计确认问题研究 [C]. 中国会计学会环境会计专业委员会 2011 学术年会论文集. 中国湖北宜昌，2011：10.

配额要求进行排放，是排放者应当承担的义务（履约）。有的学者从民法的角度出发，认为碳排放权是"资源环境使用权""财产权""无形资产""产权""用益物权"，以及视为与取水权、矿业权、渔业权同类的"准物权"。此类观点以交易行为本身作为逻辑起点，认为碳排放权是一种财产性的制度安排，较好地解释了碳排放配额的定价、交易、抵押、质押等法律行为，也能够支撑未来碳市场衍生品的创设和发展需要。而环境法观点出发的学者认为碳排放权与排污权一样属于"环境容量利用权"，或以国际公约为逻辑起点的"发展权"。此类观点认为，基于国际条约创设的2℃全球减排目标形成了"全球碳排放空间"，各国国内的排放权实质是对这一排放空间的再分配。此类观点较好地解释了碳排放权的母权，即基于大自然自我修复能力所形成的，对人类"破坏行为"的容忍程度。

二、 碳交易市场

（一）碳交易概念

1. 碳交易定义

碳交易也称为碳排放权交易、碳排放交易，是指通过碳排放购买合同或减排购买协议，在买方和卖方之间进行温室气体排放权的交易。基本原则是买方从卖方获得温室气体减排额，并使用获得的减排额来减缓温室效应，达成减少排放的目标①。在全球应对气候变化的环境下，碳排放的空间是有限的，碳排放空间的稀缺决定了它将成为具有经济价值的流通商品。通过碳排放权的交易，将碳排放空间从闲置的一方转移到有碳排放需求的一方，有效利用全球碳排放空间。

在履行《京都议定书》碳减排约定的前提下，各国政府控制本国企业的二氧化碳排放，并允许其进行交易。如果企业排放的二氧化碳比预期的少，他们可以出售减排额并获得相应回报，如果企业排放超标，他们就不得不购买额外的减排额以避免政府的罚款和制裁，最终达到国家对二氧化碳排放的全面控制。

由于发达国家减排二氧化碳的成本高，《京都议定书》鼓励发达国家提供资金和技术与发展中国家进行合作，并为执行发展中国家的可持续发展政策，设立了清洁发展机制（CDM）。投资可产生温室气体减排效果的项目，以投资项目作为减排义务的必要部分获得减排额，帮助发达国家或发展中国家分解一吨温室气体的公司有权排放一吨温室气体。

通过温室气体排放权交易，发达国家减少了排放成本，发展中国家获得了经济发展所需的资金和技术，并最终为保护全球资源和地球环境共同实现温室气体减排②。

碳排放权交易是运用市场经济机制来促进全球温室气体减排的一种重要的政策工具。目前，包括中国在内，全球有 21 个国家和地区施行了碳排放权交易政策，涵盖的碳年排放量约 43 亿吨③。

---

① 郑爽. 碳市场的经济分析 [J]. 中国能源，2007（09）：5-10.
② 于天飞. 碳排放权交易的市场研究 A Study on Market of Emission Permits Trade of Carbon [Z]，2007.
③ 袁晓诺，魏昊明. 碳排放权交易 [N]. 中国矿业报. 2021-05-21（003）.

2. 碳交易的特征

（1）稀缺性

碳排放权交易的本质是取得环境容量使用权，环境容量使用量相对宽松时，污染物排放对环境的危害就相对小。随着人口增长，经济增长产生的污染排放达到允许的环境容量上限，对外部环境的危害性就显现出来了。随之而来的是环境容量的稀缺。人类意识到其稀缺性的表现在于共同签署《京都议定书》，在特定环境容量许可范围内允许碳排放权交易，随着环境状况的继续恶化，环境容量的稀缺，碳排放权的稀缺性也会加剧。

（2）强制性

环境容量稀缺的不断加剧，环境容量的产权无法界定，环境容量的合理价格和有偿使用也无法实现。这将导致所有人无节制地争夺有限的环境容量。为避免"公地悲剧"重演，国家应以法律规范的形式对碳排放权交易进行强制性约束。在《清洁发展机制项目运行管理办法》第二十四条规定，鉴于温室气体减排量资源归中国政府所有，而由具体清洁发展机制项目产生的温室气体减排量归开发企业所有，因此，清洁发展机制项目因转让温室气体减排量所获得的收益归中国政府和实施项目的企业所有。在这种强制性的背后表现了国家产权界定的决心和产权实施过程的法律准备。

（3）排他性

碳排放权的排他性与其他所有权的排他性相一致。也就是说，碳排放许可的所有人不允许其他排放方拥有、处置并受益特定的排放配额。这种排他性的对象也是多种多样的，将特定主体之外的所有个人和集团都排除在外，这种排他性的本质就是碳排放权主体的排他性和对特定减排额度的垄断性。

（4）可交易性

碳排放权是目前碳交易市场上的交易对象，具有明显的可交易性。碳排放权作为一种独立产权，是一种行为人在可交易的市场环境中，即在减排配额所有权的变动中进行的交易。可交易性使得在现实生活中进行交易成为可能。可交易商品的价格必定是波动的，而作为商品特征的价格波动，将不可避免地贯穿整个碳交易过程。而且这种可持续性保证了不同的行为主体之间的交易，从而保证了更高的所有权自由。

（5）可分割性

碳排放权可以在数量上与其他交易权分离，通过减排项目可以同时行使所有减排额度，也可以将减排的额度分别转让给不同的企业。据《日本经济新闻》报道，三菱公司已向欧洲和加拿大公司出售了300万吨温室气体减排权，这是该公司在中国山东与新日本制铁联手开展氟利昂处理业务而取得的每年1000万吨二氧化碳排放权的一部分，并计划将另外500万吨碳排放销售给日本国内的电力和钢铁企业，而新日本制铁只使用200万吨排放权。

（二）碳交易市场的概念

1. 碳交易市场定义

碳交易市场是温室气体排放权交易及与此相关的各种金融活动和交易的总称，因二氧化碳占绝对地位而命名。这个市场不仅包括排放交易市场和开发额外排放权的项目（多个减排单位）的交易，还包括各种排放权衍生产品的交易①。

2. 碳交易市场的起源

碳交易市场产生的源头，可以追溯到 1992 年的《联合国气候变化框架公约》和 1997 年的《京都协议书》。

为了应对全球气候变暖的威胁，1992 年 6 月，150 多个国家制定了《联合国气候变化框架公约》，设定 2050 年全球温室气体排放减少 50％的目标，1997 年 12 月有关国家通过了《京都议定书》作为《联合国气候变化框架公约》的补充条款，成为具体的实施纲领。《京都议定书》设定了发达国家在既定时期（2008—2012 年）的温室气体减排目标，规定到 2012 年底，温室气体排放量比 1990 年的水平降低 5.2％；此外，《京都议定书》还规定了各国必须达到的具体目标，即欧盟降低 8％，美国降低 7％，日本和加拿大降低 6％。

3. 碳交易市场参与者

国际碳交易市场的参与者可分为：供应商、最终用户、中介（包括受排放限制的企业或国家）、减排项目开发商、咨询机构和金融机构）。排放权的最终用户为面临排放限制的企业或国家，包括受《京都议定书》约束的发达国家，受欧盟排放体系约束的企业，以及自愿交易机制的参与者等。这些最终用户应根据需要购买碳排放权限额或减排单位，以满足监管要求并避免不利因素。最终用户对配额以外减排单位的需求，促进了项目交易市场的发展，并吸引多种企业和机构参与。发行的减排单位可进入二级市场进行交易。在二级市场中，金融机构（商业银行、资产管理公司、保险公司等）扮演着增加市场流动性、提供符合最

① 曾刚，万志宏. 国际碳交易市场：机制、现状与前景［J］. 中国金融，2009（24）：48-50.

终用户风险管理要求的结构化产品、提供担保等重要角色，为最终用户提供减排服务以降低其面临的风险。

4. 碳交易工具

在目前的碳交易市场中，排放权以及与排放权相关的远期和期权是最重要的交易工具。

排放权是原生交易产品，或者称为基础交易产品。根据《京都议定书》建立的国际排放权交易市场（IET），主要从事分配数量单位（AAUs）及其远期和期权交易；欧盟碳排放交易体系（EU-ETS）主要交易欧盟配额（EUAs）及其远期和期权交易；原始和二级清洁发展机制（CDM）市场交易的主要是核证减排量（CERs）相关产品；联合履行机制（JI）市场交易减排单位（ERUs）相关产品；自愿市场则交易自行规定的配额和自愿减排量（VERs）相关产品。所有这些产品，在减排量上都是相同的，都以吨二氧化碳当量为单位，但基本都还不能进行跨市场交易。

除了这些基础产品之外，最近随着金融机构参与的增加，多种多样的金融衍生产品也得到了发展。这些衍生产品为碳排放权的供求双方都提供了一种新的风险管理和套利工具。目前主要的碳金融衍生产品包括应收碳排放权的货币化、碳排放权交付保证、套利交易工具、保险/担保以及与碳排放权挂钩的债券等。

（三）国际碳交易市场特征

1. 碳排交易市场发展迅速

2005 年 4 月，欧洲气候交易所推出碳排放权期货、期权交易、碳交易，这些被称为金融衍生产品。目前全球碳排放权交易的主要市场有阿姆斯特丹的欧洲气候交易所、北欧电力交易所、德国的欧洲能源交易所，以及加拿大、日本和俄罗斯市场。美国和澳大利亚也有自己的国内交易市场，其中美国芝加哥气候交易所是全球首家具有法律约束力、基于国际规则的气候交易所。除了交易所，投资银行、对冲基金、私募股权基金和证券公司等金融机构在碳市场中也扮演着不同的角色。

2. 发展中国家正成为主要的卖方市场

在1996年至2000年间，大多数碳交易是在发达国家之间，尤其是美国和加拿大。但是市场格局也在不断变化，转轨国家和发展中国家对减排量的合同交易份额已经由2001年的38％上升到2002年的60％。

3. 交易市场流动性差，发展不完善

碳排放权交易由于交易方式多样，形成了多个分散的交易市场，各交易市场之间流动性不足，最常见的是清洁发展机制项目与其他国际交易市场之间的流动性问题。清洁发展机制是发展中国家和发达国家合作的减排项目，发展中国家只能向发达国家买家出售减排信用，但不能在国际市场上出售，因此该市场是绝对的买家。相反，海外买家可以将从发展中国家购买的减排信用拿到国际市场上出售，获得巨大的经济利润。

4. 碳排放权交易价格波动剧烈

受交易市场的不完善和市场供求关系的影响，碳排放权交易的市场交易价格经常出现较大波动。我国清洁发展机制项目初始交易价格约为5美元，最高为15美元，交易价格是美元。欧盟内部交易市场的价格变动更加严重。2006年4月中旬，欧洲气候交易所创下了每吨30欧元的最高纪录，但在同年5月中旬，价格急剧下滑到10欧元，在2007年期货价格跌至 4 欧元①。

（四）碳交易市场架构

碳交易市场可以简单地分为配额交易市场和自愿交易市场。配额交易市场为有温室气体排放限额的国家或企业提供了一个碳交易平台，以实现减排目标。自愿交易市场基于其他目的（如企业社会责任、品牌建设、社会福利等），自愿进行碳排放交易来达到这一目的②。

1. 配额碳交易市场

配额碳交易可分为基于配额的交易和基于项目的交易两大类。

基于配额的交易是指买家在"总量管制与交易制度"的体制下购买由管理者制定、分配（或拍卖）的减排配额，譬如《京都议定书》下的分配数量单位（AAUs）和欧盟碳排放交易体系（EU-ETS）下的欧盟配额（EUAs）；基于项目的交易是指买主向可证实减低温室气体排放的项目购买减排额。最典型的此类交易为清洁发展机制（CDM）以及联合履行机制（JI）下分别产生核证减排量（CERs）和减排单位（ERUs）。

2. 自愿碳交易市场

自愿减排交易市场早在强制性减排市场建立之前就已经存在，由于其不依赖于法律，无需对大部分交易取得的减排量进行统一认证和验证。虽然自愿减排市场缺乏统一管理，但机制灵活，从申请、审议、交易到发行时间相对更短，价格低廉，主要运用在企业营销、企业社会责任、品牌建设上。虽然目前只占碳交易的一小部分，但潜力巨大。

---

① 张晓涛，李雪. 国际碳交易市场的特征及我国碳交易市场建设 [J]. 中国经贸导刊，2010（03）：24-25.
② 冯巍. 全球碳交易市场架构与展望 [J]. 发展研究，2009（05）：42-44.

自愿碳交易市场分为碳汇标准与无碳标准交易两种。自愿碳交易市场碳汇标准交易基于项目部分，内容比较丰富，近年来不断有新的计划和系统出现，主要包括自愿减排量（VERs）的交易。同时很多非政府组织从环境保护与气候变化的角度出发，开发了很多自愿减排碳交易产品，比如农林减排体系（VIVO）计划主要关注在发展中国家造林与环境保护项目，气候、社区和生物多样性联盟（CCBA）开发的项目设计标准（CCB），以及由气候集团、世界经济论坛和国际碳交易联合会（IETA）联合开发的温室气体自愿减量认证标准（VCS）也具有类似性。至于自愿市场的无碳标准交易，则是在《无碳议定书》的框架下发展的一套相对独立的四步骤碳抵消方案（评估碳排放、自我减排、通过能源与环境项目抵消碳排放、第三方认证），实现无碳目标。

（五）国际碳交易市场发展现状

自《京都议定书》生效以来，碳交易规模大幅增长，2005 年开始碳交易时碳交易量和交易额仅分别为 7.1 亿吨和 108.6 亿美元，2011 年，碳交易量上升为 102.8 亿吨，碳交易额达到 1760.2 亿美元。

碳交易市场建设已成为国际社会推动低碳发展和技术创新的核心政策工具。从欧盟 2005 年启动世界第一个碳交易市场以来，国际碳交易市场的规模不断扩大。截至 2019 年，全球已有 20 个碳排放权交易体系，覆盖了全球温室气体总排放量的 8%，覆盖区域的国内生产总值约占全球国内生产总值的 37%，覆盖范围包括电力、工业、民用航空、建筑、运输及其他行业，主要贸易产品包括二氧化碳限额和自愿认证的减排。随着越来越多的国家和地区将碳市场作为节能减排的政策工具，碳交易逐渐成为全球气候变化政策的核心支柱。

1. 欧盟碳排放交易市场发展现状

欧盟碳排放交易体系（EU-ETS）于 2005 年 1 月正式成立，是目前世界上最完善和最具影响力的碳交易体系。这一体系包括成员国能源、化学、电力、钢铁、水泥及其他工业，这些企业的二氧化碳排放约占欧盟总排放的一半。参与欧盟交易市场的受管制的排放机构必须履行减排义务。大体上来说，企业为了满足减排的条件，需要升级技术或与其他企业进行交易。

欧盟碳排放交易体系由五个主要部分组成：（1）总体控制机制：欧盟为每个成员确定配额，每年减少一定数量，以达到减排的最终目标；（2）监测、报告和核证（MRV）系统：监测，报告和核证排放源的排放量，为碳交易提供数据支持；（3）强制履约体系：若企业履约时，实际排放量超过了配额，则应受到政府每吨 100 欧元的惩罚；（4）减排项目抵销机制：公司为依法履行合同，可购买其他公司未排放的剩余配额；（5）统一注册登记表：系统在每个注册成员的年度合规性状态（如合规性产品的类型和数量）和配额的发放状态。

经过十多年的发展，欧盟碳排放交易体系涉及了 31 个国家和超过 1 万个温室气体排放实体，这些企业的温室气体排放量占整个欧洲地区排放总量的 50％以上，二氧化碳占 80％以上。

2. 其他国家碳排放交易市场发展现状

英国是世界上第一个引入碳交易地板价的国家。所谓碳交易地板价意味着碳交易有一个最低的价格限制，即最低保障价格。按照市场规则形成的碳价格如果没有达到设定的地板价，英国政府将会提高税收来弥补差额。英国政府希望运用价格机制减少碳交易的价格波动，提高减排投资的预期回报。在运营效益方面，英国 2018 年可再生能源发电量占总发电量的 35％，创历史新高，煤炭火力发电比例降至历史最低的

5％。英国的二氧化碳排放量达到了自 1888 年以来的最低水平。显然，在英国，这种下降的成效是与煤电急剧减少及其背后的动力，即碳排放交易价格下限的制度设计分不开的。

2003 年，澳大利亚正式开始了新南威尔士州减排计划，旨在减少电力公司的排放。它是第一个基于总量限额交易的减排交易系统，包括澳大利亚气候交易所和澳大利亚金融与能源交易所。该计划旨在通过电力行业减少温室气体排放，为新南威尔士的电力公司设定强制性减排目标，如有超过部分可通过购买减排证来进行补偿。

在美国，芝加哥气候交易所是第一个由企业自愿参与温室气体减排交易并对其产生法律约束力的组织和平台，是美国第二大碳汇交易市场，能同时进行六种温室气体（二氧化碳、甲烷、氧化亚氮、氢氟碳化物、全氟化物、六氟化硫）减排交易。

一些亚洲国家也开始建立碳交易市场。日本是亚洲第一个建立碳交易市场的国家，其碳交易系统更为复杂多样，主要表现为政府强制干预与资源交易的结合。2008 年，印度开始碳交易，作为发展中国家首个建立国内碳交易市场，是第二大清洁发展机制供应商，主要进行国内钢铁、水泥、化肥及其他产业的强制减排交易。该交易执行清洁发展机制和联合履行机制项目标准，交易商品还包括欧盟减排许可期货、核证减排额现货和核证减排额期货①。

---

① 秦傲寒，侯星星. 全球碳排放市场机制现状及发展动向［J］. 中国船检. 2021（05）：77-81.

三、 碳交易机制

（一） 碳交易机制概念

碳交易机制是指将二氧化碳排放权商品化以控制二氧化碳排放的市场机制。政府为了控制总碳排放，会给予企业二氧化碳排放限额，规定企业二氧化碳排放的上限，如果企业实际排放超过限额，就要进行购买，如果企业的实际排放量低于配额，则可出售配额获利。因此，作为配额交易机制，碳排放权交易实际上是一种政府的量化干预，在配额条件下，市场交易决定着碳排放配额①。2005 年以来，《京都议定书》的实施，使国际碳交易市场快速发展，成为促进低碳经济发展最重要的机制。

（二） 国际碳交易机制

根据当前的交易状况，现有的政府间合作分为京都机制和亚太机制两类。

1. 京都机制

《京都议定书》可以使世界各国在减缓气候变暖的进程中更紧密地

---

① 刘晔，张训常. 碳排放交易制度与企业研发创新——基于三重差分模型的实证研究[J]. 经济科学，2017（03）：102-114.

合作，欧盟是《京都议定书》的主导者，美国和澳大利亚以各种借口并未加入，因此我们称这一欧盟主导的减排机制为京都机制。

《京都议定书》为了减少减排成本，建立了三种市场机制，即国际排放权交易机制（IET）、联合履行机制（JI）以及清洁发展机制（CDM），旨在有效地实现减排目标。《京都议定书》中提出的三种灵活机制都包括在不同国家之间进行碳排放权交易，是实现国际合作减缓气候变化的重要机制。

《京都议定书》所列出的三种市场机制，使温室气体减排量成为可交易的无形商品，从而为碳交易市场的发展奠定了基础。缔约方可根据自身需要调整其面临的排放限制。如果排放限制对经济发展产生重大负面影响或费用过高，可通过购买排放权来缓解这些限制，或者降低减排的直接成本。

（1）国际排放权交易机制（IET）

国际排放权交易机制主要针对国家之间的配额排放单位（AAUs）交易。根据《京都议定书》，各个国家可按 AAUs 排放指标进行收购或出售。国家（主要是发达国家）可以相互转让部分"容许的排放量"。排放权交易机制是通过将已减少的温室气体转换为商品量，组织可以在最低成本下进行交易，以实现其减排指标义务。这一机制可以鼓励环保型企业用低碳技术收回部分投资，也可以对持续排放污染的企业进行处罚。它在碳市场上有货币价值，是减排的激励机制。

欧盟建立了世界上第一个义务排放权交易机制，在这一机制中，由第三方独立机构验证温室气体排放是该机制运行的核心保障。《京都议定书》第 17 条确立了排放贸易合作机制，该机制针对发达国家间的合作，排放交易单位为欧盟配额（EUAs）①。

（2）联合履行机制（JI）

联合履行机制是由《京都议定书》第 6 条所确立的合作机制。主要是指发达国家之间通过项目级的合作，其所实现的温室气体减排抵消额，可以转让给另一发达国家缔约方，但是同时必须在转让方的允许排放限额上扣减相应的额度，排放交易单位为排放减量单位（ERUs）。联合履行机制允许国家从其他发达国家投资项目产生的减排贷款，结果就等于向发达国家转让了相同数量的减排单位，旨在共同减少温室气体排放的减排目标国家之间的合作。相对而言，该机制的谈判进展比清洁发展机制和排放权交易机制容易得多。

在联合履行机制下，产生这些减排单位的主要方法有建立排放量低于标准的项目（如采用低排放技术），以及发展能够吸收温室气体的项目（如植树造林）。共同实施的项目包括投资国和主办国，最后交付减排单位。这些减排单位是用来实现《京都议定书》所设定的目标的。联合执行的项目必须确保环境效益在运行前进行验证，温室气体的减排每年都要进行验证，并且验证工作必须由独立的第三方机构完成。根据联合国气候变化公约，蒙特利尔高级会议在 2005 年为了监督联合履行机制项目的活动而设立了联合履行机制监督局。

（3）清洁发展机制（CDM）

清洁发展机制类似于联合履行机制，在这种机制下，发达国家可以通过项目投资或从发展中国家直接采购，获得核证减排量（CERs）。

清洁发展机制是《京都议定书》引入的灵活履约机制之一。清洁发

---

① 长城企业战略研究所. 低碳经济衍生的四种新型商业模式［J］. 中国高新区，2010（04）：17-23.

展机制的核心内容是允许其缔约方即发达国家与非缔约方即发展中国家进行项目级的减排量抵消额的转让与获得，从而在发展中国家实施温室气体减排项目。清洁发展机制是发达国家和发展中国家缔约方根据《京都议定书》开展的合作机制，从项目中产生的核证减排量，可用于履行《京都议定书》所规定的减排义务。其目的是促进发展中缔约方的可持续发展，并帮助发达缔约方实现《京都议定书》所规定的限制和减少温室气体排放的目标。各国家的投资者可从发展中国家实施的有助于发展中国家可持续发展的减排项目中获得核证减排量，也就是说，各国家可以通过减少温室气体排放和工业技术转化、造林及其他活动，为没有减排义务的国家提供资金和支持，以抵消各国家的减排目标。这也是《京都议定书》中唯一涉及发展中国家的一种机制。

清洁发展机制主要实现两个目标：帮助非缔约方持续发展，为实现最终目标作出应有贡献；帮助缔约方进行项目级的减排量抵消额的转让与获得。该机制规定，在非缔约方实施项目限制或减少温室气体排放而得到的减排单元，经过由《联合国气候变化框架公约》的缔约方大会指定的经营实体的核证后，可以转让给来自缔约方的投资者如政府或企业。一部分从认证项目活动得到的收益将用于支付管理费用，以及支持那些对气候变化的负面效应特别敏感的发展中国家，以满足适应气候变化的需要。清洁发展机制的核心内容是允许发达国家与发展中国家进行项目级的减排量抵消额的转让与获得，在发展中国家实施温室气体减排项目，从而实现碳排放减排。

由于发达国家减少温室气体排放的费用较高，而发展中国家减少温室气体排放的费用相对较低，因此发达国家为发展中国家开展清洁发展机制项目提供资金和技术，用以抵消温室气体减排义务，用项目产生的温室气体减排额来抵消自己应承担的减排义务，可以给予各国在温室气体减排投资费用上更多的灵活性，从而实现全球气候变化问题上费用的有效性分配。清洁发展机制是一种"双赢"机制，一方面，发展中国家可以通过有利于可持续发展的合作获得先进技术和急需的资金；另一方面，这种合作可以使发达国家减少国内开支，达到更高的减排成本，加快减缓全球气候变化的步伐。

清洁发展机制允许那些签署了《京都议定书》但没有减排目标的国家参与温室气体减排项目。清洁发展机制项目需要经过第三方独立机构的审定和核证，该机构被称为"指定的经营实体"（DOE），并应经过《联合国气候变化框架公约》清洁发展机制执行理事会批准。清洁发展机制鼓励发达国家向发展中国家投资，但应遵守严格的项目运作要求：

（1）可持续发展要求：项目必须满足环境、社会和经济方面的要求；

（2）额外性：项目必须证实在没有清洁发展机制情况下是不可能实施的，它们必须额外于正常的业务；

（3）东道国的批准：项目必须经过东道国指定的主管机构批准；

（4）环境影响评价：用以判断温室气体减排项目对当地的环境不产生直接有害的影响。

2. 亚太机制

2006 年 1 月，"亚太清洁发展与气候新伙伴计划"的启动会议在悉尼举行。在随后举行的会议上，成员国纷纷表示气候变化是一个需要长期采取实质行动加以解决的严重问题。该伙伴计划符合《联合国气候变化框架公约》，将补充而不是替代《京都议定书》。

该计划包括中国、澳大利亚、印度、日本、韩国和美国六个成员国。成员国的人口占世界人口的 45%，人工二氧化碳排放量占世界人口的 50%。中国和印度是世界上二氧化碳排放量最大的两个国家，两国都在努力改善民生。韩国正在执行自愿减排政策。美国和澳大利亚是世界上少数几个没有加入《京都议定书》的发达国家，他们认为发展中国家还没有实现量化的减排目标，在签署《京都议定书》之后，为了实现减排目标将不可避免地牺牲自己的经济发展。而同为伞形集团的日本通过碳排放权交易，使国家和企业处于双赢的状态。

实施该计划的目的是减少温室气体的排放，而主要的交易形式是成员国之间的技术转让。以不影响经济增长为前提，通过技术转让来减少温室气体的排放，扭转全球变暖的趋势。

（三） 碳交易干预机制

1. 配额存储与预借机制

碳排放交易系统允许排放企业存储配额以备将来使用，包括购买的配额和免费配额。被纳入的企业如果认为未来配额价格会上涨，供应减少，则倾向于采用存储方式。通过增加时间灵活性，存储有助于在短期内减少价格波动。如果当前额外的减排成本和配额价格较低，企业将更喜欢存储方法。如果未来价格上涨，企业可以使用储存的配额履行合同，而无须去碳市场购买配额。当配额价格因情况变化而上涨时，采取措施刺激这些配额的供给，有助于缓解多个时期对配额的需求压力。与企业一样，政府也可以建立战略配额储备机制，用于在价格达到一定水平时向市场提供额外的配额供应。来源可能包括拍卖活动中剩余的配额、从未来履约期间借用的配额、从抵消信用转换的配额以及通过扩大当前总配额而增加的配额。上述任何一种或所有方式都可以作为储备额度，当市场的额度价格达到一定水平时进行投放。

2. 价格调控

在碳交易制度的运作中，政府为每个履约期设定一个总配额，并允许市场力量来确定配额价格。这种基于数量的方法帮助我们实现环境目标。然而，虽然实现了更高的排放确定性，但它导致了配额价格的不确定性，并影响了最终的履约成本。这就需要在碳交易体系中引入价格调控措施。确保价格确定性的一种方法是对分配价格设置上限。当配额价格达到一定水平时，要么政府以该价格出售剩余配额，要么企业向基金注资，而不必购买配额来履行合同。这种方法提供了更高水平的成本确定性，因为它确保分配的价格不超过某个阈值，但它也引入了排放超过机制规定的总量限制的问题。但是，根据不同的价格上限水平，企业会选择简单地将资金投入基金或直接获得政府发放的额外配额，而不是进一步减少排放。这将不可避免地对我们的排放目标产生重大影响。如果价格上限水平设置过低，该措施会显著降低实施该制度对低碳技术创新的激励效果。因此，应将价格控制措施设计为有效的价格触发机制。

3. 引入自愿减排产生的碳抵消信用

碳抵消信用是通过减少、消除和避免碳交易系统范围外的温室气体来源来抵消系统内的温室气体排放。在许多碳市场中，企业可以使用抵消信用来进行履约，因为就环境影响而言，发生减排的地方不会影响减排的效果。如果超过配额总量的减排成本低于总量内的减排活动，则允许使用抵消额度的企业对成本水平有更大的控制权。将抵消信用纳入碳交易系统所带来的最大挑战之一是如何确定符合条件的抵消项目以及相关的监控、验证和合规问题。大多数专家认为，抵消项目产生的减排量必须是真实的、可衡量的和永久性的，并且是法律要求和行业惯例之外的。因此，抵消项目需要更详细的政策设计。

四、 碳交易的成本控制

碳交易成本是指碳交易参与者为了管理和参加碳交易而付出的成本。通常碳交易中的交易成本包括初期开户运行，交易佣金，监测、报告和核证成本（MRV），以及与减排相关的交易和信息成本。交易佣金是指交易所为交易企业提供交易平台及相关服务而收取的费用，一般与企业碳排放权交易额成正比。监测、报告和核证成本是第三方核证机构对企业进行碳排放核实等服务收取的费用，一般为固定费用。崔连标等[1]认为交易费用的存在显著增加了总减排成本，不同程度上抑制了市场主体的减排量，削弱了碳交易市场的成本有效性；方恺等[2]认为初始碳排放权采用祖父分配方案可以减小省区间碳减排成本差异，更能体现碳排放权分配的公平性。以公平为导向的初始排放权分配和以效率为导向的碳排放权交易相结合，有助于我国提升碳排放权配置效率、降低减排成本，促进省区间碳交易市场均衡发展。陈海鸥等[3]认为碳交易成本的大小对碳排放交易机制能否起作用有重要影响。碳交易平台对交易成本中的交易费用有直接影响，对交易成本中的管理成本和机会成本有一定程度的影响，对交易成本中的监测、报告和核证成本基本没有影响。碳交易平台可以从结构性和市场性两方面影响交易成本。

---

① 崔连标，段宏波，许金华. 交易费用对我国碳市场成本有效性的影响——基于国内碳交易试点间的模拟分析 [J]. 管理评论，2017，29（06）：23-31.
② 方恺，张琦峰，杜立民. 初始排放权分配对各省区碳交易策略及其减排成本的影响分析 [J]. 环境科学学报，2021，41（02）：696-709.
③ 陈海鸥，葛兴安. 论碳交易平台对碳交易成本的影响——以深圳碳排放权交易体系为例 [J]. 开放导报，2013（03）：99-104.

根据科斯定理，本书所指的碳交易成本不仅包括交易费用，还包括企业生产产品时的生产成本、为达到国家碳减排标准而付出的技术投入成本、购买碳排放权的成本、因政府规制而可能导致的行政罚金等成本。

（一）碳交易成本管理的内涵

碳交易成本管理源于《京都议定书》的签署，旨在为人类免受气候变暖的威胁。

碳排放权市场交易的结果是企业因购买碳排放权而拥有碳资产，而碳排放形成碳成本，碳排放成本是碳交易成本的一个重要的组成部分，扩展了传统的成本核算和管理内容，由此产生了对碳成本核算方法的探讨和对碳成本管理内容的研究。

对于碳排放成本，目前学术界并没有统一的定义，概括起来包括以下几种不同的定义：一是从生命周期出发，认为是建立包括产品生产、制造、物流、使用和废弃而产生的有关碳排放代价及由此产生的补偿等方面的内容；二是认为是企业为预防、计划、控制碳排放而支出的一切费用，以及因超出既定的碳排放量而造成的一切损失之和；三是认为是企业在产品的生命周期过程中，为预防、控制、治理碳排放而取得预期环境效果和环境收益所发生的可用货币计量的各种经济利益的流出。以上定义从不同角度入手，反映了碳排放成本的性质和特点，体现了成本费用与损失的本质特征。

碳成本管理是环境成本会计发展的一部分，它所关注的成本核算对象远远超出了具体的成本归集对象，碳成本核算是建立在碳排放基础上的。借鉴联合国国际会计和报告标准政府间专家工作组第 15 次会议通过的《环境会计和报告的立场公告》对环境成本的定义，碳排放成本可定义为：为消除或减少企业经营管理活动对大气环境造成的影响而采取的或被要求采取措施的成本。

（二）碳交易成本控制理论

成本控制是指企业预先设定成本管理目标，并在成本核算的过程中对各种影响成本的因素和条件进行调节，从而实现成本管理的目标。成本控制是公司治理的核心和重点，对企业生产经营活动的顺利实施具有十分重要的作用，是企业发展和生存的命脉。因此，在实际发展过程中，企业可以有效运用成本控制理论，强化成本控制意识，优化成本管理体系，尽可能降低自身成本，提高经济效益，增强市场竞争力，最终实现企业的可持续发展。

成本控制的作用是有效控制碳排放权交易各阶段的成本，降低总成本，增加碳信用交易的收益，调动企业参与碳信用交易的积极性，发挥它保护环境和减少温室气体排放的作用。

计算碳排放成本较为复杂，而采用低碳技术和购买碳信用的直接成本的核算则较为简单。拉瑞（Larry）将碳排放成本称为"碳黑箱"[①]，这与碳排放的无形性及其对应的成本对象不明确有关。安妮塔（Anita）等认为，在当今地球生态危机背景下，碳管理会计是一种面向管理者提供信息，以供其在碳排放问题上制定决策的可持续发展会计[②]。

---

① LARRY L. Toward a different debate in environmental accounting：The cases of Carbon and Cost-benefit［J］. Accounting，Organizations and Society，2009，34（1）：499-534.

② ANITA E. The European emissions trading scheme：an exploratory study of how companies learn to account for Carbon［J］. Accounting，Organizations and Society，2009，34（3）：488-498.

碳排放成本管理是碳排放成本的核算、管理和控制的全过程。然而，碳排放的无形性给估算碳排放成本带来了重大挑战，很多学者从多个角度对于碳排放和交易相关的隐形成本显性化问题开展了多方面的研究。克奈费尔（Kneifel）采用了基于生命周期的节能、碳减排和成本有效评估的方法对新商业大厦进行研究，并对碳排放成本影响进行了测量分析①；恩格尔斯（Engels）以打印机为例说明碳排放成本包括：原材料制造与运输过程、员工工作、打印机生产过程使用能源而发生的碳排放，废品处理过程发生的碳排放，产品寿命终了资源回收利用发生的碳排放②。

近年来，我国学者对碳排放成本开展了广泛研究。肖序等认为，应该从资源价值流的角度对碳排放成本进行解析，将外部碳因子引入碳排放成本管理和企业经营决策上来③。张白玲等综合国际碳足迹测算标准与测算步骤，构建了以企业碳物质流测算为基础的碳会计核算体系④。杨蓓等提出制造企业应当规划好自己的低碳战略，才能适应低碳潮流的发展。他们构建了短期碳排放成本的模型，并得出了成本与排放量间的最佳成本组合，并认为经过长期的减排控制，碳排放成本会随着减排量下降而相应地减少⑤。张惠茹等基于低碳经济的视角，对碳成本管理产生的背景以及内涵和计量进行了阐述，并认为战略成本管理的内容应积

① KNEIFEL J. Life-cycle carbon and cost analysis of energy efficiency measures in new commercial buildings [J]. Energy and Buildings, 2010, 42 (2): 333-340.
② ENGELS A. The European emissions trading scheme: an exploratory study of how companies learn to account for Carbon [J]. Accounting, Organizations and Society, 2009, 34 (1): 488-498.
③ 肖序, 郑玲. 低碳经济下企业碳会计体系构建研究 [J]. 中国人口·资源与环境, 2011, 21 (08): 55-60.
④ 张白玲, 林靖珺. 企业碳排放成本的确认与计量研究 [C]. 中国会计学会环境会计专业委员会 2011 学术年会论文集. 中国湖北宜昌, 2011: 11.
⑤ 杨蓓, 汪方军, 黄侃. 适应低碳经济的企业碳排放成本模型 [J]. 西安交通大学学报（社会科学版）, 2011, 31 (01): 44-47.

极扩展至碳成本的管理①。乔薇和冯巧根根据低碳战略决策下经营模式发展的特点，探讨了企业在低碳下引发的会计成本及收益核算的问题②。谢东明和王平认为在生态经济模式下进行企业环境成本控制，可以实现经济和环境的共赢局面③。

（三）碳交易成本核算模型

在碳交易市场环境中，当企业要求的碳排放量大于企业取得的碳排放量时，企业可以采用一些方法来满足政府设定的碳排放标准，包含从其他公司购买剩余的碳排放量或者革新技术来减少碳排放量。但是，无论选择哪一种方法，企业都要承担相应的风险和成本。在革新技术的情况下，企业需要投入研发成本，并假设创新可以及时更新以跟上企业未来的发展。如果向其他企业购买剩余配额，企业将不得不承担更高的成本来实现碳排放量目标。因此，我们需要建立合理的机制，通过构建更合理的成本会计模型，帮助企业决策者做出最佳选择，以维护企业的核心利益，调节风险与成本的关系。目前，学术界主要有基于环境成本归集法、生命周期成本法、作业成本法，基于资本流、碳素流的成本核算模型，以及基于非参数距离函数方法的边际减排成本估计模型。本书主要借鉴基于产品生命周期成本法的模型④和基于非参数距离函数方法的

① 张惠茹，李秀莲. 基于低碳经济视角的碳成本管理 [J]. 会计之友，2012（25）：36-37.
② 乔薇，冯巧根. 低碳视角下的企业战略成本管理分析 [J]. 理论月刊，2011（10）：150-154.
③ 谢东明，王平. 生态经济发展模式下我国企业环境成本的战略控制研究 [J]. 会计研究，2013（03）：88-94＋96.
④ 宋宇坤. 碳排放权交易成本核算研究 [D]. 哈尔滨：东北林业大学，2017.

边际减排成本估计模型①。

1. 基于产品生命周期成本法的模型

产品生命周期理论是美国的著名学者费农（Vernon）1966年在其《产品周期中的国际投资与国际贸易》一文中首次提出。该理论认为任何产品都是要经历引入、成长、成熟、衰退的周期性发展阶段。在产品的生命周期中，市场对产品的需求、产品的有关资本技术密集程度、关键的生产要素等都处于动态的演变过程中。

（1）成本核算模型的假设条件

假设一：政府与公众形成完全委托代理关系，与企业进行碳排放权交易成本核算博弈，在查处超额碳排放量时不存在寻租空间；

假设二：碳排放权归属明确，承认温室气体排放的经济性和法律性；

假设三：忽略税收作用对碳排放权交易成本的影响；

假设四：碳排放权交易中碳排放配额价格是无差别价值。

（2）成本核算模型的变量设计

碳排放权交易成本核算模型中的变量设计为：

碳排放权交易总成本（C）：这不仅意味着公司购买碳排放权的实际成本，而且还意味着如果公司不进行碳排放权交易，按照公司意愿将二氧化碳等温室气体直接排放到大气中，用于处理大气污染使大气环境尽可能恢复正常生态功能的成本。

二氧化碳减排成本（C_1）：减排成本是单位减排成本与减排量的乘积。由于碳排放权交易中不包括直接材料成本、直接人工成本等，为了

---

① 刘明磊，朱磊，范英. 我国省级碳排放绩效评价及边际减排成本估计：基于非参数距离函数方法 [J]. 中国软科学，2011（03）：106-114.

便于核算该部分成本，所以单位减排成本粗略的指制造费用中的折旧费、机物料消耗还包括中介费等。

购买缺口碳排放权成本（C_2）：政府在企业碳排放过程中分配的配额不足以满足企业的实际生产经营而向政府或其他企业购买碳配额的实际成本。

其他成本（C_3）：该项成本是指因执行政府环境目标所付出的其他成本。主要是指行政处罚金等。

出售碳排放权的收益（R）：由此产生的收入也可用于扣除碳排放权交易成本。主要是指企业在生产过程中的碳排放量远低于政府分配的配额，企业可以通过将其碳排放量作为公司资产或商品出售，销售配额的收益就是销售碳排放权的收益。

二氧化碳减排量（N）：二氧化碳减排量是指企业根据实际情况进行二氧化碳等温室气体排放，将排放的多少进行量化的数值。

（3）碳排放权交易成本计算模型

企业碳排放权交易成本的主要构成部分就是企业购买缺口碳排放权成本、二氧化碳减排成本及出售碳排放权收益（抵减项）。通过对价值链的管理、成本的控制等方法就可以有效地减少企业碳排放权交易的总成本。

碳排放权交易总成本（C）＝二氧化碳减排成本（C_1）＋购买缺口碳排放权成本（C_2）＋其他成本（C_3）－出售碳排放权的收益（R）

即：$C = C_1 + C_2 + C_3 - R$

单位碳排放权交易成本（C_0）＝〔二氧化碳减排成本（C_1）＋购买缺口碳排放权成本（C_2）＋其他成本（C_3）－出售碳排放权收入（R）〕/二氧化碳减排量（N）

即：$C_0 = (C_1 + C_2 + C_3 - R) / N$

企业要想对碳排放权交易总成本（C）进行有效核算达到提高企业利润的目的，就要对二氧化碳减排成本（C_1）、购买缺口碳排放权成本（C_2）、其他成本（C_3）、二氧化碳减排量（N）进行有效控制，同时试图提高出售碳排放权的收益（R）才会使得碳排放权交易总成本最小化。

2. 基于 DEA 和方向性距离函数的我国省级碳排放边际减排成本核算模型

Boyd 等[1]和 Lee 等[2]提出了利用基于数据包络分析方法（DEA）的方向距离函数测度非期望产出经济价值的方法，并把计算结果作为非期望产出的影子价格或边际减排成本。非期望产出（即二氧化碳排放）影子价格 q 的计算公式如下：

$$q = p \times \frac{\partial D(x, y^*, b^*)/ab^*}{\partial D(x, y^*, b^*)/\partial y^*} \times \frac{\sigma_b}{\sigma_y}$$

其中，（y^*，b^*）是一个无效率省级地区沿着方向向量在生产前沿面上的对应点。距离函数对非期望产出及期望产出偏导数的比值表示在生产前沿面上两种产出的边际替代率，即要减少单位非期望产出，所需放弃的期望产出量[3]。此处期望产出为 GDP（$p=1$），非期望产出就是碳排放，上式计算结果的经济意义就是边际减少单位碳排放所对应的 GDP 产出减少量，也就是宏观经济意义上的碳边际减排成本。无效率因子 σ_b，σ_y 定义如下：

---

① BOYD G, MOLBURG J C, PRINCE R. Alternative methods of marginal abatement cost estimation: nonparametric distance functions [C/OL] //Proceedings of the USAEE / IAEE 17th Conference, 1996: 86-95.
② LEE J D, PARK J B, KIM T Y. Estimation of the shadow prices of pollutants with productivity / environment inefficiency taken into account: a nonparametric directional distance function approach [J]. Journal of Environmental Management, 2002, 64 (4): 365-375.
③ ROLF, FÄRE, AND, et al. Characteristics of a polluting technology: theory and practice [J]. Journal of Econometrics, 2005, 126 (2): 469-492.

$$\sigma_b = \cfrac{1}{1 - D(x,y,b)\left(\cfrac{g_b}{b^*}\right)}$$

以上方法计算出的碳边际减排成本是依据各省级地区现有生产技术构成的生产前沿面，并未考虑未来技术进步或者具体减排措施的效果，仅是从距离函数所代表的生产理论角度评价减少碳排放带来的经济损失。该模型可以测算省际间减排成本、排放总量、技术效率等存在的差异，为我国碳交易市场的构建提供客观的经济条件，降低"节能减排"带来的经济压力。企业也可以通过革新技术或者使用清洁能源来减少碳排放，降低碳减排成本。

因此，在低碳经济背景下，企业经营须充分考虑与碳交易相关的成本。首先，生产活动必须达到碳效率目标，并将精益生产方法引入生产管理过程，以减少材料消耗，缩短过程时间，降低能源消耗。其次，在成本控制中，将与碳交易相关的成本纳入管理目标，关注因碳减排而增加的成本。碳交易成本应分为直接成本、间接成本、固定成本和可变成本，采用作业成本法分析确定碳成本的动因，将碳交易的间接成本分配给相关产品。再次，按产品生命周期计算碳交易成本应在产品设计阶段充分考虑碳友好型产品的设计，在采用目标成本法确定产品成本时，应将碳交易成本计入目标成本计算。最后，在分析客户盈利能力时，应以单位碳消耗产生的利润作为衡量指标来判断客户的盈利能力，既要考虑经济效益，也要考虑碳效益，即单位利润的碳排放量。

五、 我国碳交易实践

（一） 我国碳排放交易体系发展历程

作为《联合国气候变化框架公约》和《京都议定书》的缔约国，中国于 2004 年 5 月颁布了《清洁发展机制项目运行管理暂行办法》，2005 年 10 月颁布《清洁发展机制项目运行管理办法》并于 2011 年 8 月进行了修订。截至 2016 年 8 月 23 日，经国家发改委批准的清洁发展机制项目有 5074 个，全年减少二氧化碳排放 78205.23 吨。清洁发展机制项目在我国发展迅速，规模不断扩大，中国已成为清洁发展机制项目的第一供应商。但是，我国清洁发展机制项目仍然存在很多问题，比如，清洁发展机制排放权交易标准参差不齐、缺乏合理的激励机制，发达国家对清洁发展机制市场的多面控制，使得我国在一定程度上还处于弱势地位。

1. 发展历程

我国碳交易市场发展较晚，2011 年开始建设碳交易市场，并在北京、天津、上海、重庆、湖北、广东和深圳 7 个省市开展碳交易。我国碳市场的发展实行由小到大，由点到面，由个别到全体的发展模式。在不同地区试行的碳市场，能够适应不同区域的经济发展水平，呈现多样化的减排指标和成本，显示差异性的碳市场运行成果。建立全国碳排放权交易体系需要进一步加强顶层设计，借鉴国外有益经验，避免不同领域政策冲突。

（1）以清洁发展机制为起点

清洁发展机制是国内碳市场发展的起点，为国内碳交易机制的发展奠定了基础。清洁发展机制的基本运行以项目为基础，买方是发达国家，卖方是发展中国家，需要监测和批准碳减排，项目的总排放量由最终确定。

由于大规模的减排、低的减排成本、高的项目质量，我国的清洁发展机制项目一度受到国际客户的青睐。但自 2013 年以来，由于国际清洁发展机制需求和国际政治环境的巨大变化，清洁发展机制项目在中国的发展和发行基本停滞。

中国在过去几年的清洁发展机制项目的发展过程中，极大地提高了我国应对气候变化的认识和能力，为我国开展减排项目提供了宝贵经验，也培养了一批技术人才。以清洁发展机制项目收入为基础成立的中国清洁发展机制基金为中国国内碳市场的发展发挥了积极的作用。同时，清洁发展机制的制度性框架和相关技术文件为中国国内碳市场的制度性设计提供了参考模板。

（2）开展碳交易试点

2011 年 10 月，国家发展改革委下发《关于开展碳排放权交易试点工作的通知》，批准在北京、天津、上海、重庆、湖北、广东和深圳开展碳排权交易试点工作，并先后制订了全国管理碳排放权交易的办法和条例等一系列政策文件。各试点省市自 2013 年 6 月至 2014 年 4 月间陆续开始交易。

自试点工作启动以来，7 个试点地区高度重视碳交易体系建设，根据自身的产业结构、排放特征、减排目标等情况，进行碳市场顶层设计。在此基础上，组织相关部门开展各项基础工作，包括设立专门管理机构，制定地方法律法规，确定总量控制目标和覆盖范围，建立温室气体排放监测、报告和核证（MRV）制度，制定配额分配方案，建立和开发交易系统和注册登记系统，建立市场监管体系，以及进行人员培训和能力建设等。

经过多年的探索，目前各试点地区在体系的设计和运行方面均积累了丰富的经验，并从实践上比较和验证了各种不同政策设计的适用性，为建设全国统一碳市场积累了经验和奠定了基础。

（3）启动全国碳市场建设

2014 年，在国家发展改革委的组织和指导下，借鉴试点碳市场的建设经验，开始了全国碳市场制度顶层设计和建设。2018 年 4 月国务院碳交易主管部门及其主要支撑机构由国家发展改革委转隶至生态环境部后，全国碳市场建设持续加速。2020 年 12 月生态环境部发布《碳排放权交易管理办法（试行）》，全国碳市场迎来了第一个履约周期（2021 年 1 月 1 日—2021 年 12 月 31 日）。

为统一和确保全国体系下重点排放单位排放数据的质量，国家发展改革委发布了重点行业温室气体排放检测、核算、报告、核查的管理细则和技术指南，组织开展了 2013—2015 年和 2016—2017 年两次企业温室气体排放数据报告核查。

转隶工作完成后，生态环境部持续强化排放数据管理制度建设，持续推进重点排放单位历史碳排放数据报告和核查工作，进一步强化了对碳排放监测工作的要求，完成了 2018 年度及 2019 年度数据报告核查，在 2021 年 3 月启动了 2020 年度数据报告核查，碳排放数据报告核查工作已常态化。

2. 发展现状

根据国家统计局 2019 年发布的报告显示，2018 年我国单位国内生产总值二氧化碳排放较 2005 年降低 45.8％，提前完成 2020 年单位国内生产总值二氧化碳排放降低 40％～45％ 的目标。根据 Global Carbon Atlas 统计数据显示，近 15 年我国碳排放强度降幅远超全球平均水平。

目前中国试点碳市场已经成长为全球配额成交量第二大碳市场，截至 2020 年底，试点省市碳市场共覆盖钢铁、电力、水泥等 20 多个行业，接近 3000 家企业，累计配额成交量约为 4.45 亿吨二氧化碳当量，累计成交额突破 104.31 亿元，企业履约率普遍维持在较高水平，基本形成了要素完善、特点突出、初具规模的地方碳市场。有效推动了试点省市应对气候变化和控制温室气体排放工作。

在制度体系方面，2021 年 1 月 5 日，生态环境部正式发布《碳排放权交易管理办法（试行）》（以下简称《办法》），对全国碳排放权交易及相关活动进行规范管理，《办法》自 2021 年 2 月 1 日起施行。《办法》明确指出温室气体重点排放单位以及符合国家有关交易规则的机构和个人是全国碳排放权交易市场的交易主体，并将确保碳排放数据真实性和准确性的责任压实到企业，力图通过市场倒逼机制，鼓励增加碳减排的投资，促进低碳技术的创新，形成经济增长的新动能。《办法》的出台标志着全国碳市场启动已具备所需的必要条件，意味着全国统一的碳交易市场即将到来。

在碳市场基础设施建设方面，湖北省、上海市生态环境主管部门及相关的支撑单位研究制定了全国碳排放权注册登记系统和交易系统的施工建设方案。

在碳交易机构方面，目前我国已获正式备案的国家温室气体自愿减排交易机构（碳交易所）达到 9 家，包括北京环境交易所、天津排放权交易所、上海环境能源交易所、广州碳排放权交易中心、深圳排放权交易所、重庆联合产权交易所、湖北碳排放权交易中心、四川联合环境交易所、福建海峡股权交易中心。9 家碳交易机构结合地区实际，在市场体系构建，配额分配和管理，碳排放测量、报告与核查等方面进行了深入探索。

在配额分配方面，生态环境部于 2020 年 12 月 30 日正式发布了《2019—2020 年全国碳排放权交易配额总量设定与分配实施方案（发电行业）》，筛选确定纳入 2019—2020 年全国碳市场配额管理的重点排放单位名单，并实行名录管理。

在深化全国碳市场相关基础工作方面，结合全国碳市场下一步明确扩大覆盖范围的需要，从 2013 年开始，我国已组织开展了相关行业企业的碳排放数据报告与核查工作，除发电行业以外，还涵盖建材、有色、钢铁、石化、化工、造纸、航空等行业。

此外，我国温室气体自愿减排交易机制已申请成为国际民航组织认定的六种合格的碳减排机制之一。下一步，我国将推动温室气体自愿减排交易机制发展成为全国碳市场的抵消机制。

总之，经过"十二五"试点先行，"十三五"全国碳市场基础建设，"十四五"将是我国碳市场的快速发展期。我国将力争实现从试点先行到建立全国统一市场，实现从单一市场、单一行业突破，把多行业纳入，实现从启动交易到持续平稳运行。

（二）发展我国碳排放交易市场机制

碳排放权交易市场能否成功运作，关键在于市场交易是否活跃。市场活动不会只从一个层面产生，健康的碳排放权交易市场的发展需要多种因素的协调。

中国作为二氧化碳排放大国，碳交易市场潜力巨大，同时也面临着较高的减排压力。围绕"碳达峰、碳中和"目标，广泛依靠清洁发展机制项目来实现二氧化碳减排不仅使中国在碳交易市场上受制于发达国家，而且损失了碳交易隐藏的巨大收益，因此，建立全国性的碳排放交易市场迫在眉睫。2021 年 6 月 1 日，国家机关事务管理局和国家发展和改革委员会印发了《"十四五"公共机构节约能源资源工作规划》，明确了建立实施以碳强度控制为主、碳排放总量控制为辅的制度，表明了国家对于碳减排的重视，从国家层面肯定了碳排放市场交易的作用。

根据 2020 年 12 月 25 日由生态环境部部务会议审议通过的《碳排放交易管理办法（试行）》，我国的碳排放权交易市场主要由以下几个方面组成：

（1）政府主导的分级管理的管控机制

生态环境部负责制定全国碳排放权交易及相关活动的技术规范，加强对地方碳排放配额分配、温室气体排放报告与核查的监督管理，并会同国务院其他有关部门对全国碳排放权交易及相关活动进行监督管理和指导。

省级生态环境主管部门负责在本行政区域内组织开展碳排放配额分配和清缴、温室气体排放报告的核查等相关活动，并进行监督管理。

设区的市级生态环境主管部门负责配合省级生态环境主管部门落实相关具体工作，并根据本办法有关规定实施监督管理。

（2）建立全国统一的碳排放交易市场机制

生态环境部按照国家有关规定组织建立全国碳排放权注册登记机构和全国碳排放权交易机构，组织建设全国碳排放权注册登记系统和全国碳排放权交易系统。

全国碳排放权注册登记机构通过全国碳排放权注册登记系统，记录碳排放配额的持有、变更、清缴、注销等信息，并提供结算服务。全国碳排放权注册登记系统记录的信息是判断碳排放配额归属的最终依据。

全国碳排放权交易机构负责组织开展全国碳排放权集中统一交易。

全国碳排放权注册登记机构和全国碳排放权交易机构应当定期向生态环境部报告全国碳排放权登记、交易、结算等活动和机构运行有关情况，以及应当报告的其他重大事项，并保证全国碳排放权注册登记系统和全国碳排放权交易系统安全稳定可靠运行。

（3）碳排放配额的分配

碳排放配额分配以免费分配为主，同时也可以根据国家有关要求适时引入有偿分配。国家鼓励重点排放单位、机构和个人，出于减少温室气体排放等公益目的自愿注销其所持有的碳排放配额。自愿注销的碳排放配额，在国家碳排放配额总量中予以等量核减，不再进行分配、登记或者交易。相关注销情况应当向社会公开。

（4）完善碳金融运行机制，充分利用碳金融工具

建设适合全国碳交易市场的碳金融市场，培养碳金融专业人才，形成人才与市场的友好互动。积极参与碳金融工具和衍生品的国际标准的开发和使用，为碳交易市场提供有力的金融支持。

（三）加快我国碳市场发展的政策

结合全国碳市场建设工作需求，针对现阶段存在的问题，建议抓好以下工作：

1. 强化顶层设计，加强统筹协调和责任落实

以全国碳市场的法律法规和政策为导向，加强政策跟踪评估，进一步明晰国务院各部门、地方主管部门、企业以及支撑机构的任务分工，加强协调沟通，充分调动各方积极性，抓好各项管理任务责任落实。

2. 尽快推动碳交易立法

碳交易立法是关系到碳市场建设成败的核心因素，应加强国务院相关部门、地方政府、企业之间的协调沟通和统筹协调，积极推动将《碳排放权交易管理条例》列入立法优先工作事项，集中力量推动条例尽快出台，为全国碳市场提供更坚实的法律保障。

3. 尽快推动注册登记系统和交易系统投入使用

注册登记系统和交易系统是全国碳市场的核心支撑系统，目前已完成基础建设。生态环境部应制定出台系统管理办法，尽快将两系统投入使用。注册登记系统和交易系统建设中要注重功能协调和软硬件相互匹配，运维管理两系统以及两系统用于监管碳市场时要实现统一监管。

4. 尽快完成温室气体自愿减排交易体系管理改革

相对于试点碳市场排放配额交易，中国核证自愿减排量（CCER）交易相对活跃并积极参与试点碳市场碳排放权履约，在推动项目级碳减排、降低重点排放单位履约成本、倡导低碳生活等方面已发挥重要作用。可以预见，中国核证自愿减排量及其交易体系可能是全国碳市场重要的补充机制，应在确保中国核证自愿减排量质量的前提下，简化项目审定和减排量核证程序，进一步加快改革进程，尽快推动重启温室气体自愿减排项目和减排量受理。

5. 充分调动大型企业积极性，发挥其在全国碳市场建设中的引领示范作用

大型企业是全国碳市场重要的参与主体，建立全国碳市场是企业低成本实现碳排放总量控制目标的有效途径，是推动企业低碳发展转型的重要举措，是企业自身高质量发展的内在要求。

在全国碳市场建设中，碳交易主管部门应与大型企业及其管理部门建立互动管理机制，充分调动大型企业参与全国碳市场建设的积极性，

充分利用大型企业的资金、技术和管理优势推动全国碳市场建设。

6. 进行碳金融创新，增加市场流动性和活跃度

我国试点碳市场的碳金融创新不足，碳金融产品规模有限，机构投资者对碳市场的参与度有待加强。提升碳市场流动性和活跃度，既能充分发挥碳市场支持实体经济低碳转型的作用，又能提升市场人气，增加投资者信心。建议适度进行碳金融产品创新，在有效监管的前提下适时引入碳期货、碳期权等碳金融工具，发挥金融衍生品的功用，扩大市场规模，激发市场活力，培育责任投资者。

建设全国碳排放权交易市场是利用市场机制控制和减少温室气体排放、推动绿色低碳发展的重大制度创新，也是落实我国二氧化碳排放达峰目标与碳中和愿景的重要抓手。

鉴于全国统一碳市场还在起步阶段，未来需要完善全国碳市场的抵消机制设计，尽快重启国家核证自愿减排量机制；根据市场发展需要，也应进一步完善各类基础设施功能和市场监管制度；逐步完善配套的碳交易会计制度并尽早出台对应的税务制度；重视碳市场的金融属性，在加强风险管理的前提下，发挥碳价的投资指引信号作用，依托碳市场引导资本进入应对气候变化领域。

总之，必须坚持以减排为核心定位，以市场机制为核心手段，更好地利用生态环境管理体系的优势，以大量扎实的工作为基础，积极稳妥推进全国碳市场建设①。

---

① 陈志斌，孙峥. 中国碳排放权交易市场发展历程——从试点到全国 [J]. 环境与可持续发展，2021，46（02）：28-36.

（四） 我国发展碳交易的措施

碳排放权交易市场在我国仍是一种新兴市场，是一种新的尝试，迫切需要完善相关举措。根据生态环境部数据显示，我国碳市场覆盖排放量超过 40 亿吨，我国将成为全球覆盖温室气体排放量规模最大的碳市场。中国建设碳交易体系是实现"碳达峰、碳中和"目标的重要手段。

碳排放权交易的现状分析表明，在市场价值和市场份额方面，控制碳排放权交易优于以清洁发展机制为代表的项目碳排放权交易。

1. 积极筹建基于配额交易的气候交易所

建立碳排放权交易市场，将推动碳排放权处理的大规模发展，以更低的成本和更成熟的污染治理技术，促进碳排放限额的转让以适应市场需求，有利于环境容量和资源的使用。根据欧盟碳排放交易体系（EU-ETS）的经验，在发展以清洁发展机制项目为代表的基于项目的碳排放权交易的同时，应积极准备成立基于配额交易的主体市场的建设，利用市场化的手段配置环境容量资源的使用。

设立碳排放权交易所的目的应该是搞活碳排放权交易市场。通过交易所等平台，实现以招商引资、先进环保技术、经济环保高新技术向传统城市产业转型的目标。

2. 做好建立气候交易所的相关立法准备

通过改进相关立法工作，为完善市场导向的资源配置提供行政措施。我国于 2005 年 10 月 12 日通过了《清洁发展机制项目运行管理办法》。作为协调和规范我国碳排放活动的立法指南，发挥着不可替代的作用。但是，随着气候交易所基于配额的交易逐步扩大，在积极应对交易约束的同时，对高碳排放企业的罚款力度有待改善。构建以排污许可制和全面控制为基础的气候交换机符合我国市场经济发展的要求事项。

3. 加快二氧化碳排放权衍生产品的金融创新工作

配额交易相对具有较大的价格波动，积极开展相关环境衍生产品的金融创新尤为重要。只有用好相关金融产品，价格风险才可控制在一定范围内。同时，为了改善环境，我们必须吸引更多的机构投资者。

【拓展阅读】

上海碳交易试点制度及体系建设实践①

上海作为全国最早启动碳交易试点的地区之一，于 2013 年 11 月 26 日正式启动了上海碳市场交易。目前，上海碳交易试点已稳定运行近 8 年，初步形成了具有碳排放管理特点的交易制度，也逐步发展起了服务于碳排放管理的交易市场，同时在碳金融领域进行了一些探索及创新。2017 年 12 月，国家发展改革委印发《全国碳排放权交易市场建设方案（发电行业）》，启动全国统一的碳排放交易体系和交易市场建设，同时明确上海将负责牵头承担全国碳排放权交易系统账户开立和运维任务。

1. 交易制度建设

上海在推进碳交易试点工作中坚持制度先行，碳交易正式启动前，已建设了较为完善的制度和管理体系，形成了一整套以市政府、主管部门和交易所为 3 个制定层级的管理制度。

通过上海市政府制定出台的《上海市碳排放管理试行办法》，明确建立起了总量与配额分配制度、企业监测报告与第三方核查制度、碳排

---

① 陆冰清. 上海碳排放交易试点实践经验及启示［EB/OL］. 上海环境能源交易所［2021-07-05］. https：//www.cneeex.com/c/2019-08-23/490340.shtml.

放配额交易制度、履约管理制度等碳排放交易市场的核心管理制度和相应的法律责任。

通过市级碳交易主管部门制定出台的《配额分配方案》《企业碳排放核算方法》《核查工作规则》等文件，明确了碳交易市场中配额分配、碳排放核算、第三方核查等制度的具体技术方法和执行规则。

通过交易所制定发布《上海环境能源交易所碳排放交易规则》和会员管理、风险防范、信息发布等配套细则，明确了交易开展的具体规则和要求。

2. 要素和体系建设

一是纳入主体范围上，从重点行业起步，逐步扩大管理范围。2013年上海碳交易试点启动初期，共纳入了钢铁、电力、化工、航空等16个工业及非工业行业的191家企业。截至2019年已纳入上海年排放2万吨以上的所有工业企业，航空、港口、水运等高排放非工业企业及部分建筑，涉及27个行业近300家企业。

二是总量控制上，始终明确管理目标。总量制度是上海碳排放交易试点制度中的核心制度和基础要素，在试点启动初期就明确建立了总量控制制度。

三是配额分配上，不断优化，逐步形成较为公平且符合上海实际的配额分配方法。配额分配的核心是碳排放控制目标的分解和各法人主体责任的确定，对管理目标的实现和市场的发展都有非常重大的影响。上海碳交易试点期间，在配额分配发放方法和发放方式上不断优化，由简单的基于历史总量的历史排放法起步，逐步向管理精度更高的基于效率的历史强度法和基准线法过渡。从发放方法上，目前上海碳交易企业中，除部分严格控制的高排放单位和产品结构非常复杂的单位仍采用历史排放法外，均采用了基于企业排放效率及当年度实际业务量确定的历史强度法或基准线法开展分配。发放方式上，从全部免费转向部分有偿，结合高碳能源使用提出免费发放比例（93%～99%），体现区域能源结构调整导向。

四是监测报告核查上，注重方法科学合理、管理严格规范，逐步形成了一套较为科学、具有可操作性的核算方法和核查制度。碳排放监测报告与第三方核查是碳排放交易的"度量衡"，是碳排放交易机制得以有效运行的基础和基本保障。上海碳交易试点中，围绕以下核心要求开展了监测报告核查体系建设：首先是技术方法科学合理。率先制定出台企业温室气体排放核算与报告指南及钢铁、电力、航空等9个行业的碳排放核算方法，明确了核算边界、核算方法以及年度监测和报告要求。其次是严格核查机构管理，核查规则明晰且具有可操作性。出台了《核查机构管理办法》《核查工作管理规则》等一系列的核查管理制度，并对核查人员进行持证管理和持续性的专业技能培训。此外，实行政府出资委托核查，从机制上保证了核查工作和数据的独立性和公正性。最后是依法建立复查和审核机制。委托专门机构对核查报告进行复核，通过第四方复查机制进一步保障数据准确有效。

五是交易制度透明公开，逐步形成具有一定有效性的交易市场。上海碳交易市场的建设深度参考了上海各类金融市场经验，制定了"1＋6"的交易规则和细则体系，保障了交易相关制度体系的规范和公开；建设交易平台及交易系统，支持服务市场主体便捷高效参与市场交易。交易产品包括上海碳排放配额（SHEA）和国家核证自愿减排量（CCER）。交易模式上采取公开竞价或协议转让的方式开展，且所有交易必须入场交易，不设场外交易。交易价格通过市场形成，不实行固定价格或最高、最低限价，但有涨跌幅限制。交易资金由第三方银行存管，结算由交易所统一组织。在风险控制上，交易所建立了最大持有量限制、大户报告、风险警示、涨跌幅限制等风险管理制度。交易行情公开透明，通过行情客户端向全市场公开。自运行以来，各项市场制度和规则得到了全面实施，交易市场平稳有序运行。

六是监管保障上，搭建多层次监管构架，形成由法律手段、行政措施和技术平台组成的监管和保障体系。建立了由政府部门、交易所、核查机构、执法机构等为主体的多层次监管构架，依照《上海碳排放交易管理试行办法》，根据各自的职责和权限对碳排放交易市场各相关行为进行监督管理。试点运行以来上海始终保持了100%履约。

3. 上海碳交易市场特点

上海碳交易市场坚持尊重市场原则，政策及规则明晰，循序渐进地探索建立透明高效、适应碳排放管理的交易市场。坚持市场化走向，采取完全公开透明的市场化方式运作，市场规则完整清晰，信息发布公开透明，交易方式高效便捷。在市场运行和市场管理上，尽可能做到政策稳定清晰、尊重市场规律、谨慎干预市场，逐步建设形成健康、平稳、有序的交易市场。

参与主体上，积极推动市场主体多元化，纳入了控排企业及投资机构共同参与市场，实现了外部资本的引入，服务碳交易市场的活跃及发展。

价格形成上，不设固定价，严格遵循"价格优先、时间优先"的原则由系统匹配成交，形成公开的市场价格。

市场环境上，通过政府部门、管理机构、交易平台等不同方面的多种途径及时向社会发布碳排放管理及交易的相关信息，实现了信息公开、市场环境透明，真实反映市场动态。

市场管理上，坚持碳排放控制和市场化导向相结合，通过明确稳定的政策和市场化的管理方式，尽可能避免政府对市场交易和市场价格的直接干预。

产品创新上，循序渐进逐步放开，持续加强碳市场创新和碳金融的发展及实践，探索形成了借碳、回购、质押、信托等创新服务。同时，有机结合上海环境能源交易所与上海清算所在碳领域和金融领域的优势，上线了上海碳配额远期产品。

然而，目前上海碳市场也仍旧存在着目前各试点碳排放交易市场普遍存在的问题：首先是市场交易仍以履约为主，交易集中在履约期前，履约期过后快速进入冷却期，市场周期性波动较大，市场总体流动性不足。其次是市场参与度不足，实际活跃的市场参与主体和进入市场流动的配额量总体占比均不高，市场活跃度有待进一步提升。最后是市场受政策影响较大，易造成价格的大幅波动，对政策连续性要求和主管部门市场管理能力要求较高。

第五章　碳金融

碳交易市场将金融资本与低碳经济紧紧地连接起来，催生出了一种新的金融资本形式即碳金融的产生。碳金融聚焦低碳经济的投融资活动，包括了碳融资和碳物质的买卖，即服务于限制温室气体排放等技术和项目的直接投融资、碳排放权的交易和银行贷款等金融活动。

　　近年来，随着工业生产以及经济发展带来的二氧化碳排放量不断增大，对全球的环境都产生了一系列的负面影响，在此背景下，推行以碳减排为核心目标的低碳经济发展之路，成为各国的重要举措之一。低碳经济是以减少温室气体排放为目的，通过一系列手段在降低能耗的同时实现可持续发展的经济形式，推动低碳经济的发展对调整经济结构、实现生态文明具有重要意义。

一、 碳金融的概念

（一） 碳金融的内涵

　　碳金融是指应用于限制和调控温室气体排放的各类金融活动和机制的总称。碳金融运用金融资本去驱动环境权益的改良，以法律法规作支撑，利用金融手段和方式在市场化的平台上使得相关碳金融产品及其衍生品得以交易或者流通，最终实现低碳发展、绿色发展、可持续发展的目的。碳金融既具有环境效益，也具有经济效益。从环境角度而言，碳金融一方面通过碳排放权交易，使重污染企业在限额压力下积极整改，从总量上减轻二氧化碳的排放；另一方面通过投融资等方法为具有节能减排优势的企业提供更多的发展机会，进一步促进环境效益的提升。从经济角度来看，目前我国已经超越美国及欧盟，成为全球二氧化碳排放量最大的国家，未来有望构建最大规模的碳交易市场，通过积极推动我国碳金融的发展，未来能够创造巨大的金融交易需求与全新的商业发展机会。

　　碳金融主要包括碳排放权交易及其相关的金融衍生产品的投融资。碳金融是与低碳经济相关的产业同金融资本相结合后所产生的金融市场。通过进行市场交易，不仅可以在总量上控制碳排放水平，还可以为有碳信用的企业创造经济价值。

碳金融市场具有狭义与广义之分。狭义的碳金融市场主要指碳排放权交易市场，包括一般的碳现货市场及其衍生的碳期货、碳期权等。其界定的标准是交易的标的物是直接的碳信用或碳排放权。广义的碳金融市场指为了实现碳减排而进行的各类投融资活动，因此其涵盖范围较为广泛，与低碳经济项目相关的投资、咨询、担保、融资、信贷等均属于广义碳金融的范畴。碳金融相关的主题基金，参与清洁发展机制项目的低碳板块股票，商业银行开发的碳金融相关产品等也可以归属于广义的碳金融市场。

（二）碳金融市场的兴起

《京都议定书》为碳交易市场的建立奠定了基础。各国的碳排放额开始成为一种稀缺的资源，因而也具有了商品的价值和进行交易的可能性，并催生出以二氧化碳排放权为主的碳交易市场。碳交易通过市场化的手段解决环境问题，有效地促进了全球温室气体的减排，并逐渐形成了一个围绕碳减排的国际碳金融市场，使得市场化手段开始在全球范围内为提高"气候公共物品"的稀缺性资源配置效率而发挥作用。

碳金融市场是基于碳资产和碳交易市场，由银行、证券、保险、基金等主流金融机构深度参与，引入碳期货、碳期权等碳金融产品，并形成规模化交易的各种金融制度安排和金融交易活动。碳金融市场也包括各类将未来碳收益作为支持抵（质）贷款和通过债券市场的融资，碳金融的发展可以加强碳市场流动性。

碳金融市场有着多种分类方式。从市场来源来划分，目前国际上碳市场的交易主要分为两类，一类是基于项目的交易，项目交易主要以

《京都议定书》中规定的清洁发展机制及联合履约机制为基础，具体是指一些企业或项目低于基准的碳排放要求，在经过清洁发展机制或联合履约机制的认证后可以获得相应的减排单位，这些经认证的减排单位可以在国际市场上进行交易，用于满足碳排放超标企业的购买需求。另一类是基于配额的交易，主要通过国际统计机制制定相应的配额，对于超出配额的部分，通过可交易的机制解决其存在的排放约束问题。配额交易一般属于现货交易，包括强制减排及自愿减排两种形式。欧盟碳排放交易体系（EU-ETS）属于强制减排体系，芝加哥气候交易所（CCX）属于自愿减排体系，但自愿交易体系通常采取自愿加入、强制减排的形式。除此之外，根据交易动机的差异，可以分为自愿市场及强制市场；根据范围差异，可以分为国际、国家以及区域市场；根据是否加入《京都议定书》体系，可以分为京都市场以及非京都市场等。

我国碳市场上的碳金融产品有 20 多种，其中碳排放场外掉期合约、期货合约、结构化衍生品等收效甚微，碳交易的主要盈利空间在一级市场和一级半市场，中国碳交易试点的流动性还不足以支持二级市场线上交易盈利。2017 年 12 月 5 日，发改委发布通知，开启了石化、化工、建材、钢铁、有色、造纸、航空、电力八大行业的碳排放核查及监测计划的制定工作，虽然目前只有发电行业被纳入全国碳排放交易市场，但是随着全国碳市场的构建，整个交易范围必会扩大至其他高耗能、高污染的企业。

（三）碳金融的理论基础

1. 公共物品理论

在经济理性的社会结构中，物品被分为私人物品及公共物品。与私人用品具有排他性和竞用性不同，公共物品在使用中，他人使用不损害物品的总体使用权利，公共物品也不具备市场交易价格。由于对于公共物品的使用无须付费，因此会出现"搭便车"现象。导致市场失灵，公共物品的价值缺乏衡量标准，导致资源无法实现最优化配置。

全球的气候资源就是一种典型的公共物品，生产企业向环境中排放二氧化碳，但不需要为此项行为支付费用，导致温室气体排放这一行为缺乏限制手段。由于监督及管控的困难，单纯利用政治手段或强制手段，无法解决全球的碳排放控制问题。引入公共物品理论，对气候资源进行去公共物品化，通过将二氧化碳排放权进行定价，将其转化为非公共物品。成为非公共物品的碳排放权能够用于交易，使得碳排放权具备排他性及竞用性，有着随着市场机制波动的交易价格，对于生产企业而言，碳排放权成为生产的成本之一，需要纳入成本核算当中，避免了对资源的浪费，限制高污染企业的超量排放，补偿低碳节能产业的技术开发成本，实现控制碳排放节能减排的低碳经济发展路线。

2. 外部性理论

外部性是指由于存在某一因素，使得某一个经济主体的行为对另一个主体产生了影响，这种影响可能是正向的收益也可能是负向的损害，但无论是收益还是损害，由于产生影响的某一因素没有运用市场机制进行价格设定，从而使其价值无法衡量，导致无法对这一行为的对象经济体进行补偿或者收取费用。根据正向收益或者负向损害的不同，外部性分为外部经济和外部不经济两类。

　　未经过价值评估的碳排放行为是一种典型的外部不经济。由于生产企业在向环境中排放二氧化碳时，无须考虑这一行为存在的成本，也无须对这一行为导致的环境损害进行补偿，导致碳排放较难实现有效的控制。通过将碳排放权商品化，能够解决这一外部不经济问题。当碳排放权成为可交易的商品，具有了可量化、可交易的基本属性，生产企业通过付出成本获得了排放权，碳资源的价值通过市场交换的方式实现，外部不经济的问题通过市场手段实现了内在化。

　　3. 科斯定理

　　碳排放的外部不经济问题，需要通过进行碳排放权的去公共物品化实现，这一外部性问题的解决方案可以参考科斯定理。美国经济学家科斯是现代产权理论的重要奠基人之一，科斯认为，如果一个社会没有明晰的产权界定，那么其资源配置的效率是低下的，市场手段是失灵的。科斯提出的解决外部性问题的方案被总结为科斯第一定理及科斯第二定理。科斯第一定理中假设交易成本为零的情况下通过市场交易能够实现资源最优配置，其交易的驱动因素是内在的利益。但实际中，交易成本是不为零的。因此，科斯第二定理指出在交易成本不为零的前提下，对初始的权利进行不同的界定，将产生不同的资源配置效率。因此为了实现资源的优化配置，应当引入适当的产权制度。

　　排污权交易即是通过某种机制时碳排放权进行划分，从而使得碳排放权成为具备稀缺性能够在市场上进行交换的商品。《京都议定书》所规定的"共同而有区别的责任"原则也符合科斯第二定理中对于不同资源配置效率的阐述。由于不同的国家产生了不同的碳排放权成本，导致碳排放权实现了在市场上的流动，从而使得资源配置能够实现优化。

4. 环境金融理论

环境金融最早出现在 20 世纪 90 年代，是环境产业与金融产业的结合，它强调市场化交易，即各类经济主体通过环境金融实现环境保护与经济利益的转换。

环境金融是金融市场的创新，在利用各种金融工具引导社会资源为环境产业服务的同时最大限度地挖掘环境价值，使环境资源不仅可以以商品形式进行交易还可以创造出新的附加价值，促进经济发展与生态环境相协调发展。从理论方面来看，环境金融不仅为环境产业提供了金融支持与资金援助，还将环保理念引入金融业，扩大了金融业覆盖范围，促进了金融工具多样化，弥补了金融市场空白。从应用方面来看，环境金融包括绿色信贷、绿色保险、环保基金等，碳金融作为环境金融的重要组成部分，已经成为国际碳减排不可或缺的一环。金融化的碳产品品种更加多样，涉及领域更广泛，银行、保险、基金、证券公司普遍涉及碳金融业务的经营。

（四） 碳金融的功能

碳金融作为一种经济的调控手段能够促进经济发展模式的转变，通过将碳排放权定价，促进重污染企业自主推进低碳节能相关技术的应用。已经应用相关环保低碳技术的企业，可通过一定的碳排放量交易减轻其革新技术及更新设备的相应成本。这些举措对于推动低碳经济的发展，促进节能减排目标的实现具有重要的意义。

1. 碳金融对地区经济的调节作用

碳金融的发展对于各地区经济有一定的调节作用，由于不同地区的资源禀赋、产业结构、发展水平有着较大的差异，因此在发展碳金融的基础条件上也有较大的差别。通过发展碳金融，能够充分利用区域的清洁环保的能源资源优势，从而为地方经济的发展贡献一份力量。同时，碳金融的发展能够调节区域整体的碳排量，促进相关工业企业进行技术改良，从而在一定程度上降低能源消耗，实现资源节约型、环境友好型工业体系的建设。通过运用先进的生产技术，能够提升相关产业的生产效率，从而实现经济效益与环境效益的双赢。从这个角度来看，碳金融的发展对于区域经济的发展能够起到一定的调节作用。由于不同区域在各项要素禀赋方面的差别，碳金融对于区域经济的调节作用所发挥的方向也是不同的。

2. 碳金融对产业结构的调节作用

在我国当前的产业结构中，存在着一定程度上的生产效率低下、环境污染严重、资源过度浪费等问题，这些问题对产业发展有着一定的制约作用。针对这些问题的解决，一方面需要从国家政策入手；另一方面，通过金融工具进行杠杆调节也是一种重要的手段。从环境效益与经济效益的平衡角度来看，我国当前在产业结构方面，存在着从第一、第二产业向第三产业转移的客观需求，向第三产业进行产业转移是降低环境污染、提高资源利用效率、缓解就业压力、改善当前产业结构的有效举措，而碳金融在其中起到重要的调节作用。碳金融及其衍生交易的发展推进，能够促进碳交易市场的活跃，促进低碳节能产业的发展，促进相关工业企业不断进行技术革新，运用更为先进的环保节能生产技术，降低生产过程中存在的污染及减少浪费。通过碳金融这一调节手段，能够在提高生产效率的同时，增加环境效益。通过碳排放限额的措施，使得重污染企业，受到相应的发展限制，客观上为低碳节能产业及第三产业的发展提供了便利的条件。因此碳金融具有促进产业结构的调整、提升第三产业在整体产业结构中的比例的作用。

3. 碳金融对内部市场结构的调节作用

目前碳金融产业涉及较多的市场类型，主要包括低碳产业相关的投融资市场、碳排放权交易市场、碳金融衍生品国际市场。而在上述主要的市场类型中，包含着绿色信贷、碳衍生交易、碳理财产品、碳金融中介服务、低碳产业融资等较多的业务种类。随着碳金融市场的不断完善，不同市场的发展水平和内部结构也将发生相应的变化。

二、 碳金融工具

国际碳金融市场有着丰富的交易工具，我国碳市场处在发展的初级阶段，目前主要的碳金融工具包括碳排放权交易以及各类碳金融衍生品，商业银行开发的以碳金融为主题的相关金融产品也是碳金融市场的一部分。

（一） 碳金融核心产品

碳排放权是碳金融市场中的核心交易产品。我国的碳排放权交易目前以清洁发展机制主导的项目交易为主，以配额形式交易的碳排放权现货市场发展尚处于起步阶段。碳排放权产品包括多种金融形式，包括碳现货、碳期货、碳期权、碳远期等，其中碳现货交易是其他金融形式的基础。我国目前暂时未形成碳期货、碳期权市场。

（二）碳金融衍生品

1. 碳股票

碳股票是指以清洁能源或其他低碳发展技术为核心而获得上市的股票。在美国，依托清洁能源上市的股票有 60 多只。在国内碳金融市场，碳股票的概念较少被提及，主要是由于我国纯粹的仅以低碳能源为核心的上市企业较少，更多是参与了清洁发展机制项目或者采纳了核心的低碳发展技术的相关上市公司，在我国这一类上市公司的股票一般被纳入低碳板块，或被归类为碳金融概念股，例如海螺水泥、阳泉煤业、中粮科技、天富能源等。大多数股票存在碳金融性质，其营业收入及股票价值中与碳金融相关的程度及比例根据股票的不同有着较大的差异。

2. 碳债券

碳债券是指为了进行低碳经济相关的项目融资而发行的债券。这类项目将相关企业的清洁发展机制项目收入与银行的一般债券利率水平挂钩，在类型上分为碳国债及企业碳债券。

2014 年 5 月，国内首只碳债券——中广核风电碳收益中期票据发行，总规模 10 亿元，发行期限为 5 年。碳债券进入我国金融市场，标志着碳金融产品多样化的布局加速。

3. 碳基金

碳基金是金融产品的广义衍生品之一，主要指为了推动温室气体减排而设置的基金。根据类型不同，我国的碳基金可分为以下几种：第一类可定义为扶持基金。这一类基金多由政府或机构主导，主要目的是对发展节能减排类项目或技术的政策性资助，盈利性较弱。这类基金主要包括清洁发展机制基金、中国绿色碳基金等。第二类主要为私募基金。

私募基金是指面向特定群体或以私下非开放的形式募集的基金。这一类基金同样用于各类投融资活动，投资人可以获得合理的基金收益，但不能上市交易。目前我国碳金融领域典型的私募基金包括浙商诺海低碳基金、嘉碳开元投资基金等。第三类为碳金融主题基金。这一类基金是指可以用于上市交易的投资类基金。由于其主题与碳金融相关，因此被界定为碳金融主题基金。这一类基金的投资方向主要是与节能减排项目及技术有关的领域。碳基金不仅丰富了资本市场投资种类，还通过吸引基金市场投资者广泛关注，普及了碳交易和气候变化方面的知识，对于我国培育低碳投资市场和绿色投资偏好者具有重要的意义。碳金融主题基金可用于市场交易，同时能够在一定程度上反映我国低碳环保类项目的发展绩效。

4. 碳交易自营业务

一般由资金实力较雄厚的商业银行利用本身所具备的资金在碳交易二级市场上进行碳排放权的买卖从而赚取差价。荷兰银行就通过发展碳交易自营业务获得了丰厚利润。

5. 指数化碳交易产品

指数化碳交易产品是指和某个碳交易市场指数挂钩的碳排放权配额，目的是满足发达国家强制减排企业购买额外排放权的需要。例如爱尔兰电力公司与爱尔兰银行签订协议，为电力公司提供与欧洲交易所欧盟配额（EUA）指数挂钩的碳排放配额。

6. 清洁发展机制项目

由于最初的清洁发展机制项目交易接近于远期交易，买方往往顾虑其风险而不愿意经常性购买，卖方由于需要折价也不想出售。因此，为了减少发展阻碍，国际上一些大型商业银行和碳基金参与其中，为项目开发企业提供信用增级服务，创造了经过担保的核证减排量（CERs）。

这不仅为买卖双方提高收益、降低风险，而且为参与其中的金融机构带来了丰厚的利润，促进了碳交易市场的发展。

7. 碳交易中介服务

大部分大型商业银行凭借在碳金融领域的专业优势和自身客户资源，在碳交易一级市场（碳减排项目市场）对买卖双方进行撮合。例如，荷兰银行凭借其丰富的碳交易经验和广阔的全球性客户平台为双方牵线搭桥，提供融资担保、购碳代理、咨询等中介服务，获取大量的中间业务收入。

8. 贷款碳减排项目

贷款碳减排项目是指在联合履行机制或清洁发展机制下的碳减排项目，特点是初期投资额较大、风险高，一旦开始就会有大量稳定的现金流收入。随着联合履行机制、清洁发展机制项目的逐渐增多，越来越多的国际商业银行开展了此贷款项目，为项目开发商提供贷款用于节能减排改造，未来的还款则为碳减排项目所产生的碳减排额收入。

9. 其他衍生品

广义上的碳金融衍生品类型较为丰富，例如碳保险、碳信托、碳质押等。商业银行方面，在我国碳金融领域发展较早较快的是兴业银行，其他银行也在逐步开展碳金融衍生品的相关布局。我国碳金融衍生品类型丰富，但由于受到市场规模及发育程度限制，较多的衍生品尚处于起步阶段。

三、 碳金融模式分析

在 2016 年 8 月召开的中央全面深化改革领导小组第二十七次会议上，"碳金融"这一概念被首次提出。碳金融是低碳经济发展中的金融创新产物，为了将减少温室气体排放与各类金融交易活动有效地结合起来，金融机构提出了丰富的交易形式，即结合不同的背景与情况，发展出多种碳金融制度与碳金融模式。本书根据模式的普及与应用程度，将介绍现阶段四种主要的碳金融模式。

（一） 清洁发展机制项目模式

1. 清洁发展机制模式概述

清洁发展机制（CDM）是指发达国家的投资者们从其在发展中国家实施的并有利于发展中国家可持续发展的减排项目中获取经核证的碳减排量（CERs），即在该机制下的发达国家碳排放主体能够通过提供资金和技术的方式获取不承担强制性减排义务发展中国家企业的核证碳减排量，从而满足其在本国的强制性减排要求。该机制是《京都议定书》三种机制中唯一牵涉到发展中国家的碳金融交易制度，清洁发展机制模式下的 CERs 可以作为减排数量进行交易、兑换和减排核算①。

----

① 刘凯，刘芬. 我国低碳金融模式研究——以 CDM 项目开发为视角 [J]. 改革与战略，
2011，27 （03）：75-77＋93.

在清洁发展机制开发过程的每一个环节中，各个参与者（企业、商业银行、证券机构、社会资金、评级机构和保险公司等）共同作用形成一个稳定的金融模式，保证碳减排购买的达成，保证碳物质、碳权的交易。其中，商业银行贯穿整个清洁发展机制项目开发过程，捕捉各个环节的价值，与其他金融资源配置存在立体交叉性。

2. 清洁发展机制模式的成因

清洁发展机制项目开发的原因主要是发达国家与发展中国家的差异性所形成的巨大套利空间存在商机。对于发达国家来说，由于设备更新与技术改进所带来的高昂成本，温室气体的减排成本在每吨 100 美元以上，但是若在中国进行同样的清洁发展机制项目，成本竟然可降至每吨 20 美元左右。基于此种巨大的成本差异，发达国家的企业进入我国寻找合作项目的积极性空前高涨。

中国作为全球第二大碳排放国，碳交易市场为中国带来巨大商机。据世界银行测算，全球二氧化碳交易需求量预计为每年 7 亿～13 亿吨，由此形成一个年交易额高达 140 亿～650 亿美元的国际温室气体贸易市场。作为发展中国家，中国是最大的减排市场提供者之一，未来 5 年每年碳交易量超过 2 亿吨。因此，清洁发展机制项目的重要性不言而喻。

3. 我国清洁发展机制模式的发展

作为温室气体排放大国，我国是在清洁发展机制框架下进行碳交易，主要包括清洁发展机制项目开发全过程中的金融活动以及核准碳排放量交易。

我国作为发展中国家，参与碳金融的方式主要为国际上的双边清洁发展机制项目，也就是说在我国境内所有温室气体排放的减量，都可以通过《京都议定书》中协定的清洁发展机制转变成有价商品出售给发达国家。在开始的几年中，由于我国还不需要承担减排义务，因此不论是政府还是金融机构都未对其加以重视，也就导致我国低碳金融发展缓慢。随后，当碳金融的重要性逐渐凸显，我国的清洁发展机制项目开始进入繁荣时期，碳减排量稳居世界第一。然而近几年，我国的国际清洁发展机制项目似乎进入了"停滞"时期，西方发达国家为限制我国清洁发展机制项目的市场进入而提升了项目审核的门槛，导致我国清洁发展机制签发量剧减。

一方面，随着西方经济的下滑，近几年保护主义经济兴起，许多国家对外设置了较高的贸易壁垒，经济的全球化受到了一定程度的阻碍，这使得我国的许多项目无法顺利进入国际市场，清洁发展机制项目的数量也随之下降；另一方面，我国碳市场存在诸多风险，主要反映在清洁发展机制和我国核证减排量市场上的项目风险，例如市场流动性不足、缺乏国际交易核心竞争力、产品结构单一，以及违约风险和信息不对称的信用风险①。

4. 清洁发展机制模式的优缺点

清洁发展机制模式已经发展了很长一段时间，运行体系相对成熟，且普及度广，多数国家对其接受度高；该模式很好地将发展中国家与发达国家联系起来，有助于发展中国家的经济发展与增强环境保护意识。

但是，清洁发展机制项目模式及种类较为单一，且卖家或中介承担全部风险，缺少议价能力。金融中介体系建立不完善、相关人才缺失，以及清洁发展机制相关的政策和市场风险较大，若企业缺乏减排技术的创新动力，就会错失开发清洁发展机制项目的良好机遇。虽然清洁发展机制项目本身可以获得技术转让，但转让周期过长也可能导致企业丧失

---

① 丛静，冯敏. 碳金融模式下的风险分析研究［J］. 经济研究导刊，2018（34）：98-100.

市场的最佳时机。

（二）绿色信贷业务模式

绿色信贷是指商业银行为了促进节能减排，针对性地将款项贷给一些企业，主要客户是一些意愿实施节能减排，参与节能环保项目的企业。在发放贷款的同时，商业银行还能积极推动其注册清洁发展机制项目。这样一来，商业银行不但在贷款上可以获得利息收益，还能在以后为企业提供清洁发展机制项目的服务中收取一些中介费，可以说，绿色信贷模式与清洁发展机制模式是一种相辅相成的关系。

1. 绿色信贷的成因

绿色信贷能够在金融业的核算和决策期间考虑生态环境要素，能够在企业降低能耗的过程中起到辅助和促进的作用，引导企业避免污染环境、浪费资源的粗放经营模式，其主要功能是帮助企业改变长期以来高污染、高排放等一些不正确的经营模式，将保护生态环境作为决策的第一要素，促使企业节约资源，减少排放，促进生态环保产业的发展。

现阶段，我国经济处在高碳经济转化为低碳经济的道路上，绿色信贷是在对传统信贷变革过程中创新和发展出的必然产物，其引导我国银行以一种新的经营理念和操作管理机制发展。

2. 绿色信贷与碳信贷

碳金融的概念从狭义上来讲是指以碳交易为基础的投融资活动，从广义上来讲是指为应对气候变暖控制温室气体排放采取的金融活动或安排。绿色信贷模式正是广义碳金融活动的一种发展，而碳信贷则是绿色信贷概念的进一步细化，是在绿色信贷产品中落实到碳减排具体层面的金融创新产品。

3. 碳信贷产品

（1）低碳项目融资类

该类型产品会给予低碳项目更优惠利率。例如，英国银行启动融资项目"变废为宝"，承诺只要废物处理合理，贷款支持年限将延长至35年。

（2）低碳汽车信贷类

该类型产品主要采取将温室气体排放量等级、汽车能耗效率与贷款利率挂钩的形式，重点支持采取低油耗技术生产汽车的项目。例如，目前以欧洲为代表的全球许多国家推出了低碳汽车保险信贷，加拿大金融机构更是推出了低碳交通工具信贷产品。

（3）低碳技术改造信贷类

该类型产品主要考虑低碳技术改造获益情况。比如，供应商与节能企业签订合同时，独立第三方可以对改造项目有可能产生的节约成本收益进行评估，而银行则可允许供应商运用节能减排所获取的收益来偿还企业贷款。该类型产品的优势在于可以有效解决中小企业资金短缺的难题，对于有能力的中小企业来说通过企业低碳技术改造来获得信贷是打破融资困境的一个较好的选择。

（4）低碳信用卡类

当顾客购买低碳产品或服务时，低碳信用卡将提供可观的折扣或将一定比例的收益向绿色非政府组织捐赠。例如，欧洲推出了气候信用卡，国内的光大银行与北京环境交易所共同建立交易平台，个人通过预计每年碳排放量，通过信用卡购买碳减排额度，进而实现个人的碳中和。

4. 绿色信贷模式的影响

2007年以来，我国政府相关部门相继颁布多项政策，强调绿色金融在现代经济中的桥梁作用，旨在推动自然环境保护、转变经济发展方式。然而，近些年来绿色信贷项目频繁出现了"惜贷""错贷"等现象。一方面，在利益最大化原则的影响下，由于绿色信贷业务回报率较低、中小企业提供足额实物押较为困难等原因，银行往往对某些绿色信贷项目"惜贷"；另一方面，在国内生产总值发展观占主导地位的背景下，某些地方政府片面注重经济发展指标，较少关注能耗污染指标，使得在对银行信贷的政策引导上，高能耗、高污染项目的信贷部分挤占了绿色信贷项目，形成"错贷"。

对于节能减排服务企业来说，在绿色信贷模式下，企业固然有新的出路寻求贷款，但是其期望的还贷期限与银行期望的信贷期限往往相差较大，导致企业还贷压力较大，资金周转困难的一系列问题依旧得不到有效的解决。

对于商业银行而言，绿色信贷在为银行发展提供了新的拓展思路同时，也催生了相应的问题，如银行不仅盈利水平受到一定限制，且因贷款期限较长而面临较大的信贷风险等①。

（三）碳金融创新产品模式

商业银行积极开展碳交易的相关业务，例如，碳交易自营业务、指数化碳交易产品、碳交易二级市场基金和衍生品。碳减排项目的相关业务也囊括了多种子项目，诸如碳减排投资基金、清洁发展机制项目信用增级、碳交易中介服务、碳减排项目贷款和碳交易保理等。

---

① 卞亚斌，李志翠. 绿色信贷创新模式的比较优势研究 [J]. 管理现代化，2014 (02)：7-9.

随着碳市场交易规则的逐渐变换，传统的碳金融产品已经无法满足日常的交易需要，因此，企业开始探索碳金融创新产品，目前市场上常见的创新产品包括：

（1）发展银行碳基金投资业务

碳基金专门为碳减排项目提供融资，包括从现有减排项目中购买排放额度或直接投资于新项目。这类基金包括国际多边援助机构受各国或地区委托所设立的碳基金、金融机构设立的盈利性投资碳基金、政府双边合作碳基金及一些自愿进行减排的基金等。

作为重要的募集基金方式，无论是公募还是私募，碳基金是充满潜力的融资方式。目前除了规模最大的排放交易基金，还有日本碳基金、亚太碳基金等。

（2）支持低碳项目贷款项目

融资是以项目本身具有较高投资回报率或者第三者的抵押为担保的一种融资方式，低碳项目贷款的主要抵押形式包括项目经营权、项目产权和核证减排量收益权等碳权质押。

目前银行低碳项目聚焦三大领域：一是低碳技术领域，旨在控制二氧化碳增长速度，如碳封存、碳捕捉和低能耗设施等；二是可再生能源领域，旨在走出目前的化石能源经济发展模式，如各种新能源开发；三是能源效率管理，如高效建筑、建材、能源储存和转化等。

银行遵循的项目融资标准是赤道原则，该原则要求金融机构在向项目投资时，要对该项目可能对环境和社会的影响进行综合评估，并且利用金融杠杆促进该项目在环境保护以及周围社会和谐发展方面发挥积极作用。因此，我国银行业要积极融入国际碳金融业务发展，遵循赤道原则，大力支持低碳项目贷款，实现能源的可持续发展。

（3）积极开展碳金融中间业务

银行一方面要为国内清洁发展机制项目投资企业提供各种咨询服务，例如如何使用碳金融期货合约等金融衍生工具进行套期保值；另一方面，银行要凭借全球客户基础为碳排放权买卖双方进行积极的撮合服务，挖掘潜在的买卖双方，从中赚取佣金收入。

（4）提供碳信用零售产品

在零售银行业务领域，国外金融机构为个人、中小企业提供的绿色金融产品和服务已经涵盖了很多方面，例如存贷款、信用卡和租赁业务。国外银行碳金融产品有以下特征：一是品种多样，交易规模大，创新速度快；二是通常为客户提供更加优惠便利且有竞争力的条款；三是国外大多数碳金融产品一般都与当地政府以及全球的碳减排计划相结合；四是专业化和精细化，碳金融产品在发展之初就必须在产品与服务的创新方面具有突破性和差异性，通过专业化、精细化的金融服务使碳金融产品具备全方位的市场竞争力。

（四）碳排放权交易市场模式

碳排放权交易机制是在设定强制性的碳排放总量控制目标并允许进行碳排放配额交易的前提下，通过市场机制优化配置碳排放空间资源，为排放实体碳减排提供经济激励，是基于市场机制的温室气体减排措施。

根据《京都议定书》，协议国家承诺在一定时期内实现一定的碳排放减排目标，各国再将自己的减排目标分配给国内不同的企业。当某国不能按期实现减排目标时，可以从拥有超额配额或排放许可证的国家，主要是发展中国家购买一定数量的配额或排放许可证以完成自己的减排目标。同样，在一国内部，不能按期实现减排目标的企业也可以从拥有超额配额或排放许可证的企业那里购买一定数量的配额或排放许可证以完成自己的减排目标，排放权交易行为由此形成。

2011 年 10 月，国家发展和改革委员会下发了《关于开展碳排放权交易试点工作的通知》，批准北京市、天津市、上海市、重庆市、湖北省、广东省、深圳市等七个省市开展碳排放交易试点，为建立全国性的碳排放权交易市场奠定了基础。根据 2018 年 7 月 10 日发布的《2018 年中国碳价调查》报告显示，我国碳排放交易体系未来几年内将逐步成熟，并从 2020 年起发挥重要减排作用。

【拓展阅读】

绿色金融与碳金融

1. 绿色金融的内涵

作为现代经济的重要一环，金融对促进经济的绿色增长有重要作用，是推动经济可持续发展，兼顾经济、社会和环境协调进步的有力保障。绿色金融是金融理论和金融实践的一个新概念，从已有文献来看，其又被称为环境融资或可持续性金融，主要是从环保角度重新调整金融业的经营理念、管理政策和业务流程，从而实现可持续发展。绿色金融主要是研究绿色经济资金融通问题，是经济可持续发展与金融问题的有机结合。

国内各界对绿色金融尚没有统一的界定，比较有代表性的观点有三种：一是指金融业在贷款政策、贷款对象、贷款条件、贷款种类和方式上，将绿色产业作为重点扶持项目，从信贷投放、投量、期限及利率等方面给予第一优先和倾斜的政策。二是指金融部门把环境保护作为基本国策，通过金融业务的运作来体现"可持续发展"战略，从而促进环境资源保护和经济协调发展，并以此来实现金融可持续发展的一种金融营运战略。三是将绿色金融作为环境经济政策中金融和资本市场手段，如绿色信贷、绿色保险。

2. 绿色金融的作用和意义

（1）促进产业绿色升级。产业结构调整是经济转型升级的核心内容，而传统产业绿色改造和绿色产业发展又是产业结构调整的核心内容。大力发展绿色金融既能促进中国传统产业的绿色改造，又能推动绿色产业发展。绿色金融促进产业绿色升级的功能在于引导生产企业从事绿色生产和经营，引导消费者形成绿色消费理念，引导社会资本流向资源节约和环境保护事业，其作用主要表现在以下四个方面：

第一，绿色金融能够形成资金导向。绿色金融主要通过汇集资金和引导资金流向助推产业结构调整。金融系统最基本的功能就是将资金聚集起来形成产业资本并用于投资。绿色金融发展有利于资金用于支持绿色产业的发展，形成发展绿色产业所必需的绿色金融资本，有效地降低绿色产业在发展过程中筹集资本的成本，为绿色产业的发展提供有利条件。中国的绿色信贷政策要求商业银行在发放贷款时要考虑企业和贷款项目的环境风险，对于一些能源消耗大、环境污染大的企业和项目应该不予以贷款支持，而对于能源消耗小、环境污染小的节能环保型绿色产业则应该给予低利率的优惠贷款支持，引导绿色产业资本由"两高"产业向"两低"产业调整。

第二，绿色金融能够促进产业整合。现阶段，受国家节能减排要求，中国的冶炼、工矿等"三高"产业发展遇到越来越多的障碍，而积极采用清洁生产技术，将环境污染物的排放消除在生产过程之中的绿色产业在绿色金融的支持下发展前景良好。在绿色金融的推动下，各项资源流向绿色产业，实现了绿色产业的规模经济效应，进而提升其长期竞争力。同时，商品市场、劳动力市场、技术市场等体系也会促进资本在不同区域间的流动、重组，带来商品、劳动力和技术等资源的空间转移、区域资源禀赋的改变，促进绿色产业整合，进而有效地打破行业、地区和国别的限制，在一个更大的范围内实现商品市场、劳动力市场、技术市场以及金融市场的资源有效配置，使市场体系更加完善和高效，提高绿色产业竞争力。

第三，绿色金融有助于环境信息公开。金融体系能够对投资项目进行有效的评估和甄别，具有单个投资者无法比拟的专业优势和规模效益。信息揭示有助于投资者发现最具投资价值的行业和企业，优化资本配置，促进产业结构调整。同时，环境信息的公开可促使政府针对性地管制和社会针对性地监督，进而将事后处罚变为事前预防、事中监督。绿色金融区别于传统金融的重要一点就是把环境保护作为基本出发点，在投融资决策中能充分考虑潜在的环境影响，考虑投资决策的环境风险与成本，在金融经营活动中注重对生态环境的保护以及环境污染的治理。

第四，绿色金融有助于提高环境风险的防范能力。绿色金融市场在配置资金的同时，也伴随着风险的重新分配。金融体系可以在全社会重新配置风险，使那些风险更高但生产率也更高的技术获得足够的资本投入，从而推动产业技术进步和产业结构调整。随着可持续发展观念的深入人心，环境风险已成为金融业不可忽视的一个风险因素。绿色金融体系可以充分利用金融风险管理技术，在商品和服务的价格中真实地解释环境服务的价值，开发涵盖环境风险识别、评估、控制和转移及检测在内的风险管理系统，对项目建设和运营过程中可能存在的环境和社会风险进行充分的识别和控制，并通过分散化投资来降低风险，进而将环境风险组合到整体风险中。

（2）推动区域经济可持续发展。绿色发展已经成为中国区域经济发展的共识，绿色发展需要中国从中央到地方进行金融创新，通过金融的手段引导市场配置绿色金融和经济资源，促进区域经济转型。通过绿色金融手段加强对环境资源保护，加强对环境污染的治理，引导各省区社会资源可持续利用和发展，对区域经济的转型升级具有重要的功能和作用。

一是绿色金融资源配置的功能。由于绿色金融的决策是基于两个效益的分析，所以可以实现资源分配的最佳效果，即在实现经济效益最大化的同时，也能够实现环境效益的最大化。通过金融资源对产业和企业的选择，对经济转型和产业调整发挥引导、淘汰和控制的作用，金融机构可以利用金融政策和资本市场的资金引导功能和优势，提高信贷率，提高信贷门槛，抑制高污染行业的过度发展。通过减少其信贷支持，影响其发展规模，避免环境污染问题的严重化，进而实现经济和环境的协调发展。

二是环境风险控制的功能。规避风险是金融企业的基本行为，可以通过金融企业对环境风险的识别、预测、评估和管理，回避风险的"天性"，实现企业和项目的环境风险最低化，而循环经济、低碳经济、生态经济恰好是环境风险最低的经济发展形式，通过绿色金融可以降低和缓解环境保护和经济发展之间的矛盾。鼓励银行开发绿色金融、低碳金融，对绿色产业、生态产业、循环产业，优先给予金融信贷支持，利用金融引导作用，促进经济结构调整，推动可持续发展。

三是对企业和社会环境与经济行为的引导功能。通过金融机构的准入管理和信用等级划分的方式，影响与引导企业和社会的生产和生活方式的改变。加强传统金融向绿色金融的转变步伐，强化银行、证券、保险等金融机构的绿色金融理念，确立绿色金融战略，将绿色金融战略应用于实践，鼓励银行开发绿色金融产品和工具，借鉴国际经验，加强国际金融体系的交流和合作，创新中国绿色金融发展模式。

（3）加快推进社会进步。绿色金融的推进与实施，需要相关法律体系的支撑与保障，这是社会进步的体现。绿色金融有利于加深企业、公民环境保护的社会责任，增强社会成员的社会认同，提升社会文明，推动社会进步。绿色金融法律体系是绿化的金融法，是以可持续发展理念为原则，调整有关绿色金融法律关系的法律规范的总和。为降低金融风险，提高金融活动的社会责任性，构建绿色金融法律体系势在必行。绿色金融法律的构建是对传统秩序价值观念的突破和挑战，在绿色金融法律的保障下，经济、环境、社会协调发展的新秩序得以确立。绿色金融法律体系的构建必须以可持续发展为原则，可持续发展观念必须融入绿色金融法律体系的构建过程中。绿色金融法律体系是可持续发展的必然选择，必须始终坚持法律至上，才能在全国范围内确立绿色金融的法治理念，找到金融、可持续发展、法律保障的最佳结合点。金融是经济的润滑剂，对企业社会责任的影响巨大。世界可持续发展工商理事会认为，金融业是社会可持续发展的领导者，同时金融行业本身也一直以使世界更美好为使命。社会责任的思想演化催生了绿色责任思想，而在绿色责任思想的指导下，绿色金融理论与实践应运而生。绿色金融的发展，促成了金融组织在管理理念、管理模式和业务模式上发生转变。基于社会可持续发展准则的要求，金融组织在经营过程中不断提高自身的社会责任意识。它们会更多地提供安全绿色的金融产品和服务，在盈利模式上不仅使自身获得盈利，而且促进所支持企业利润与责任的同时实现。绿色金融实现金融机构与所支持企业的社会责任和利益共赢的模式，逐渐成为全球环境治理的新手段，在促进社会可持续发展方面扮演了十分重要的角色。

3. 加快发展碳金融产品的措施

碳金融是绿色金融重要内容。首先，要加快推进绿色金融市场体系建设，发展多层次的资本市场和排污权、排放权交易市场，创新排污权、碳排放权等投融资机制和抵质押融资交易平台建设。其次，需要发展绿色保险和环境权益类交易市场，搭建碳远期、碳掉期、碳期货、碳期权、碳排放权、碳基金、碳租赁、碳债券、碳资产托管、碳抵押、碳质押、碳保理、碳回购、碳信托、碳授信、碳资产证券化、碳资产评估等碳金融产品为主体的碳金融市场体系，推进绿色信贷、债券、股票产品、基金、保险、指数等为主体的绿色金融工具体系。

四、 碳金融服务

碳金融市场在经过多年发展后渐趋成熟，国际碳金融交易规模迅速增长，参与的国家不断增多、市场结构向多层次深化。在碳金融发展初期，商业银行开展的碳金融业务范围较小，随着全球碳金融市场的逐渐发展以及各国有关低碳经济的法律法规日趋完善，商业银行参与碳金融的积极性在逐年提高，并不断推动碳金融业务的创新发展。

（一） 国外碳金融服务实践

目前国际上广泛采用的碳金融工具主要为碳排放权产品，包括碳基金、碳证券、碳债券、碳期货和碳保理等在内的衍生产品和能源税。

2002 年，印度开始实行碳交易制度，直至 2008 年，为应对气候变化印度政府公布了行动计划；2008 年，澳大利亚和美国在关于碳交易的问题上进行讨论，荷兰的商业银行设计了独具特色的碳信贷产品；2010年，德意志银行作为新能源效率的金融中介机构，为私人业主提供融资，完成节能改造，并且主动为企业提供碳信用交易等。

总的来说，国外商业银行在参与碳金融方面涉足业务范围较广，在碳信贷业务、碳金融中间业务、碳金融理财业务、碳金融衍生品业务、碳金融基金业务方面展开了诸多实践，业务经验丰富，众多商业银行在碳金融业务的开发和实践上成果显著。例如英国伦敦的金融城和美国纽约华尔街是国际知名的碳交易中心，重要原因之一就是两国具有高度发达的金融业，前者聚集了世界主要金融机构的总部，诸如汇丰银行、巴克莱银行、伦敦证券交易所、伦敦金属交易所等重量级金融机构，后者汇集了纽交所、国际投资银行、纽约联邦储备银行等著名金融机构。

1. 赤道原则

赤道原则（EPs）是一套非强制的准则，用来决定、衡量以及管理环境与社会风险，以加强专案融资或信用紧缩管理。2002 年 10 月，该准则由花旗银行、荷兰银行、巴克莱银行、西德意志银行等采用世界银行的环境保护标准与国际金融公司的社会责任方针制定，倡导金融机构对项目融资中的环境和社会问题尽到审慎性核查义务。因此，在项目融资中采纳赤道原则的银行则被称为"赤道银行"。截至 2017 年底，共有来自 37 个国家的 92 家金融机构采纳了赤道原则。

赤道原则作为项目融资标准被国际商业银行广泛接受，成为大多国际商业银行实施碳信贷的国际标准，赤道原则的实践意义包括：

（1）降低碳信贷项目中的风险；

（2）提高企业管理能力；

（3）降低融资企业成本；

（4）便于企业与国际金融机构开展融资合作；

（5）树立低碳品牌；

（6）避免环保低碳政策风险。

2. 欧洲地区的碳金融服务

（1）德国德意志银行

1870 年德意志银行成立于德国柏林，其建立之初便以经营大型融资项目为主要业务。截至 1996 年 6 月，它在德国设有 1662 个分支机构，海外设有 780 个。其经营业务覆盖全面，经营管理良好且具有良好的社会责任和风险管控意识，比较重视环境与社会风险的管理。

德意志银行制定的环境与社会风险管理框架明确了一系列流程和责任，适用德意志银行全球的业务，对德意志银行业务开展过程中的环境与社会风险达到了有效控制。此框架包括风险识别、风险评估、风险决策和贷后跟踪监测四个方面。

（2）英国渣打银行

渣打银行于 1853 年获得英国政府特别许可而建立，主要经营东方业务，目前其经营范围甚广，业务量在诸外资银行中仅次于汇丰银行。英国渣打银行坚持低碳发展理念，在开展贷款业务时注重考虑项目潜在的环境影响，利用贷款对企业的投资领域加以影响或调整，对于实现经济低碳发展起到重要的作用。同时渣打银行还制定专门针对环境与社会风险的信贷管理程序，不仅有效贯彻赤道原则，而且减少违约风险。

（3）汇丰银行

无论是低碳减排的宣传推广、碳信贷的风险管控，还是碳信贷的信用评级制度，汇丰银行都有其特色。汇丰银行采用贷款组合、投资组合的方法来达到分散和化解风险的目的。采取信用计量的方法与动态信用事件（信用等级的变迁、违约等）相关的基本风险来估测集中风险的风险值，从而依据这一风险值调整头寸和决策以防范损失。以特征财务比率为解释变量，用数量统计推导建立的标准模型来预测某种性质事件发生的可能性，及早发现信用危机信号，使经营者能够在危机出现的萌芽阶段采取有效措施改善企业经营，防范危机；使投资者和债权人可依据这种信号及时转移投资、管理应收账款，做出信贷决策。

3. 美洲地区的碳金融服务

美国碳金融市场体系较为完善，构建了以芝加哥气候交易所为平台的自愿碳交易市场、根据地区温室气体和西部气候倡议以及加州 AB32 号法案而建立的碳交易市场。这些碳交易市场体系的建设，为商业银行参与碳金融业务提供了市场基础。在碳金融业务发展的初期，美国的大型商业银行就意识到气候环境问题将会与金融行业发生紧密的联系，碳金融业务将是未来银行业一个新的发展方向。

（1）美国花旗银行

花旗银行历来支持清洁和可再生能源的发展，2002 年花旗银行和巴克莱银行等共同发起制定赤道原则，并在业务实践中大力推行赤道原则。2005 年，为了控制企业中的社会环境风险，增强银行的风险管控能力，制定了环境与社会风险管理体系。

在碳信贷的审批方面，环境与社会风险管理体系不仅建立严格的内部审计制度，进行限额管控，而且进行梯形审核，对碳信贷项目的审批严格控制。在碳信贷业务的审核方面，不仅设置业务经理，还设置相应的内控经理，以达到两者的制衡效果。

（2）加拿大皇家银行

在追求自身低碳的同时，加拿大皇家银行还非常注重管理碳信贷业务中的环境与社会风险。加拿大皇家银行根据赤道原则已建立了一整套的环境与社会环境管理体系，并根据管理体系评估来决定是否向客户发放融资。

4. 亚洲地区的碳金融服务

（1）日本瑞穗实业银行

日本瑞穗实业银行成立于 2002 年，由于秉承良好的绿色发展理念，其作为亚洲地区银行率先接受赤道原则并加以运用。瑞穗实业银行一直履行应承担的社会责任，在大型融资项目中坚持以赤道原则为标准开展项目融资业务。该行在赤道原则的指导下，依靠贷款融资业务对项目在环境方面的影响施加压力，使融资项目积极符合绿色环保的标准，实现环保责任的双重履行。鉴于该行在应用赤道原则方面积累了大量的可借鉴操作经验，瑞穗实业银行较早地接受金融监管机构的管理与指示。

（2）韩国国民银行

韩国国民银行成立于 1963 年 2 月，前身为旧国民银行。亚洲金融危机后，旧国民银行与韩国住宅银行合并，成为韩国最大的商业银行。韩国国民银行一直将环境作为自身的核心价值，始终践行作为法人公民应尽的社会义务，努力实现经营业务的可持续性并在该领域成为世界领先的银行。

（二）国内碳金融服务实践

在碳金融发展方面，虽然我国目前存在很多碳减排项目，但缺乏碳交易的意识和相关的金融产品或服务，银行在碳信贷业务上发展不足，很多停留在绿色金融的阶段。其中，兴业银行的碳金融业务发展较好，是一家"赤道银行"，是低碳领域的先行代表；而其他商业银行碳信贷业务的模式大多是绿色信贷业务，直接融资较少。我国商业银行在碳金融方面的实践如表 5.1 所示①。

表 5.1　我国商业银行碳金融实践

金融机构	主要业务
兴业银行上海分行	2011 年，与上海环境能源交易所合作建立碳交易市场
北京银行	2004 年与世界银行开展"GEF 中国节能促进项目"；2007 年与国际金融公司合作签署能效贷款项目，成为国内首家推出该项目的中小银行；2010 年，与荷兰国际集团合作签署"碳中和"备忘录；2011 年与中国节能协会服务产业委员会合作向会员单位授信贷款
中国建设银行	2006 年首次披露企业社会责任报告，为国内首家披露的大型银行；制定《建设银行节能减排授信工作方案》和绿色信贷全业务流程；发布《节能环保倡议书》
中国工商银行	2008 年主动对 152 家"两高"企业退贷；2011 年，全行推行《绿色信贷建设实施纲要》
华夏银行	2010 年与法国开发署合作，启动绿色中间信贷项目
中国银行	2010 年颁布实施《支持节能减排信贷指引》，将相关信贷划分为三个类别，分别是"禁止"、"允许"和"重点支持"
民生银行	2010 年在北京绿色金融商务区设立全国首家绿色金融专营机构
光大银行	2010 年与北京环境交易所合作，推出绿色零碳信用卡，又共同签订《中国光大银行碳中和服务协议》，成为国内首家"碳中和"银行
浦发银行上海分行	2011 年推出首个绿色信贷综合服务方案
中国交通银行上海分行	2011 年对授信客户实行"三色七类"环保标识分类
浦发银行	2012 年由总行成立绿色信贷创新小组，开发绿色股权融资、排污权担保与传统担保相结合模式等创新绿色金融工具

---

① 李虹. 基于碳信贷的科技型中小企业融资机制与对策研究 [D]. 天津：天津大学，2016.

续表

金融机构	主要业务
亚洲开发银行	2012 年与中国政府合作，专门为广东省环境保护开展首个由政府主导的节能减排贷款项目，总计 1 亿美元
中国农业银行邢台分行	2013 年，制定专门的《绿色信贷办法》，实行考虑环保指标的一票否决制
中国邮政储蓄银行	2013 年，重点支持达到环境指标的三农、小微企业等；制定差异化的绿色信贷政策；荣获"2013 年度亚洲最佳绿色信贷银行"

在碳金融产品方面，浦发银行于 2009 年针对陕西水电清洁发展机制项目提供专业金融服务；兴业银行和上海银行于 2014 年分别参与碳资产质押贷款项目和中国核证自愿减排量质押贷款项目，以碳排放配额和中国核证自愿减排量为质押标的为企业提供质押贷款；2016 年，兴业银行参与碳配额金融业务，接受碳配额资产交易资金委托并进行财富管理，进一步创新了碳金融业务品种。我国商业银行主要碳金融产品如表 5.2 所示①。

表 5.2　我国商业银行主要碳金融产品

年份	商业银行	碳金融产品及服务	具体内容
2007	平安银行	"聚财宝"理财产品	与碳排放权相挂钩
2008	中国银行	"汇聚宝"理财产品	与碳排放额度（以欧元结算）期货合约相挂钩
2009	浦发银行	财务顾问服务	针对陕西水电清洁发展机制项目提供专业服务
2009	平安银行	"靓绿卡"	卡片利用环保材料制成，降解后可形成水和二氧化碳
2010	光大银行	"T 计划"理财产品	以低碳公益为目的的环保信用卡

---

① 王晶. 我国商业银行碳金融业务发展研究 [D]. 太原：山西财经大学，2017.

续表

年份	商业银行	碳金融产品及服务	具体内容
2010	兴业银行	低碳信用卡	将碳金融融入个人消费领域
2010	光大银行	绿色零碳信用卡	具有建立环保账单、碳信用档案等环保功能
2014	浦发银行	碳债券	发行中广核风电有限公司附加碳收益中期票据，于银行间交易市场流通
2014	兴业银行	碳资产质押贷款项目	与湖北碳排放权交易中心合作，为湖北宜化集团提供以碳排放配额为质押标的 4000 万元贷款
2014	上海银行	中国核证自愿减排量质押贷款项目	与上海环境能源交易所合作，为上海宝碳新能源公司提供中国核证自愿减排量为质押标的 500 万元贷款
2015	兴业银行	专项金融债券	发行专项金融债券 300 亿元，债券融资用于节能环保项目
2015	中国农业银行	专项绿色债券	融资资金投向将用于可再生能源、绿色土地开发以及可持续水资源管理等，规模约 10 亿美元
2016	兴业银行	碳配额金融业务	春秋航空与上海置信碳资产管理有限公司签订 50 万吨碳配额资产的卖出回购合同，兴业银行接受资金委托并进行财富管理

五、 我国碳金融发展现状

（一）我国发展碳金融的意义

1. 符合我国新常态下可持续发展的战略需要

气候和环境是人类赖以生存和发展的基础。中国用了 30 多年时间快速发展，也集中暴露出发达国家工业化 200 多年遇到的环境经济问题。我国基于对资源承载能力的全面评估，将低碳经济作为重要发展战略，2015年中共中央、国务院发布《关于加快推进生态文明建设的意见》，首次将绿色化纳入中国的现代化推进战略之中，旨在提高国民经济的绿色化程度，促进社会生活低碳化。文件强调要促进节约资源、循环高效利用资源、加大自然生态系统和环保力度，让良好的生态环境成为人民生活质量的增长点。2014年中美两国达成《中美气候变化联合说明》，中国首次提出2030年中国碳排放量有望达到峰值，并将于2030年将非化石能源在一次能源中的比重提升到20%，意味着中国要减少一半以上的煤炭消费量。碳交易不仅对温室气体减排起到积极作用，而且可以促进能效改进、结构调整，助推经济向低碳化发展。

2. **碳金融业务有利于中国银行业自身发展**

国际碳市场中由商业银行主导的一系列金融衍生产品，如期货、基金、债券等交易及业务已日趋成熟，需要碳交易市场平台来实现碳交易的多元化发展。由于清洁发展机制项目的特殊性，往往要求国际间的合作，中资银行可以借此机会加强国际金融机构之间的交流合作，借鉴国外趋于成熟的碳交易市场融资机制，以及完整的碳金融体系的经验，加快建设中国的碳金融交易机制。

（二）我国碳金融交易价格

价格是衡量市场资源配置与运行效率的重要指标之一，碳金融交易作为中国经济市场上的新事物，一直处于不断的探索发展过程中。

从价格稳定方面来看，中国碳价总体上呈现一定的波动性，在2014年10月以前波动尤为剧烈，之后稍显平稳。其中波动幅度较大的是深圳排放权交易所，深圳排放权交易所从2013年7月碳价一路上升，到9月经历一次下降之后达到最高成交价 99.8 元/吨，此后一路下跌，目前价格接近 30 元/吨。最为平稳的是湖北碳排放权交易中心，从启动交易碳价波动都在 10～25 元/吨之间，2016 年 4 月之前碳价围绕 25 元/吨小幅波动；2016 年 4 月到 2018 年 7 月期间碳价围绕 15 元/吨小幅波动；之后出现上升态势，在 2019 年开始趋于平稳。

重庆碳价波动区间最大，波动最频繁，2017 年 4 月到 12 月碳价跌至 2 元/吨，而碳价高时可达到 47 元/吨，从 2016 年 8 月到 2018 年 12 月，仅仅两年时间碳价就经历了 6 次大幅波动，截至 2020 年 12 月，目前价格稳定在 30 元/吨左右。上海碳价短期来看波动平缓，长期来看也是非常不稳定。

从价格方面来看，北京目前在所有碳排放交易所中碳价最高、稳定性较强，价格大致维持在 50 元/吨，2018 年 5 月之后开始上下浮动，但总体依旧处于全国首位。各地碳价走势可以分为三个阶段：第一个阶段（启动－2014 年 7 月）深圳碳价最高，基本处于 50 元/吨以上，其次是广东、北京，之后是上海、天津、重庆、湖北；第二个阶段（2014 年 7 月—2017 年 1 月）北京、深圳维持较高的碳价，而广东碳价经历一次大跌之后便处于持续走低的态势；第三个阶段（2017 年 1 月—2020 年 12 月）北京碳价依旧最高，成交价最高达 93.8 元/吨，而其他几家碳价处于胶着的态势，交易价格大致保持在 20～40 元/吨之间。

（三） 我国发展碳金融的主要挑战

1. 地区发展不均衡

从我国地区性碳金融市场的发展概况来看，碳减排位于前十的省市，其经济发展水平差异较大。其中，山东、浙江、河南、四川、河北位于我国省市国内生产总值总量排名的前十位，而其他地区经济发展水平仍处于中等地位。同时，我国经济较为发达的地区，如上海、北京、广东、福建、江苏等地区碳减排量不高，与其国内生产总值贡献水平不匹配。随着国际清洁发展机制项目政策的收紧，通过清洁发展机制项目进行地区性的碳减排调节的作用将进一步被减弱。从这一角度来看，培育地区性的碳交易市场及构建全国性统一的碳金融市场，是促进我国低碳经济发展的必由之路。

2. 产业结构调整不均衡

从碳减排对产业结构调整的作用来看，地区性的碳减排对于第一产业向第二产业转移的结构调整影响较大，通过碳金融的相关项目发展，欠发达地区的产业结构中农业比例降低、工业比例提高，一定程度上改善了该地区的经济发展环境。但对于第二产业向第三产业的转化而言，碳金融项目的贡献极为有限，表明目前的碳金融项目在加强工业企业的低碳化发展方面作用不显著。

第二产业向第三产业的调整是当前经济发展的重要趋势，也是发展低碳经济的核心要素。服务业比例的提高，对于经济结构的调整有着重要的作用。目前在国际碳金融市场中，碳金融发展对于提升服务业比例有着较为突出的贡献，而在我国第二产业向第三产业转变中的调整作用有限，表明在碳金融项目的开发方向上，应当更注重对工业产业的低碳项目开发，降低第二产业的碳排量总量，实现经济效益与环境效益的同步提升。

3. 内部市场结构不平衡

目前碳金融发展的内部市场结构较为不均衡，碳排放权交易市场是发展较为平稳且前景较为明确的市场类型，但低碳产业投融资市场以及碳金融衍生品国际市场的发展速度却较为缓慢。尽管三类市场在广义上有着一定的区别，但却是碳金融市场不可分割的一部分，内部市场结构的发展不均衡，对于我国总体碳金融市场的发展与机制构建存在一定的阻碍作用。

低碳产业的投融资市场是为碳金融发展积蓄所需资金，提升整体的市场发育水平的重要渠道，而碳金融衍生品市场的发展则是我国的碳金融与国际碳金融市场接轨的重要途径。碳金融内部市场发展结构的不均衡，体现了我国在发展碳金融方面存在着一定的不足，各地市场的分割带来了市场的不统一、与碳金融相关的金融工具发展不健全，以及各项配套的体制机制落后等问题。这些都在一定程度上制约了各个市场的发展速度。

4. 我国碳金融市场机制不健全

碳金融市场的机制不健全主要体现在结构层面的不完善，从交易类型来看，我国碳金融市场以清洁发展机制项目交易为主，配额交易不足。但清洁发展机制项目市场属于买方市场，从而导致我国在国际碳金融领域缺乏话语权。从产品类型来看，我国碳金融市场主要以碳排放权交易初级产品为主，期货、期权等衍生品市场目前处于空缺状态。从清洁发展机制项目类型来看，我国碳金融清洁发展机制项目较多定位于单纯的能源类及自然资源类项目，在低碳经济相关的创新技术及对工业发展的低碳化改良方面应用不足。以上三个层面的结构性问题导致了我国碳金融市场发育不完善，市场运行机制不健全，阻碍了我国碳金融市场的发展。

5. 我国碳金融发展投融资不足

目前碳金融市场发展的现实状况导致了整体市场出现投融资不足的现状。首先，我国目前碳金融市场总体规模较小，碳排放权的直接交易量及交易额，与我国碳排放权资源大国的地位不符。其次，从碳金融广义衍生品角度看，同样存在发展规模较小、产品类型不足的问题。此外，我国碳市场的碳交易价格在不同试点有着较大的差异，一定程度上体现出我国碳市场交易价格受到非市场因素干预较多。以上多种原因导致了资本对碳市场的投资程度不足，而投融资的缺乏又导致碳金融市场发展速度缓慢。

6. 我国碳金融市场平台不统一

目前，国际碳金融市场包括国际、国家、城市级别的碳金融统一市场，统一市场执行相同价格相同机制，从而有利于交易的实现及市场规模的扩大。但我国目前试点碳市场各地区交易价格差异较大，在配额及核证减排量等方面的认证也存在地区差异，同时由于各地区存在经济发展、政策体制、产业结构特性等方面的差异，在制定碳排放权交易政策方面也依据不同的条件产生了不同的执行标准。所以由于平台的标准不统一，导致市场割裂，影响碳排放权市场真实价值的实现与市场机制的正常运行。

7. 缺乏碳金融产品和服务创新

我国金融业相对落后，还不能为碳交易的繁荣提供强有力的支撑。我国商业银行在制定和执行绿色信贷政策、开发能效贷款、开发与碳排放挂钩产品等方面表现出许多特色，但总体来看，我国碳金融无论在广度还是深度都与碳市场潜力不符。例如，我国股票市场已经产生了清洁发展机制板块，国家也建立了清洁发展机制管理基金，但相对于蓬勃发展的清洁发展机制项目，还存在着很大缺口，而真正意义上的碳基金、碳保险、碳经纪人、碳信用评级机构还是空白的。同时，我国还缺乏支持碳经济发展的激励政策，例如缺乏对碳金融的财政补贴、税收优惠、风险补偿等激励政策，导致国内金融机构参与碳金融的动力不足。

8. 我国碳金融市场配套不完善

碳金融发展受人才、法律法规、国家政策等环境的影响。从人才角度来看，目前碳金融领域人才认证包括国际注册碳审计师体系、碳交易师体系、碳资产管理师体系，认证体系的规范建立确保了碳金融领域人才的专业素养，我国目前认证体系及人才培训体系与国外相比均存在较大差距，人才将是未来我国发展碳金融的最大瓶颈。碳金融从业人员不仅要熟悉金融基础知识及运作规则，还要熟悉国家产业政策、能源政策法规、企业能源审计、项目工程的预算编制、企业节能工程或节能工作。从法律角度来看，我们目前暂时没有出台碳交易方面的专门法规，目前的碳金融管理主要依靠区域性的地方条例进行约束，而全国统一碳交易市场的构建，对于全国性专门法规的建立有着迫切的需求。我国碳金融市场的发展，需要从人才、法律、政策等角度提供较为全面的配套扶助。

（四）我国碳金融发展的措施

1. 建立多层次碳交易市场

我国积极构建碳金融交易平台，建立统一交易市场。目前，我国在北京、天津、上海、昆明、广东等地有多家环境能源交易所，其业务主要是基于项目交易而非标准化合约交易，从事的业务多限于合同能源业务、节能环保技术转让和清洁发展机制项目的撮合，场内交易缺失使得大量交易处于无法监测的环境下，致使国内碳价长期低于国际市场价格，造成了社会资源的浪费。目前政府应该尝试整合国内区域性碳金融交易平台和现有碳金融资源，在政策标准、交易制度、具体程序方面都应该全国统一，形成具有国际竞争力的全国性碳排放权集中交易平台，提高市场透明度，充分发挥商业银行在碳金融市场中的重要作用，实现降低成本、提高效率、提升影响、为市场提供充分的供求信息等目的。

2. 推出碳金融相关产品

我国金融机构相继推出碳金融相关产品，积极开展各种与绿色低碳相关的金融业务。各级政府和相关金融机构也积极制定了各种减少碳排放量的金融政策，鼓励高能耗高污染企业主动加入，积极开展减排交易。碳金融产品和政策不仅能够增强我国企业的社会责任感，而且会促进企业进行绿色技术创新，从而快速实现我国节能减排的目标。

3. 加大碳金融服务体系建设，支持中国碳金融服务实践

依托现有的碳金融服务框架，结合其需求，系统设计中国碳金融服务体系，使得其具有可持续发展力。中国政府应设立绿色引导基金或绿色产业发展基金，引导社会资本向起步期的节能环保、新能源企业投资。此外，还应该培育本土的碳咨询机构，发展碳信用评级机构，扶植第三方核证机构，完善相关金融监管和法律框架，给商业银行发展碳金融业务提供有力的支撑。

4. 加强国际合作，培养中国碳金融人才

目前中国碳金融市场的发展还仅限于开展相对低端的清洁发展机制项目，而西方国家已经开始凭借资本和技术优势不断拓展碳金融市场。中国作为世界上最大的清洁发展机制项目供应国，倍受西方国家的金融机构青睐，中国对西方国家的碳资本运作知识也有强烈需求，双方存在合作基础。中国应该充分利用当前的国际形势，积极与西方国家金融机构就碳金融业务进行合作，同时注意人才培养，健全碳金融人才的教育和培养机制，积极学习和借鉴国外有益经验，缩小与西方国家的差距①。

---

① 高清霞，陈琪，志学红. 国外商业银行碳金融业务创新发展及其对我国的启示 [J].
环境与可持续发展，2018，43（04）：112-115.

第六章

碳货币

相对于世界贸易组织（WTO）制定了世界有形商品的贸易体系，《京都议定书》则制定了在全球范围内流动的以碳信用为标的的无形产品贸易体系。作为一种基于国际规则且具有内涵价值的无形商品，碳信用交易计价结算货币的选择同样适用于有形商品贸易计价结算货币选择的经典理论和一般规律。

　　在全球减排背景下，碳排放权已经成为一种超级资产，这种资产超越主权、超越债务、超越大国兴衰、超越技术革命，以碳排量为抵押品的超级货币将进化为世界统一货币。随着全球碳交易市场日趋成熟，参与国地理范围不断扩展，市场结构向多层次深化。由于碳交易市场供给方的多元化特性，包括发达国家、转型国家和发展中国家，因此在客观上存在碳交易计价货币多元化的可能。

一、 碳货币的演进

《京都议定书》提出的碳交易模式，赋予了二氧化碳排放权商品的属性，使二氧化碳排放权可以进行交易。随着世界各国对发展低碳经济愈加重视，碳交易市场随之衍生而出，而服务于限制温室气体排放活动相关的金融制度、金融交易也逐渐形成，在此基础上，碳货币概念也孕育而生。

（一） 碳货币的起源

1. 世界货币体系

在《京都议定书》签订之前，世界货币体系经历了银本位、金本位、布雷顿森林体系等一系列的变革，之后逐渐形成了以美元为主导，欧元、日元、人民币次之的多元化货币体系，实行有管制的浮动汇率制度。虽然当前货币体系已实现多元化，但是多极化程度仍然较低，现行的货币体系面临着来自世界经济发展不平衡导致的一系列相关国际货币问题、经济失衡问题。例如：各国可以根据本国定位策略自行调整汇率制度，于是各国为了自身利益，不断调整汇率，使得国际汇率频繁变动，导致金融市场失衡；美元与石油的关系密切，虽然当前货币体系已实现多元，但本质上各国仍主要使用美元作为国际结算货币，各国国际资产对于美元的依赖程度较高，一旦美国出现经济下滑，各国国际资产无法及时有效阻止国际金融危机的发生；全球经济的迅猛发展，无法避免地造成了全球资源匮乏、环境恶化、气候变化和不可持续发展等状况。因此，国际货币体系改良被世界众多学者关注。

改革国际货币体系的方案林林总总，尤其引人关注的是诺贝尔经济学奖获得者蒙代尔（R. A. Mundell）所倡导的单一世界货币①。蒙代尔被称为"欧元之父"，尽管欧洲经济的长期低迷和欧盟动荡给欧元蒙上了一层阴影，欧元仍是经济合作紧密的区域集团实行超主权统一货币的一次最广泛与深入的实践②。20 世纪 80 年代以来，随着全球跨国商品与服务贸易及资本流动规模增加，技术的广泛迅速传播使世界各国经济的相互依赖性增强，全球化进程愈演愈烈，为中国经济的崛起创造了有利条件。

经济全球化有利于资源和生产要素在全球的合理配置，有利于资本和产品的全球性流动，有利于科技在全球的扩张，有利于促进不发达地区经济的发展，是人类发展进步的表现，是世界经济发展的必然结果，而在经济全球化的过程中，各个经济体在不断经历从经济失衡中寻找平衡。2007 年爆发的全球金融危机，就是一次全球性的经济失衡，充分暴露了以美元为世界主导货币的弊端。面对全球金融危机的影响，中国人民银行前行长周小川曾撰文《关于改革国际货币体系的思考》，鲜明地提出了创造一种"超主权国际储备货币"③，因为使用主权国家货币作为国际本位货币的体系存在结构性矛盾，即主要国际储备货币的发行国

---

① Robert A Mundell. A reconsideration of the twentieth century [J]. American Economic Review, 2000（6）：327-340.
② 邵诗洋. 基于区块链的碳货币发行研究 [D]. 北京：对外经济贸易大学，2017.
③ 周小川. 关于改革国际货币体系的思考 [J]. 经济管理文摘，2009（7）：29-30.

无法在为国际货币体系提供流动性的同时保障本国币值的稳定，发生金融危机只不过是"制度性缺陷的必然"①。

尽管中国人民银行前行长周小川呼吁国际货币基金组织（IMF）循序渐进地扩大特别提款权（SDR）使用范围的想法被众多经济学家认为是"说易行难"，美国经济学家保罗·沃尔克认为中国对特别提款权（SDR）的积极态度更多是出于对声誉的考量②，各国以美元作为主要的国际结算货币的现状也暂时不会改变。然而，一种超越主权的单一的世界货币是未来国际货币体系改革的一个重要的可能方向，以比特币为先河的加密数字货币、以二氧化碳排放权为基础的"碳货币"等有可能成为未来的国际货币。

2. 碳货币兴起的缘由：气候变化与低碳经济

气候变化记录至少可以追溯到 3000 年前，竺可桢先生曾援引《左传》和《诗经》中的物候资料来证实气候变迁，但人类直到 19 世纪才认识气候变化规律③。

1820 年，法国数学家傅立叶通过计算推理得出，如果只考虑入射太阳辐射的加热效应，地球的表面温度应该比实际的低，虽然他最终提出星际辐射可能占了其他热源的一大部分，但他也考虑到了一种可能性：地球的大气层可能是一种隔热体。这种看法被认为是大气温室效应的第一项建议。1861 年，丁达尔（John Tyndall）通过实验测定了气体吸收和发射红外辐射的特征，发现大气温室效应是由含量很少的水汽和二氧化碳贡献的，而主要成分氧气、氮气并没有温室效应。这意味着，

---

① 邵诗洋. 基于区块链的碳货币发行研究 [D]. 北京：对外经济贸易大学，2017.
② 保罗·沃尔克，行天丰雄. 时运变迁：世界货币、美国地位与人民币的未来 [M]. 于杰，译. 北京：中信出版社，2016.
③ 唐自华. 气候变化是如何被发现的 [EB/OL]. [2020-05-31]. http://www.tanpaifang.com/ tanguwen/ 2020/ 0531/71148. html.

改变几种衡量气体的浓度就可能影响气候，但丁达尔还不能定量计算温室效应。1896 年，阿伦尼乌斯（Svante Arrhenius）利用月光的观测数据，计算了大气中水汽和二氧化碳对红外辐射的吸收特性。考虑水汽和冰雪反照率的正反馈后，他首次提出二氧化碳浓度增加 1 倍，全球温度将升高 6℃。随着科技的不断进步，人们对温室效应的认知也逐渐深入，温室气体种类更多样，科学家推算出二氧化碳浓度加倍，地表温度将上升 1.5℃～4.5℃。

气候和环境是人类赖以生存及可持续发展的基础。自 1750 年工业革命以来，全球一直经历着气候变暖的全球性环境变化。2018 年，联合国政府间气候变化专门委员会发布的《全球升温 1.5℃特别报告》指出，当前全球平均温度相比工业革命前的水平已经上升了 1℃，很可能在2030—2052 年之间达到温升 1.5℃。如果温升达到 1.5℃，到 2100 年海平面会额外上升 1 厘米，届时将会有额外的 1000 万人暴露在风险之中，包括大批人口迁移；几乎所有的珊瑚礁消失会对所有沿海生态系统造成大规模的破坏——对全世界大约 3 亿依靠渔业谋生的人民造成巨大影响，其中绝大多数在较贫穷的国家；陆地生态系统将遭到严重损害，许多物种被迫进入比原来小得多的地区，森林火灾和入侵物种造成的损害将更严重。面对全球性的环境影响，发展低碳经济成为世界各国的必然选择。

低碳经济理念最早起源于英国。英国是西欧能源最丰富的国家，能源资源主要来自煤炭、石油和天然气，而水电资源比较匮乏，长期以来英国所消耗电力的 70% 出自煤炭、石油和天然气，29% 出自核电，而水电和其他可再生能源所占的比例仅约为 1%。能源产业对矿物原料的依赖很大。英国的能源储备中，煤炭占 95%，石油和天然气仅为 5%，随着其石油天然气资源的日渐枯竭，以及煤炭使用造成的温室气体排放量增多这一矛盾的日益突出，英国面临着巨大的压力和挑战，1997 年 12 月，《京都议定书》所确立的欧盟温室气体减排目标为英国实现可持续发展提出了更大的现实挑战，迫切要求英国在能源开发利用层面进行低碳转型。

2003 年 3 月 24 日，英国颁布了能源白皮书《构建一个低碳社会》（*Creating a Low Carbon Economy*），成为世界上最早提出低碳经济的国家，该书讲述了未来英国五十年的能源政策，阐明了英国今后如何实现《京都议定书》的承诺和确保长期能源供应的安全性和经济性的措施。书中，英国政府为其低碳经济发展设立了一个清晰的目标：到 2050 年减少 60％温室气体排放量，到 2050 年建立低碳经济社会。作为第一次工业革命的先驱和资源并不丰富的岛国，英国充分认识到了能源安全和气候变化的危险，正从自给自足的能源供应走向主要依靠进口的时代，按目前的消费形式，英国 80％的能源都必须进口，同时，气候变化的影响也已经迫在眉睫，因此，在特定的国际国内政治、社会以及能源和环境方面的影响下，英国率先提出了低碳经济。

2007 年英国颁布了能源白皮书《迎接能源挑战》（*Meeting the Energy Challenge：a White Paper on Energy*），调整英国的气候变化政策，从强调自身减排蜕变到一再强调国际行动以及建立相应国际框架的重要性和必要性。

2020 年 12 月 14 日，英国政府正式发布能源白皮书——《推动零碳未来》（*Powering Our Net Zero Future*），全面阐述了英国政府在能源领域的议程及其在应对气候变化方面的作用，这是英国自 2007 年以来的又一份能源白皮书，应对新冠肺炎疫情后的绿色复苏，并为 2050 年实现净零排放设定路线图。白皮书指出，要实现碳排放净零目标，英国清洁能源发电量需要比当前增加 4 倍。白皮书提出了能源转型的规划，为人们提供公平的待遇，推动绿色复苏，在未来 10 年支持多达 22 万个就业岗位。白皮书重申，到 2030 年停止销售新的以汽油和柴油为能源的车辆，新建 40 吉瓦的新海上风电，以及为英国居民提供 30 亿英镑的家庭能效改善资金。白皮书声明英国将从 2021 年 1 月 1 日起拥有本国的碳排放交易体系（UK-ETS），以取代目前欧盟的碳交易市场。

3. 国际碳交易市场兴起

气候变化是"迄今为止规模最大、范围最广的市场失灵现象"[①]，克服市场失灵要有好的政策，经济学界公认的解决气候变化的市场失灵问题的好政策是给二氧化碳排放进行定价。当碳排放具有了一定的价格，一方面可以有效减少二氧化碳排放量，另一方面还可以激励资源向具有较低减排成本的技术、区域、项目倾斜，从而实现全社会减排成本最优化。排放交易是被目前国际社会和各国政府所广泛选择的一个主流碳定价政策，它的核心是只控制碳排放总量，而微观层面上的总量如何使用则交由市场来决定，通过市场调节实现碳排放的最大收益。在 1997年全球温室气体减排的谈判中，碳排放权交易的市场手段被纳入控制温室气体排放的《京都议定书》。《京都议定书》明确了《联合国气候变化框架公约》缔约方附件一所列的发达国家的定量减排目标，同时确定了国际排放权交易（IET）、联合履行机制（JI）和清洁发展机制（CDM）三种灵活机制，催生了国际碳交易市场的兴起。在国家和地区层面，欧盟于 2005 年正式启动欧盟碳排放交易体系（EU-ETS），该体系现已发展成为全世界规模最大、最为成功的碳市场；美国尽管没有批准《京都议定书》，联邦政府关于温室气体排放控制的政策立法也迟迟不能出台，但在州和区域的层面，一些具有法律约束力的碳减排与交易体系已先行

---

① 邵诗洋. 基于区块链的碳货币发行研究 [D]. 北京：对外经济贸易大学，2017.

开展，如东北部区域温室气体行动（RGGI）、加州总量控制与交易计划等；其他国家和地区如澳大利亚、新西兰、韩国，以及日本和加拿大的部分省市也都开展了不同形式的碳排放权交易。我国碳排放交易试点从2013年在北京、上海、天津、重庆、深圳5市以及广东、湖北2省先行启动，四川和福建于2016年也加入了碳交易试点，覆盖全国的国家碳排放交易体系（ETS）也于2017年底开始运行。

全球碳交易市场显示出巨大的潜在经济价值，从最初2005年的交易额108亿美金，快速增长到2011年的1620亿美金，7年间增长了10多倍。尽管自2012年之后由于《京都议定书》第一履约期结束而国际社会未能就第二履约期达成共识，造成国际碳排放交易萎缩、交易额下降，但应该注意到越来越多的国家和地区自主地建立起了国内或区域内碳排放交易市场，碳交易覆盖的版图和温室气体排放量越来越大，而且将碎片一样分散的各区域碳市场连接的各种努力也从未停歇。

根据世界银行每年一度的《碳市场现状与趋势》报告（从2013年开始，该系列报告更名为《碳定价现状与趋势》），截至2016年底全球已经有大约40个国际司法管辖区和超过20个城市、州和地区正在进行碳定价，共覆盖了7亿吨二氧化碳当量（CO_{2e}），约为全球温室气体排放量的13%，过去10多年间碳定价机制所覆盖的全球碳排放量比例增长了3倍。

逐渐普及的碳交易使得碳排放权的商品价值被广泛认可，在这一过程中，碳排放权已经从单一的可交易权利衍生出具有金融属性的碳资产，从而引发碳金融市场的出现。随着碳交易的规模扩大，碳金融的创新和普及，甚至可能出现的碳关税，在未来全球碳市场一体化背景下基于碳排放权开发一种超主权货币用于国际贸易的构想就应运而生了。

（二） 碳货币的发展概况

对碳货币的研究只有短短十几年的历史，目前尚且处于论证其可行性和探讨可行性路径的阶段，未来仍然面临着诸多问题和挑战。"碳货币"概念是在全球碳交易蓬勃发展的基础上被提出的，而碳交易模式则源自《京都议定书》，它把二氧化碳排放权作为一种商品，从而形成碳交易。在碳交易中，买方通过支付等价的货币而获得温室气体减排额，将购得的减排额用于减缓温室效应从而实现其减排的目标。

相关专家表示，现阶段实现以"碳货币"作为超主权货币的构想还相对遥远，目前较为可行的是先借助碳交易的巨大市场前景助推国际货币多元化。作为温室气体排放量最大的国家之一，中国被许多国家看作是极具潜力的减排市场，"碳货币"的出现与发展不啻推进人民币国际化的重要机遇。人民币要想搭上"碳货币"这趟快车，还有赖于中国企业界对碳交易的积极参与和创新。

二、 碳货币的概念

纵观碳货币的发展历史，对于"碳货币"的内涵主要集中在两个层面。

首先，国际货币体系的层面。这个层面主要探讨碳货币本位的抉择，即碳货币能否成为继黄金、美元后全新的超主权国际储备货币。部分学者认为《京都议定书》的核心是确定了一个各国相应承担的二氧化碳排放基准值（包括各种类型温室气体）和减排目标，并且建立了联合履行机制（JI）、国际排放权交易（IET）和清洁发展机制（CDM）三种机制来高效率、低成本地实现全球碳减排。JI、IET 和 CDM 都是把碳排放权定量化，即建立碳信用，容许进行市场买卖和交易，引导企业在全球范围内以最低成本实现减排。在货币金融领域，《京都议定书》从某种意义上讲是用国际公约的形式确立碳信用的价值和法律地位①。由于碳货币的信用基础是建立在国际公约之上的，由此决定的价值基础具有一定的脆弱性和不稳定性，使得碳货币不具备成为本位货币的条件，碳货币本位势必将给国际货币体系带来更大的不确定性和脆弱性，于是部分学者从现实的角度出发将问题研究的重点转向碳交易的计价结算货币，通过探寻"煤炭—英镑""石油—美元"能源绑定的国际主导货币崛起路径，探讨各国货币对碳交易计价结算货币绑定权的争夺，进而延伸至国际货币多元化尤其是人民币国际化问题。另一部分学者则将视野放在更长远的时间轴上探讨"碳货币本位"，即碳货币成为低碳经济时代全新的超主权国际储备货币，认为在低碳经济发展和各国共识增强的前提下，碳货币有可能成为"超主权货币"的必然选择，碳货币将成为黄金、美元等之后全新的本位货币。

其次，制度层面。这个层面重点关注碳货币的发行权、汇率制度、管理机构、流通域等问题。这部分学者认为《京都议定书》为二氧化碳排放权的价值赋予了一套完整新币发行制度，碳货币发行取决于节约的剩余碳排放权，因而各国碳货币的发行权不仅取决于碳减排能力的大小，还在于受减排约束的程度和承诺减排数量的多少，碳减排指标成为国家间博弈的焦点。

---

① 周洛华. 从《京都议定书》看全球货币新体系［N］. 上海证券报，2008-01-02.

(一) 碳货币的国际货币属性

"煤炭—英镑"和"石油—美元"的崛起展示了一条简单而明晰的关键货币地位演化之路。一国货币要成为国际货币甚至关键货币，往往从计价和结算货币开始。循此规律不难发现，在低碳经济成为各国经济增长目标模式的今天，新的能源崛起将超越以往的单一能源主导的旧模式，一系列以低碳为特征的新能源组合和新能源利用模式协同崛起。目前碳交易市场渐趋成熟，国际碳市场在《京都议定书》生效短短几年来呈现爆炸式增长。世界银行统计显示，2008 年全球碳交易市场规模扩大了 1 倍，高达近 1300 亿美元。据英国新能源财务公司 2009 年 6 月的预测报告，全球碳交易市场 2020 年将达到 3.5 万亿美元，有望超过石油市场成为世界第一大市场。

如果说 WTO 制定了世界有形商品的贸易体系的话，那么《京都议定书》则制定了在全球范围内流动的以碳信用为标的的无形产品贸易体系①。一直以来，英国都是碳减排最坚定的执行国，尽管英国碳排放交易体系（UK-ETS）已并入欧盟碳排放交易体系（EU-ETS），伦敦作为全球碳交易中心的地位已经确立，英镑作为碳交易计价结算货币的空间能够继续保持。日本碳交易所则采用日元计价，由于日元本身已经在世界通货中占据一定地位，伴随碳交易体系的开展，加上日本绝对领先的碳减排技术出口空间，日元将成为碳交易计价结算的第三货币。尽管澳大利亚尚未加入京都协定，但新南威尔士温室气体减排体系（GGAS）

---

① 张志红，杨辉. 碳货币本位体系的演化及其构建研究［J］. 国际经贸探索，2015，31
（11）：104-116.

却是全球最早强制实施的减排体系之一。澳大利亚的温室气体排放交易制度于 2010 年正式实施，以澳元计价。作为 GGAS 的延续，澳元仍将在全球碳交易计价结算货币中占一定比例。

长期来看，未来国际货币体系可能会在"碳本位"上重建，即让二氧化碳排放权成为继黄金、白银、美元之后的另一种国际货币基础，将"碳点"货币发展为一种新的超主权货币。相关专家表示，现阶段实现以"碳货币"作为超主权货币的构想还相对遥远，目前较为可行的是先借助碳交易的巨大市场前景助推国际货币多元化。对于中国而言，比较现实的选择是通过碳交易体系建设推动人民币成为碳交易的结算货币，加快人民币国际化进程；即便无法进行总量控制，也应该鼓励自愿减排市场，并协助行业、企业将减排量货币化、财富化。长远来看，对碳排放的总量控制则是中国实现经济增长方式转变、实现可持续发展，争夺货币主导权和获得巨额碳财富的必由之路。

（二）碳货币的流通属性

货币是商品交换发展到一定阶段的产物，是从商品中分离出来的固定充当一般等价物的商品。充当一般等价物的商品往往因时因地而不同，交替地、暂时地由这种商品或那种商品承担。在商品生产和商品交换的发展过程中，充当一般等价物的商品逐渐固定在某些特定的商品上，这种稳定的一般等价物就是货币。贵金属金、银由于它们有不易变质、易于分割和熔合、体积小而价值大、便于携带等自然属性，最终成为世界各国普遍采用的货币商品。金银成为稳定的一般等价物即货币，便最终完成了价值形式的发展过程。对于碳排放权能否充当一般等价物，首先要看它是不是有交换价值的商品，其次看它是否具有充当一般等价物商品的先天属性。

《京都议定书》的出现，使得二氧化碳等温室气体的排放权可作为交易单位转让或者出售。交易排放一个单位温室气体的权利，构成了碳交易最明显的商品属性。排污许可的做法限制了原有自由排放的状况，使得温室气体排放权具有了私人物品的特征，并由其稀缺性进而产生了交换价值。

目前，随着能源市场的发展，所有碳排放权交易的参与者和减排实践都把碳排放权视为商品。比如，有的投资银行已为排放权交易业务成立专家小组，隶属于商品交易部门，成员往往来自能源行业和商品交易所。碳排放权及其衍生品被放入各大银行的商品投资组合中，如巴克莱投资银行和花旗银行等。此外，将碳排放权视为商品的倾向也反映在一些研究和政策建议中。现存于各种国内法和国际法中对削减温室气体活动的法律认识显示，碳排放权是一种新的商品。这种商品和对其产生的需求，是法律制定者试图利用市场力量降低温室气体减排成本，并采纳某种监管结构的结果。不论排放权的法令或者契约基础是什么，它们终归都是商品①。

充当一般等价物的商品通常具有流通性，而碳排放权有成为一般等价物的可能性。有关学者认为，碳排放权有和黄金一起作为"国际货币"的可能性和合理性，因为碳排放量指标有三大属性②：第一，稀缺性。无论是《京都议定书》，还是后京都的各阶段全球减排协议，都设

---

① Wilder M, Willis M, Guli M. "Carbon Contracts, Structuring Transactions: Practical Experiences" in Legal Aspects of Implementing the Kyoto Protocol Mechanisms: Making Kyoto Work (Freestone D. and Streck C. eds.) [M]. Oxford: Oxford University Press, 2005: 295—311.
② 王永海. 国际货币金融体系中"碳金"本位的合理性与可行性探讨 [N]. 经济参考报, 2007-12-28.

定全球碳排放总量和减排目标，使得碳排放权在每一阶段都相对于减排目标和减排空间存在相对稀缺，只能在各国间协调分配有偿使用。第二，普遍接受性。20 世纪 80 年代末联合国环境规划署（UNEP）提出"每 20 年全球的温度改变不超过 0.1℃，到 2100 年，全球的温度上升不超过 2℃"的目标，并为此成立联合国政府间气候变化专门委员会（IPCC），其后签署了《联合国气候变化框架公约》（UNFCCC），已有 192 个国家加入该国际条约①。这意味着全世界 90% 以上的国家都认可二氧化碳排放量这个指标，具有相当的共识基础。第三，可计量性。现有的科学技术已经可以精确地计算出碳排放量的数值，联合国政府间气候变化专门委员会（气专委）负责全球温室气体排放的监控，并定期对外公布数据。

目前，学术界普遍认为碳货币就是在碳排放权交易中形成的一种完全流通的货币，碳货币实质是碳排放权的货币化，以碳权商品作为中央银行的核心资产，即环保货币化②③。肖奎喜、蓝芳和徐世长认为碳信用就是碳排放额度，包含碳市场上进行交易的各类产品形式（如 CERs、EUAs、VERs），是碳本位货币体系的工具之一④。童中文通过对碳信用的系统分析，指出碳信用是伴随碳排放权成为具有投资价值和流动性的金融资产而产生的，碳信用既是商品也是金融资产，并具有货币化的潜质⑤。王珊珊认为碳排放权是一种购买力凭证⑥。帕特里克·伍德认

---

① United Nations Framework Convention on Climate Change [EB/OL]. http：//unfccc. Int/essential_ background/feeling_ the_ heat/items/2913. php.
② 杨海燕. 从国际货币体系的演变历史谈"碳货币"本位的全新国际货币体系构建设想 [J]. 特区经济，2011 (6)：19-20.
③ 李建锋，刘一村. 碳货币崛起背景下人民币国际化面临的机遇和挑战 [J]. 商业经济研究，2010 (21)：67-68.
④ 肖奎喜，蓝芳，徐世长. 碳本位货币体系：国际货币体系演变的新趋势——兼论中国的应对策略 [J]. 科技进步与对策. 2010，27 (22)：130-134.
⑤ 童中文. 碳信用基础机制的理论分析 [J]. 经济研究导刊，2012 (21)：204-207.
⑥ 王珊珊. 从现代货币的本质看碳货币 [J]. 山东纺织经济，2012 (5)：67-69.

为碳货币被设计用来支持一个建立在能源（生产和消费，而不是价格）基础上的革命性的新经济系统①。

2006 年，时任英国环境大臣大卫·米利班德（David Miliband）提出了个人碳交易计划："想象在一个碳成为货币的国家，我们的银行卡里既存有英镑还有碳点。当我们买电、天然气和燃料时，我们既可以使用碳点，也可以使用英镑。"政府为个人分配一定的碳点，在用气和用电时使用，当个人的碳点用完后，可向那些拥有节余碳点的人购买。这个曾令很多人激动的计划由于其操作管理的复杂性等，在布朗继任英国首相而米利班德出任外交大臣后被束之高阁，但这并不能阻碍碳货币的发展。2009 年 7 月，韩国开始在全国家庭和店铺等非生产性单位全面开展旨在减少温室气体排放的"二氧化碳储值卡"计划。根据这一计划，活动参与者将根据使用的水、电、煤气等的节约量，换算成对应的二氧化碳排放量，从而获得相应点数的奖励，每个点数最多可获得相当于 3 韩元的储值额，储值额可以作为现金使用，也可以用来缴纳物业管理费，或兑换垃圾袋、交通卡、停车券等。

三、 碳货币制度

（一） 碳货币的发行机制

自 2005 年《京都议定书》正式生效，把二氧化碳排放权作为一种

---

① Patrick Wood, Carbon currency: A new beginning for technocracy [EB/OL]. Canada free press. http://www. canadafreepress. com/index. php/article/19380. 2010-1-26.

商品在特定的市场中进行交易，即形成碳交易，而进行碳交易的市场就称为碳市场，全球碳交易市场的蓬勃发展也催生了"碳货币"的概念。碳排放权成为一种能够进行交易的资源，碳信用额度内涵价值日益凸显，一种在碳排放权的基础上形成的、在全球范围内流动的、以碳信用为标志的无形商品贸易体系初具原型。至此，碳货币不仅是低碳经济下标价货币绑定权衍生出的货币职能概念，还是变革国际现有货币体系、实现国际货币格局多元化发展的可能途径。

碳货币目前还只是碳交易、碳金融等概念的关联概念，具体实现还需要各个国家基于二氧化碳排放权达成更宏观的合作共识，包括以碳排放权作为各国发行货币的储备资产等。此外，如果要形成像传统货币那样具有广泛经济意义的货币体系，还需要经过不同的探索阶段，经过一系列趋同标准的设定与过渡，才能最终导向一种全球统一的碳货币。从严格意义上来说，世界各国还没有建立起真正意义上的碳货币制度，现有的碳货币实践操作都是碳信用货币化发展的阶段性产物，但在现有的货币发行机制上我们还是能对碳货币的发行机制进行预设和建构。总的来说，碳货币方案的施行可能会经过不同的阶段，包括碳本位的货币机制、碳货币的制度趋同和碳货币的形成①。

1. 碳本位的货币机制

在以前的金本位时代，国际货币体系是不平等的，各国的黄金储量和总经济实力决定着各国货币性资金的总量，但是进入碳本位时代后，所有国家的碳排放权都经过正确的计算，以实际排放额为基准，剩余可用排放指标便能作为资产，即"碳货币"进行交易，该指标在分配时以

---

① 徐文舸. "碳货币方案"：国际货币发行机制的一种新构想 [J]. 国际金融，2012 (10).

公平为关键因素，要综合考虑一国的排量和减排能力，以及国内形式和政策等，这些制度会鼓励所有国家优化自己的产业，继续推进低碳发展。国家如果发展低碳经济，就会获得实际的财富。

除此之外，碳货币发行权也不仅仅只有减排的方式，还与国家受到一定程度的制度性制约和自己承担的排放量的大小相关。《京都议定书》和之后的各协议已经确定了各种规则。没有义务减排的发展中国家可以通过清洁发展机制（CDM）等形式减少碳排放，获得发行碳货币的权利，形成提供碳货币的一部分力量①。

碳本位的货币机制需要打破以往的金本位货币机制，重塑国际货币体系，实现这一点需要考虑碳货币的发行量和发行方式。碳货币的发行与现行的国家货币最大的区别在于，前者是由国际公约发起，根据每个国家在碳排放权上的承担责任进行分配，而后者则是由国家或者国家代表的银行机构发起，根据国家的经济计划和经济状况进行发行。因此，对于碳货币而言，主要有以下三种发行或者获得方式：

（1）分配碳排放配额

在国际气候博弈中，二氧化碳减排责任的承担问题是发达国家和发展中国家之间的核心矛盾。发达国家强调现实责任，即每个国家都必须承担减排责任，发展中国家更关注历史责任，即当前大气中二氧化碳浓度居高不下主要是发达国家历史排放所致，所以发达国家必须承担强制减排指标。尽管"共同但有区别的责任原则"已成为国际上普遍接受的原则，但在实际执行中并不理想。2015年达成的《巴黎气候协定》改变了此前《联合国气候变化框架公约》《京都议定书》确立的"自上而下"的治理模式，构建了基于"国家自主贡献方案"的"自下而上"的治理

---

① 童心莹. 碳货币作为超主权储备货币的探索研究［D］. 北京：中国石油大学，2019.

模式，由此形成了人类历史上参与范围最广的全球减排协议。对发达国家而言，其碳排放配额会根据国家经济水平、现碳排放量等多个指标进行定量的分配，对应超出的部分需要进行额外的补偿，或者通过额外的碳排放交易置换获得。

我国是世界上最早提交国家自主贡献方案的发展中大国之一。为了落实承诺的国家自主贡献目标，我们自身必须转换发展模式，坚持绿色低碳转型，坚持走可持续发展之路，减少高碳化石能源使用，大力发展清洁能源和新能源，研发环保科技。我们采取的积极行动，并不表示我们认可和接受发达国家在减排责任上的立场，而是在坚持发达国家和发展中国家应该承担"共同但有区别的责任"前提下，自愿承担力所能及的减排任务。二者关系并不相悖，因为气候变化是典型的公共产品，任何国家都不能置身于气候变化的影响之外，发达国家率先承担更多的减排责任与发展中国家承担力所能及的责任恰恰体现了全球环境治理中的"各自能力原则"。

在全球范围内，分配碳排放配额是针对各个国家设定整体的二氧化碳减排指标。如根据《京都议定书》安排，发达国家从2008年到2012年的二氧化碳减排指标分别是：与1990年相比，欧盟要减排8%、美国7%、日本6%、加拿大6%、东欧各国是5%～8%，欧盟还会将碳排放指标分配给欧盟的成员国国家，一次性达到欧盟需要满足的整体碳排放减排指标。在我国，是由国家指定的机构部门根据碳预算或者国家的减排目标，制定碳排放额具体的分配计划，向需要控排的经济单位（包括控排企业和个人）定向发行碳货币。

（2）实施减排机制

对于国家或者企业而言，控排企业可能无法通过常规的技术优化达到二氧化碳排放的减排目标，导致分配的碳排放额超过了自身承诺的减排量，或者没有减排义务的发展中国家有多余的碳排放权等，这些情况都可以通过清洁发展机制（CDM）等形式实现削减碳排放，获得发行碳货币的权利，形成供给碳货币的一部分力量。

作为清洁发展机制的补充，2012—2015 年我国建立自愿减排机制，创设自愿减排量交易平台。2012 年 6 月，国家发展改革委印发《温室气体自愿减排交易管理暂行办法》，同年 10 月印发《温室气体自愿减排项目审定与核证指南》。这两个文件为自愿减排机制提供了系统的管理规范。2015 年，国家发改委上线"自愿减排交易信息平台"，在该平台上对自愿减排项目的审定、注册、签发进行公示，签发后的减排量可以进入备案的自愿减排交易所交易。在这个平台上经过发改委签发的自愿减排项目的减排量，被称为中国核证自愿减排量（CCER），可以用来抵减企业碳排放。"自愿减排交易信息平台"的设立，也标志着中国核证自愿减排量交易进入了实质性的一步。中国核证自愿减排量与清洁发展机制的主要不同点在于，清洁发展机制是通过联合国执行理事会签发，在国际碳市场上交易，中国核证自愿减排量则是由国家发改委签发，在国内碳市场上交易。

（3）个人碳足迹减排行动

相较于国际组织、国家或者企业的碳货币发行，对于个人而言，也能通过碳足迹的减排活动产生相应的碳货币，一般是由相应的平台机构发起，设定一定的减排规则和机制，平台的参与者通过遵守平台的规则，减少个人在日常经济活动中的碳排放量，来实现减少二氧化碳气体排放、减缓全球气候变化和促进环境保护的目的，平台的规则和机制往往是通过完成任务的方式来获得一定额度的积分或者代币，这些积分或者代币能进行相应的其他交易或者置换，其中比较有代表性的是地球援助（Earth Aid）项目和蚂蚁森林项目。

地球援助平台是一款美国的专门软件，在网络上发布公用事业方案，参与者通过减少能源消耗获得的奖励积分可以兑换在地球援助项目的奖励，这一计划旨在抵消合作家庭的碳足迹。根据美国环境保护局数据，一个两口之家在一年内从天然气和电力中平均排放 27290 磅二氧化碳，碳信用额通常以吨计量，因此相当于约 12 吨，如果芝加哥气候交易所中 1 吨碳的价格约为 1.50 美元，则家庭每年的天然气和电力碳排放量约为 18 美元。地球援助项目将把家庭在一年内节能量捆绑销售，然后将其销售收入减去经纪费后返还给消费者。地球援助项目在网站上列出了欧洲气候交易所的碳价格，尽管美国家庭能源减少不符合在欧洲交易所出售的资格，但是地球援助管理合伙人计划绕过交易所，将这些碳信用出售给那些愿意支付溢价的公司①。

蚂蚁森林项目是支付宝客户端为首期"碳账户"设计的一款公益行动。用户通过步行、地铁出行、在线缴纳水电煤气费、网上缴交通罚单、网络挂号、网络购票等行为，就会减少相应的碳排放量，可以用来在支付宝里养一棵虚拟的树。这棵树长大后，公益组织、环保企业等蚂蚁生态伙伴们，可以"买走"用户在蚂蚁森林里种植的虚拟树，而在现实某个地域种下一棵实体的树。这一项目更多的是带有公益性质的平台行为，但从碳货币的角度上来看，能实现一定额度的碳货币的发行。

2. 碳货币的制度趋同

碳货币在各个国家、地区、企业或者机构都有着不同的发行或者获得方式。虽然各国都发行了各自的碳货币，但由于经济发展上的差异，各国的碳货币之间存在着劣币和良币的区分，此外，各国的碳货币虽然由各国货币当局根据碳排放权的资产存量发行，但各国存在着生产能力

---

① 郭福春. 中国发展低碳经济的金融支持研究 [M]. 北京：中国金融出版社，2012.

第六章 碳货币 │ 223

的差异，设定的发行货币与储备资产之间真实的比例关系也不一致。此时，如果没有一种超主权机构对碳货币的兑换机制进行相应的规范，就会出现"劣币驱逐良币"的现象。这将使碳货币重蹈以往主权货币时代的覆辙，因此国际货币基金组织（IMF）和世界银行都将在此阶段发挥非常重要的作用。

如果碳货币预期形成一种可行的货币机制，需要设定相应的标准来使各种渠道产生的碳货币保持一致和统一，即碳货币实现相关制度的趋同。目前在国际上尚未形成能够全面管理国际碳货币体系的国际治理组织，更多停留在协议上的国家和组织也在寻找着更合理的共识和解决方案，但是可以预想到，后续需要建立的是一个能够让所有成员国公平参与碳货币决策制定的国际中央银行，并且这个组织能在帮助促进世界经济增长的同时，维护好经济与环境、经济与碳排放的平衡关系，成为一个推动全球低碳化的保证性银行组织。

此外，从货币的角度出发，还涉及货币的汇率制度的趋同，即不同国家、组织、个人产生的碳货币具有一致的汇率，以帮助稳定全球范围内碳排放权的价格，其中包括确定超额部分和碳货币的比价，逐渐形成本国货币与碳货币的相对合理的比价值，这样，各个国家都有本国货币对应的碳货币比价，总的碳货币汇率才有可能稳定在一定范围内，不至于成为金融机构投机的对象。

3. 碳货币的形成

在碳本位的货币机制和碳货币的制度趋同前提下，碳货币才能从真正的经济意义上形成货币系统并进入发行流程。

碳货币的发行主要是在碳交易市场中进行。目前全球碳交易市场可以划分为履行减排义务驱动的市场（强制型市场）和自愿型市场①。履行减排义务驱动的市场是指由强制性减排义务驱动的碳市场，大部分买家从事碳交易是为了满足（目前或预计）国际、国内或国内某些区域的碳排放约束的要求。而自愿型市场的需求并不由履行减排义务的要求来推动，能够在多大程度上提供碳减排额是不确定的。碳货币一旦发行进入市场，就逐渐形成了不同的流通方式，能够在市场中进行交换和定价。

（二）碳货币的流通方式

碳货币的流通是指在市场中从一个账户转移到另一个账户，从而实现碳货币持有者商品和资产的交易行为。碳货币流通主要包括两方面：一方面，碳货币流通就是指碳交易，是基于广泛的碳交易活动展开的碳货币交易，主要表现为碳货币与各国法定货币的交换；另一方面，碳货币的流通还包括碳货币充当商品交换的媒介，在指定的平台范围内交换商品和劳务，在商品交易活动中作为支付手段完成账户之间的流转。因此，碳货币的流通场所主要包括两类：第一类是国际上主要的碳交易市场，第二类则是平台搭建的碳货币商店。其中，碳市场交易行为是目前碳货币的主要流通方式。碳交易市场范围比较大，按照碳货币的运行机制主要可以分为发行市场和流通市场，发行市场是碳交易计划的配额拍卖市场和项目交易的一级市场，而碳配额的交易市场和项目二级市场构成了碳货币的流通市场②。

随着个人碳交易的实施，碳货币完整的流通域将会实现。因此，政

---

① 管清友. 低碳经济下的货币主导权 [J]. 中国物流与采购，2009（18）：38-39.
② 张旭. 碳货币的研究 [D]. 长春：吉林大学，2019.

府应进一步加强碳市场建设，从地域和参与主体两方面扩大涵盖范围，建立以家庭为单位的个人碳交易制度，使碳货币流通域从企业市场向个人市场拓展，在充分剖析碳货币与现行货币体系的兼容性的基础上，将碳货币的流通域从碳足迹领域向非碳商品和服务领域深化①。

（三）碳货币的管理体系

现有的国际货币体系存在着难以弥补的内在缺陷，而碳货币的出现为国际货币体系的变革带来了新的思路和方向。

1. 现有货币体系的变革

以美元为主的国际货币体系会受到碳货币流通的影响。碳交易市场需求方主要是发达国家，而供给方比较多元化，包括发达国家、转型国家和发展中国家，不像石油供给高度依赖欧佩克，碳交易很难形成唯一计价货币的约定，客观上存在碳交易计价货币多元化的可能。这一切都为人民币加速国际化进程提供了新的机遇。

2. 主权货币碳货币化

碳货币的制度趋同需要考虑碳货币的汇率，即与本国货币的比价值，具体表现在各国主权货币碳货币化，形成"碳—M"，如低碳美元、低碳欧元、低碳英镑等，由此引发的正是主权货币的碳货币化。

国际碳金融话语权一方面表现为一国制定和修改国际碳金融游戏规则的能力，另一方面则展现该国主导全球碳排放权定价和结算行为的实力，并最终保障该国在全球碳金融活动中获取最大利益。因此，国际碳

---

① 王颖，管清友. 碳货币本位设想：基于全新的体系建构 [J]. 世界经济与政治，2009（12）：69-78＋5.

金融话语权之争实质是国际碳货币竞争，且两者关系密切。从碳货币价值、碳货币使用广度、碳货币稳定性和碳汇率等方面，探讨国际碳金融话语权与碳货币的联系。首先，碳货币价值是主权货币碳货币化后，单位货币能购买的碳减排量，现实表现以某主权货币计价的碳交易价格，反映全球碳排放权定价权利；其次，碳货币使用广度是碳货币化后的主权货币作为国际碳交易结算货币的数量，现实表现以某主权货币计价的碳交易总量，反映全球碳排放权结算权利；再次，碳货币稳定性则表现为碳货币价值的波动性，它是碳货币能否被广泛使用的重要因素，而碳汇率则是不同碳货币间按碳货币价值衡量的汇率水平，反映碳货币的外在价值，某种碳货币价值越稳定、碳汇率水平越高，就越能被国际碳金融市场接纳，此种碳货币发行国越易在全球碳金融活动中谋求较大利益。总之，碳货币价值、使用广度、稳定性及碳汇率是影响国际碳金融话语权的重要因素。

四、 碳货币实践与政策

（一） 全球碳货币的实践

碳货币的发行和流通离不开交易平台的支持，而交易平台的发展得益于国家货币在世界经济体系中的优势地位。目前全球碳交易的发展主要以欧盟、美国、英国为主，因此碳货币的实践也主要集中在这些组织或国家。

1. 欧盟

欧盟是最早参与碳排放权交易的经济实体之一，欧盟碳排放交易体系（EU-ETS）是世界上最大的碳排放交易市场，远远大于其他交易体系。由于先发优势，目前欧元在碳交易体系中占据优势地位，在交易市场中占据较大份额，仍是国际碳交易市场的主要货币，欧盟碳排放权的交易价格已成为其他碳排放交易市场的定价基础，地位不可撼动。

2. 美国

美元是仅次于欧元的交易货币。虽然美国在签订《京都议定书》后未通过核准又退出协定，但由于美元在世界经济体系中的既有优势，以及美国政府在能源经济方面的努力，在碳交易市场中美元是仅次于欧元的第二大结算支付货币。

3. 英国

英国与日本一直是低碳经济发展的坚持拥护国。英国于 2002 年成立碳排放交易体系（UK-ETS），虽然后并入欧盟碳排放交易体系，但伦敦在全球碳交易市场中仍占据重要地位，英镑在国际碳交易中也有较大影响力。

英国在建立个人碳货币系统方面已经迈出了脚步。国际个人碳货币体系（PCT）完全基于个人，由政府配给每个公民碳货币，公民用于购买自己各类消费中的碳排放，多余或者不足都可以在市场上进行交易。在英国，碳货币作为一种非常重要的补充货币或代币很容易被公众接受，因为英国的各类代币体系已经非常成熟。因此，英国在国际个人碳货币体系建立方面走在前沿，《英国气候变迁法案》（*United Kingdom Climate Change Bill*）授予政府有建立国际个人碳货币体系的权利。英国前环境部长大卫·米利班德建议建立个人碳信用交易体系，使得英国公民可以消费碳信用来购买他们的能源消耗活动①。

---

① GILL S. Personal Carbon Trading: Lessons from Complementary Currencies [R/OL]. http://infotek. fph. ch/d/f/2277/2277_ ENG. pdf? public＝ENG&t=. pdf.

4. 中国

在我国碳排放权交易试点中，2014年湖北碳市场交易正式启动。2017年12月，"中碳登"落户湖北武汉，是全国碳资产的大数据中枢。碳交易试点至今，湖北碳市场纳入373家控排企业，全部为年能耗1万吨标煤以上的工业企业，总排放量为2.73亿吨，约占全省的45%；涉及电力、钢铁、水泥、化工等16个行业，占第二产业产值比重的70%。碳排放累计成交量达3.47亿吨，成交额81.39亿元。交易规模、引进社会资金量、企业参与度等指标居全国首位。通过科学的配额分配，倒逼企业减排成效显著①。2021年7月16日上午9点30分，全国碳排放权交易在上海环境能源交易所正式启动，首笔全国碳交易撮合成功，价格为每吨52.78元，总共成交16万吨，交易额为790万元，全天交易总量超过410万吨。首批参与全国碳排放权交易的发电行业重点排放单位超过了2162家，经测算这些企业碳排放量超过40亿吨二氧化碳，意味着中国的碳排放权交易市场，将成为全球覆盖温室气体排放量规模最大的碳市场，与此相对应的是我国将开展大量碳货币的实践初探，包括对碳货币的定价和碳货币的分配额度等。

此外，我国在低碳经济发展和节能减排技术实践方面，涌现出了许多碳信用货币化的实践工具，主要包括碳信用卡、碳豆、蚂蚁森林、碳普惠平台等。在碳信用货币化的实践中，碳信用卡的发行与使用为碳信用充当货币的可行性提供了现实依据，零碳信用置换平台和碳普惠制通过严格的制度设计，将企业、个人与家庭引入碳减排和碳交易活动中，对参与主体对碳货币取得、储存、使用等进行了有效的实践。

碳信用卡、蚂蚁森林、碳豆、碳币以及零碳信用置换平台都是碳货

---

① 吕靖烨，王腾飞. 碳货币创新路径 [J]. 中国石化，2018 (09)：28-31.

币运行的实践创新，这些平台的运行表明碳信用具有货币化的潜质和特征，碳减排量作为一种减排行为创造的经济财富是人类无差别的劳动产品，既具备使用价值也具备交换价值，能够充当货币，并在机制设计上都极好地模拟了现代货币运行体系。低碳信用卡实现了个人碳账户的建立，碳账户既是一个信用账户，也是一个货币账户，碳账户能够与本币账户共存，为碳信用货币化后处理碳货币和官方货币（人民币）之间的关系提供了借鉴。蚂蚁森林主张将绿色能量在未来作为商品接入碳交易市场，实现同人民币的兑换。在零碳信用置换平台和碳普惠平台中，碳货币能够兑换产品，实现商品交易，而且碳货币可以和人民币按一定比例混合支付，例如，2000 碳货币可以兑换价值人民币 100 元的话费，兑换比例为 20 碳货币＝1 元人民币①。

（二） 全球碳货币的竞争力分析

为了评价碳货币竞争力，可以通过考察国内生产总值（GDP）与其年度二氧化碳排放总量之间的关系，并以一国单位货币所承载的实际国内碳排放量作为主要衡量指标，可以表示为：

一国某年二氧化碳排放总量/该国该年国内生产总值，以此来测量一国主权货币碳值大小。容易发现，一国货币碳值越高，则该国单位本币所承载的碳排放量相应越大，该国单位货币在国际市场上能购买到的碳减排量也将越多，该国低碳货币竞争力则越强，在国际碳交易市场上也越受青睐。就二十国集团（G20）来看，在忽略一国经济整体实力因素之后，其本币作为碳货币在国际碳交易市场中使用的广度，将主要取

---

① 张旭. 我国碳信用货币化演进过程研究 [J]. 当代经济研究，2018（08）：91-96.

决于本币碳值高低。某国货币碳值越高，则该货币成为国际碳交易计价与结算货币的竞争力越强①。

根据国际能源机构（IEA）发布的 *CO₂ Emissions From Fuel Combustion Highlights 2019* 报告以及 G20 成员的 GDP 统计数据，可以分析全球碳货币的竞争力，如表 6.1 所示。

表 6.1　2013—2019 年 G20 主要成员碳排放量与 GDP 比值数据

CO_{2e} 排放量（kg）/GDP 汇率计算后（2015 年）	2013	2014	2015	2016	2017	2018	2019
中国	0.933	0.864	0.807	0.754	0.721	0.698	—
美国	0.292	0.285	0.270	0.261	0.251	0.252	0.239
日本	0.286	0.275	0.263	0.260	0.250	0.239	0.234
德国	0.351	0.333	0.328	0.321	0.317	0.303	0.275
英国	0.160	0.143	0.135	0.125	0.118	0.114	0.109
澳大利亚	0.171	0.160	0.161	0.158	0.160	0.150	0.151
加拿大	0.364	0.357	0.353	0.345	0.341	0.342	0.340
墨西哥	0.408	0.383	0.378	0.370	0.363	0.357	0.363
韩国	0.416	0.395	0.397	0.390	0.385	0.379	0.359
法国	0.138	0.123	0.125	0.124	0.123	0.118	0.113
意大利	0.185	0.175	0.179	0.175	0.170	0.166	0.158
土耳其	0.370	0.379	0.371	0.382	0.397	0.382	0.376
欧洲经合组织	0.207	0.194	0.192	0.189	0.186	0.179	0.168

（资料来源：https：//www.iea.org/data-and-statistics/data-browser？country＝WORLD&fuel＝CO₂%20emissions&indicator＝CO₂BySource.）

———————

① 查华超. G20 国家低碳货币竞争力研究——基于货币碳值视角［J］. 西安财经学院学报，2016（29）：23-37.

从上表看出，中国在国际上碳货币竞争力较低，竞争力最强的低碳货币是美元，其次是欧元和英镑；而亚非集团则因组成国间的货币碳值差距过大，而未能在集团内形成统一的碳交易计价货币，只能被迫采用美洲集团的美元或欧洲集团的欧元、英镑计价与结算。

（三）我国碳货币的应对策略

1. 积极加入到国际碳货币体系的构建中

碳货币化是大势所趋，欧盟和日本都在积极推动，其目的除了积极应对气候变化外，同时还试图获得国际碳货币的发行权。目前，欧元是国际碳交易的主要计价和结算货币，美元和日元次之，澳元、加元等货币都在不断提升碳交易的影响力，世界主要发达国家都在不遗余力地利用碳交易来扩大本国货币的国际交易和结算能力，从而在未来的碳货币体系中占据一席之地。我国碳交易市场巨大，拥有丰富的清洁发展机制项目，要抓住机遇，提升人民币在国际货币中的地位。

2. 建立中国碳金融体系

全球范围内的碳金融业务及其衍生品突飞猛进，我国需要积极构建碳金融体系，要建立国际碳信用市场和国内金融体系的利益协调和传导机制。国内需要将国际条约、谈判和动态及国际碳信用市场变化与国内金融政策设计结合起来，建立碳信用利益协调和传导的机制，使得国内气候变化各方利益涉及者逐渐适应碳信用在全球市场上的重要作用。同时，气候变化国际金融援助是发展中国家应对气候变化的重要手段，我国需要针对国际资金建立鼓励制度和资金渠道，以积极应对今后以大额碳信用形式出现的国际金融援助。银行、保险、证券等金融企业应该推出各式各样适合我国国情的碳金融衍生品，并且积极与国际碳金融市场接轨。

3. 加快健全和完善碳交易市场

积极推进人民币在碳信用的计价和结算中占据一席之地。中国已经成立了上海环境能源交易所、北京环境交易所和天津排放权交易所，但仅有少量的自愿性减排交易。同时，我国每年通过清洁发展机制的减排量非常巨大，但对于碳排放定价却没有影响力，主要接受国外买家的定价。因此，中国要加快建立全国统一的碳交易市场，调动国内企业投资清洁发展机制项目的积极性，鼓励企业进行自愿性减排和碳交易，提高国内碳交易市场交易量，并且逐渐与国际市场接轨。建立中国碳交易市场更为重要的意义在于，让中国碳交易逐步影响国际碳市场定价，最终确立中国在国际碳货币中的地位。

4. 积极发展我国的低碳能源和低碳技术

将碳排放纳入到经济发展指标体系中，试行碳排放强度考核制度，为今后可能出现的碳货币体系做好储备。发展低碳经济和开展节能减排，不仅是我国环境发展战略方针，对改善我国环境质量有着决定性的意义，同时也为我国在未来国际碳货币体系中储存财富。逐步实施碳预算制度，将低碳经济发展定量化地融入经济预算和城市总体规划中，有利于我国经济体系面对未来国际碳货币体系的灵活调整和应变①。

---

① 蔡博峰，刘兰翠. 碳货币——低碳经济时代的全新国际货币［J］. 中外能源，2010（15）：10-14.

各国推行碳积分制度

1. 美国

在美国，包括加州在内的至少 14 个州，每一个汽车生产商都需要按照州的规定出售一定比例的"零排放汽车"（ZEV），包括但不限于电动汽车、混合动力汽车、燃料电池汽车。不卖新能源汽车，或者卖不到足够的份额就需要接受处罚：缴纳罚款、限售，甚至取消卖车资格。

2. 中国

与美国的单一积分政策不同，中国的碳积分政策采用的是双积分政策：燃料消耗量积分与新能源汽车积分，并分别设立达标值。2017 年 8 月 16 日，工信部发布《乘用车企业平均燃料消耗量与新能源汽车积分并行管理办法》，自 2018 年 4 月 1 日起施行。该政策 2020 年经过修订，改变了部分参考指标的权重，最新规定于 2021 年 1 月 1 日执行。对于燃料消耗量积分，设定的是油耗标准。若生产的燃油车油耗高于油耗标准，产生负积分；油耗小于标准，产生正积分。对于新能源汽车积分，设定的是新能源车销售占比。若生产的新能源汽车数量占比小于达标值，产生负积分；多于达标值，产生正积分。一般来说，如果车企燃料消耗量积分是负数，大概率新能源汽车积分也是负数，无力通过内部的关联企业机制来偿付，就必须购买积分来弥补。

第七章

碳资产

碳资产作为应对全球气候变化大背景下产生的新型资产，属于新兴的研究领域。碳资产形成于低碳经济活动中，是通过二氧化碳减排措施实现其价值的特有经济资源。在低碳经济背景下，碳资产涉及节能减排的各种有关资产，包括碳排放权、碳固资源，围绕节能减排而形成的低碳设备、低碳技术以及碳汇，还有通过碳交易市场所获得的碳排放权或减排配额，具有固定资产、无形资产等各种资产形态。随着各国对温室气体排放的日益重视愈发凸显，碳资产所具有资产的稀缺性和市场交易属性，可以直接或间接产生经济效益。

一、 碳资产的概念

（一）碳资产的定义

为了全面理解碳资产，首先要认识资产的内涵。对于资产的定义，美国财务会计准则委员会（FASB）指出："资产是可能的未来经济利益，它是特定个体从已经发生的交易或事项所取得或加以控制的。"国际会计准则委员会（IASB）指出："资产是作为过去交易的结果，而由企业控制的、渴望流入企业的未来经济利益的资源。"中国2006年新颁布的《企业会计准则》中明确指出："资产是指企业在过去的交易或者事项中形成的，由企业拥有或者控制的，预期会给企业带来经济利益的资源。"碳资产属于企业的资产，具有资产的一般特征和属性：（1）由企业过去的交易或者事项形成；（2）由企业拥有或者控制；（3）预期会给企业带来经济利益。碳资产作为应对全球气候变化大背景下产生的新型资产，属于新兴的研究领域。碳资产可以分为狭义碳资产观和广义碳资产观。

1. 狭义碳资产观

狭义碳资产观认为碳资产仅指碳排放权，有关学者进行了多维度的定义。张鹏将碳资产界定为一项企业拥有或控制的环境资源，并将碳资产分为减排碳资产和配额碳资产①。万林葳、朱学义认为碳资产是企业利用减排项目促使排放量少于基准量而拥有的，能够为企业带来经济利益流入的资源②。江玉国、范莉莉则从资产的实物形态角度划分碳资产，具有实物形态同时能够准确计量经济价值的碳资产为有形碳资产，相反，碳配额和项目碳资产这二者不具有实物形态的碳资产则为无形碳资产③。

狭义的碳资产是指企业过去交易行为或项目产生的，经国际或国家官方机构核证认可的，由企业拥有或控制的，具有流动性和交易价值属性的温室气体减排量。关于狭义碳资产的定义包含以下两方面的内涵：

（1）碳资产是企业减少的碳排放量。碳资产实际上是由企业改善工艺流程、更新低碳技术所带来的二氧化碳排放量的减少，同时，减少的碳排放量可以被企业用于碳交易。而企业参与碳排放交易的前提就是培育和实现减排量。计量碳资产的前提是设定减排基准，如果企业单位产品的碳排放量低于这一基准，就形成碳资产，反之则形成碳负债。如果缺少减排标准，碳资产的数量就无法计量，也很难得到外界的认可。从这个角度来说，碳资产是由企业技术革新而引起的碳排放量的下降，除此之外，企业还可以向外界购买更多的碳资产。

（2）碳资产预期能给企业带来经济效益。随着时代的发展，低碳经济无疑是主流趋势，未来国家会规定各个企业的二氧化碳排放量上限，企业通过改善工艺流程和技术革新进行减排，减少的排放量通过相关机构认证后可成为该企业的碳资产，并在碳交易市场进行相关交易，从而

---

① 张鹏. 碳资产会计问题研究 [D]. 重庆：重庆工商大学，2011.
② 万林葳，朱学义. 低碳经济背景下我国企业碳资产管理初探 [J]. 商业会计，2010 (17)：68-69.
③ 江玉国，范莉莉. 碳无形资产视角下企业低碳竞争力评价研究 [J]. 商业经济与管理，2014 (09)：42-51.

使企业得到直接经济效益。此外，企业还可以公布碳足迹，碳足迹标识是企业向其利益相关者传递自身在评估、管理和减少环境影响方面所做的努力，不仅可以帮助消费者和商业合作伙伴更好地做出商业决定，还能够在环保意识日益增强的社会中维护自身品牌形象、提升产品公信力，从而使企业获得间接经济效益。同时，产品碳足迹可以显示产品整个生命周期的温室气体排放情况，帮助企业发现高排放温室气体的生产环节，并通过相应措施进行完善，达到节能减排的作用。另外，企业为实现节能减排的目的会引进环保设备，虽不能直接带来经济利益，但可以减少未来经济利益的流出，所以环保设备也被视为企业的碳资产。

2. 广义碳资产观

广义碳资产观认为碳资产是指在低碳经济这一新型经济发展模式下，能够帮助企业节能减排所涉及的所有资产，包括碳排放权、碳固资源以及企业为实现节能生产或提供节能减排业务而持有的具有固定资产、无形资产等形态的资产。张彩平基于全生命周期理论，主张碳资产存在于碳资产的投入、利用效率、废弃物再回收的整个生命周期中，只有实施全方位、全流程的措施，才能实现真正的碳减排[①]。刘楠峰、范莉莉认为碳资产形成于低碳经济时代，是通过二氧化碳减排措施实现其价值，由企业自身拥有权利而其他主体没有的经济资源[②]。

广义碳资产既包括狭义碳资产，也包括交易获得和政府无偿配置的碳排放权以及其他事项获得的碳排放权或减排额度，还包括企业为节能减排而投入的低碳设备、低碳技术以及碳汇等。从这一角度来看，广义

---

① 张彩平. 碳资产管理相关理论与实践问题研究 [J]. 财务与金融，2015（03）：60-64.
② 刘楠峰，范莉莉. 基于低碳经济视角的企业碳资产识别研究 [J]. 生态经济，2016，32（10）：84-86＋92.

碳资产不仅涵盖今天的资产，也涵盖未来的资产；不仅包括清洁发展机制（CDM）资产，也包括一切由于实施低碳战略而同比、环比产生出来的增值。在《京都议定书》设定的清洁发展机制（CDM）、联合履行机制（JI）和国际排放权交易（IET）等碳交易体系下，企业获得碳资产的方式主要有以下几种：（1）政府许可的碳排放指标；（2）通过碳减排项目而获得的温室气体减排量（需要经过一定的认证程序）；（3）通过交易购买的碳资产。从环境角度来说，碳资产实际上是地球环境对于温室气体排放的可容纳量，通过人为的划分和分配被企业拥有或控制的一种环境资源，并随着企业对温室气体的排放而被消耗。

（1）碳资产是一种环境资源。环境资源是指影响人类生存和发展的各种天然的和经过人工改造的自然因素的总体。环境资源包含两层含义：一是指环境的单个要素（如土地、水、空气、动植物、矿产等）以及它们的组合方式（环境状态），可称其为自然资源属性；二是指与环境污染相对应的环境纳污能力，即"环境自净能力"，可称其为环境资源属性。可见，碳资产作为地球环境对于温室气体排放的可容纳量是属于环境资源的第二个层次，即碳资产具有环境资源属性。

（2）碳资产具有政策依赖性。地球环境对于温室气体排放的可容纳能力是客观存在的，是环境的自然属性。但是，从经济学角度来说，将碳资产纳入会计核算系统进行计量的前提是必须有相关制度的确立，使得这种环境资源具有可计量性。所以从这个意义上来说，现今存在于我们经济生活中的碳资产依赖于相关制度的设定，那么它的特征中自然会存在某些制度的烙印。

（3）碳资产被企业拥有或控制。碳资产是资产的一种，资产的重要特征包括被企业拥有或控制，因为它表明企业能够排他性地从该项资产中获取经济利益，这是资产的价值实现方式。

综上所述，碳资产是在低碳经济领域，由企业过去的交易或者事项形成的、由企业拥有或控制的、预期会给企业带来经济利益的碳排放权及其他形态减排相关资源，主要包括碳排放权、碳固资源以及企业为实现节能生产或提供节能减排业务而持有的具有固定资产、无形资产等形态的资产。

（二）碳资产的特征

1. 全球性

众所周知，全球变暖的主要原因就是温室气体排放，各国的温室气体排放都对地球环境产生直接影响。因此，联合国于 1992 年 6 月 4 日通过了《联合国气候变化框架公约》，倡议各国共同努力来遏制全球变暖。之后的《京都议定书》设计了三种灵活的市场机制，开启了世界各国共同应对气候变暖的挑战，并取得了一定的成效。由此形成世界性的碳交易发展，开始谋求全球性的温室气体排放控制机制。

2. 稀缺性

稀缺资源理论表明一种资源的交换价值只有在其稀缺时才体现出来。碳资产所具有的稀缺性随着各国对温室气体排放的日益重视愈发突显，其交换价值也得到世界的肯定。碳资产具有价值，同时可以直接或间接产生经济效益。一方面，碳资产可以直接在市场上进行交易，相关交易物包括碳排放权、碳减排量等，可以使得企业获得直接的经济利益，这种方式目前在世界各国都得到较大的发展；另一方面，碳资产在企业产品生产过程中被消耗，间接使企业获得经济效益，如在一定的制度下，碳资产同企业的厂房、机械、原料、人力等资源一起成为生产的必要条件，使企业通过生产经营活动而获利。

3. 消耗性

碳资产作为一种环境资源，它的本质属性自然包括消耗性。这里所提到的消耗性可以从两个方面来理解，一方面碳资产可以被自身企业持有并消耗，另一方面是通过碳交易市场进行交易后被持有企业所消耗。因此，许多学者在对碳排放权进行研究时主张将其作为存货来进行确认和计量。我国《企业会计准则——第1号存货》第二章第三条指出："存货，是指企业在日常活动中持有以备出售的产成品或商品、处在生产过程中的在产品、在生产过程或提供劳务过程中耗用的材料和物料等。"由此可见，碳资产所具有的消耗性使其无论作为一种被出售的产品，还是一种被耗用的物料，与存货的特征都比较贴合。

4. 投资性

碳资产的投资性主要表现在可以通过碳交易市场进行交易，从而使企业获得经济效益，这也使其具有类似金融资产的一些特征。目前，相对成熟的碳排放交易市场已经在各国陆续形成，各国可以进行碳资产的相关投资性交易并拥有具体的定价机制。美国的产权法赋予了碳排放权等同于金融衍生工具的地位并允许其以有价证券的形式存储于银行。我国也在上海、北京、广东等地建立了相关交易所，碳资产的投资性日益突显。碳资产是一种特殊的、市场化的权利，这种权利代表着某种形式的使用，因此，许多学者在研究碳排放权时把它归类为有价证券，并将其作为金融资产进行确认和计量。

（三）碳资产的分类

企业所持有的碳资产存在不同的分类方式。按来源分，可将碳资产分为政府配额和有偿购买的资产；按经济用途分，可将碳资产分为以生产经营为目的和以交易为目的的资产；按取得动因分，可将碳资产分为权利行为和义务行为下的资产；按碳交易制度分，可将碳资产分为配额碳资产和减排碳资产；按资产实物形态分，可将碳资产分为碳有形资产和碳无形资产。碳资产分类如图7.1所示。

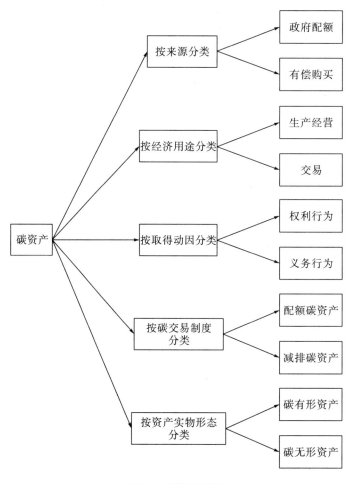

图 7.1　碳资产分类图

（资料来源：刘鹤. 企业碳无形资产识别及其价值评估 [D]. 成都：西南交通大学，2017.）

1. 按来源分类

碳资产的两个重要来源分别是政府配额和有偿购买。政府配额指的是由政府于年初对全国全年的可排放碳量进行合理规划并向省级分配，再由省级向下面逐级分配，或者由政府直接分配给企业，作为企业无偿取得的碳排放权，用于其生产经营。当政府配额的碳排放权满足不了企业的正常生产经营时，企业需要从其他碳排放权有剩余的企业有偿购买，这就有利于鼓励企业改善工艺流程，自主采取减排措施，营造全国范围低碳生产的氛围。

2. 按经济用途分类

考虑到碳排放权带给企业经济利益的流入方式不同，可将碳资产分为以生产经营为目的和以交易为目的的资产。前者被企业视为产品生产经营中的必需品，其产生的经济利益间接流入企业，由于碳排放量并不是企业的某个部门单独产生，所以不能将碳排放权取得价款认为是会计中的某项成本或者费用。后者被企业视为战略性经营策略，将碳排放权视为一种类似股票的交易事项，在近期碳交易市场中出售从而获得利润，使企业持有的碳排放权所产生的经济利益直接流入企业。

3. 按取得动因分类

碳资产是一种自然资源，工业化进程伴随着碳污染，全球变暖警示人类减少碳排放不仅是权利，也是义务。企业对碳排放权的取得是集权利和义务于一体的经济行为。一方面，企业将取得碳排放权视为权利行为，通过获取排放碳化物的权利为产品生产经营提供支持；另一方面，企业将取得碳排放权视为义务行为，积极响应碳减排，主动取得碳排放权，为自身产品生产经营所产生的碳排放量买单。

4. 按碳交易制度分类

基于现在较为成熟的碳资产交易制度，可以把碳资产分为配额碳资产和减排碳资产两个大类。

（1）配额碳资产

配额碳资产是在"总量－配额交易机制"下产生的，是指经过政府分配或进行配额交易而获得的碳资产。通过实际情况设定一定期间温室气体排放的上限即总量，再将总量划分成若干的小分量，即"排放额度"，并分配给各企业。如果企业在这段时间内所排放的温室气体超过分配，就会受到惩罚，反之可以将多余的排放额度用于市场交易。

（2）减排碳资产

减排碳资产也称为信用碳资产，是在"信用交易机制"下产生的，是指通过企业自身主动地进行温室气体减排行动，从而得到政府认可的碳资产，或是通过碳交易市场进行信用交易而获得的碳资产。企业将其所达成的温室气体减排量在碳交易市场上进行交易，并可通过这样的方式获取经济利益。根据企业过去实际排放温室气体的情况制定一个排放基准线，之后将一定时间段内的企业实际温室气体排放量与基准线相比较，如果排放量低于基准线，那么企业就会获得一种信用，即减排碳资产，可用于碳交易市场的信用交易。

5. **按资产实物形态分类**

从资产的实物形态角度划分碳资产，可将其划分为碳有形资产和碳无形资产。碳有形资产又可以细分为生产性碳有形资产和非生产性碳有形资产。前者包括低碳厂房、低碳设备、低碳建筑、低碳装置等生产活动创造的资产。后者包括企业低碳化节约的土地、低碳战略节省的生物资源、地下资产、水资源、无碳原材料等自然提供未经生产而取得的资产。碳无形资产主要包括碳排放权、碳足迹、碳标签、碳管理体系、低碳专业人才、低碳工艺、低碳技术等资产①。

为了方便碳资产的识别和计量，根据会计学中有关资产性质，可以将碳资产分为流动资产、固定资产、无形资产、金融资产等类别，具体内容见表7.1所示。

表7.1 碳资产的会计学分类

碳资产类别	资产形态	资产功能
流动资产	煤炭、石油、天然气等化石能源及外购电力等	有形物质形态，参与生产经营
	碳排放（碳配额或信用）	无形资产形态，用于市场交易
固定资产	为碳减排购买的专用设备	实施长期减排战略的物质基础
无形资产	自主研发或外购的低碳技术	降低能耗，提高减排效率
金融资产	碳期货、碳期权	降低碳排放权现货的价格风险

（资料来源：张彩平. 碳资产管理相关理论与实践问题研究 [J]. 财务与金融，2015（03）：60-64.）

二、 碳资产交易

（一）碳资产交易概述

碳交易即碳排放权交易，也就是把二氧化碳排放权作为一种商品从而形成二氧化碳排放权的交易。2005年生效的《京都议定书》构成了碳交易市场的基础，采用市场机制作为解决以二氧化碳为代表的温室气体

---

① 姚文韵，叶子瑜，陆瑶. 企业碳资产识别、确认与计量研究 [J]. 会计之友，2020（09）：41-46.

排放的问题，即把二氧化碳排放权作为一种商品，从而形成二氧化碳排放权交易的过程。

碳资产交易市场的交易主体是指参与碳资产交易的个人以及组织，可分为碳资产的供给方与需求方以及中介机构。碳资产交易市场的客体是碳资产，即由企业过去的交易或者事项形成的、由企业拥有或控制的、预期会给企业带来经济利益的碳排放权及其他形态减排相关资源，主要包括碳排放权、碳固资源以及企业为实现节能生产或提供节能减排业务而持有的具有固定资产、无形资产等形态的资产。

碳资产交易市场主要由碳排放权交易市场及其他资产（低碳技术、低碳设备等资产）交易市场组成。本章重点对其他资产交易市场中的低碳技术交易市场进行简单介绍。

低碳技术交易市场是 20 世纪发展起来的新生事物。人们意识到环境与经济协调发展的重要性，进一步发现控制温室气体排放的重要性，便开始关注低碳技术的研究。《联合国气候变化框架公约》和《京都议定书》的签订与生效，为低碳技术交易的发展提供了良好的国际环境。低碳技术交易可以划分为自愿型低碳技术交易和强制型低碳技术交易。

自愿型低碳技术交易包括传统的基于市场的商业性转让以及双边或多边的国际技术合作。基于市场的商业性转让指的是在交易市场可以进行技术使用权的交易，交易双方按照约定的条件，通过买卖方式，买方获得技术的使用权，卖方获得出让使用权的收益。国际技术合作指的是国家组织或个人通过项目合作将技术跨国界推广的过程。以中国为例，如中国与欧盟环境管理合作计划，涉及环境无害化技术的转让。又如中欧煤炭利用近零排放合作项目（NZEC）涉及二氧化碳捕获与封存技术、采油率提高技术、煤炭气化技术等。

强制型低碳技术交易是缔约发达国家不可回避的任务。《联合国气候变化框架公约》《京都议定书》以及后续的《巴厘岛路线图》，都涉及技术转让条约，这是进行国际低碳技术交易的法律和政治基础。《京都议定书》第二条第一款提出促使发达国家缔约方进行低碳技术的研究与开发。第三条第十四款明确提出技术转让问题须予审议，包括有益于环境的技术、专有技术、做法和过程，以及制定政策和方案等。第十一条第二款提出发达国家缔约方应提供发展中国家缔约方支付议定的全部增加费用的资金，包括技术转让。2007 年联合国气候变化大会针对全球气候变暖问题而通过的《巴厘岛路线图》进一步拓展了《京都议定书》的内容，并就加强技术开发和转让方面的行动提出了四点考虑，对加强供资和投资方面的行动、支持缓解和适应行动及技术合作提出了六条考虑。

（二） 国际碳资产交易市场

不同国家间能源利用效率存在差异，导致其减排成本不同，从而促进国际碳资产交易市场的产生。发达国家广泛应用新能源技术，能源利用效率高，减排空间相对较小，《京都议定书》中规定发达国家强制减排责任。发展中国家的新能源技术还不够成熟，能源利用效率低，减排空间大，可以通过《京都议定书》清洁发展机制参与国际碳交易市场，从而降低发达国家的减排成本。

国际碳资产交易市场经过多年发展日益成熟，无论从市场交易结构还是从内容上看，都呈现多层次、多种类的特点。从碳交易市场成立的法律依据上看，可以分为两类，一类是依据《京都议定书》成立的市场，被称为"京都市场"，另一类则是依据各国法律成立的碳交易市场，被称为"非京都市场"。例如，美国加州碳交易市场、澳大利亚碳交易市场等都是非京都市场。随着《巴黎协定》签订国的增加，将会成立越来越多的非京都碳交易市场。从交易动机来看，碳交易市场可划分为强制减排市场以及自愿减排市场。强制减排市场构成碳交易市场的基础，其交易动力主要来自交易主体完成国际或国内法律规定的履约义务等。自愿减排市场源自企业自愿的减排动机，包括主动承担社会责任、获得项目收益等动机。

（三）我国碳资产交易市场

我国碳交易起步较晚，国家发展和改革委员会在 2008 年部署建立国内碳交易所，此后很多环境交易所便在短期内成立。我国作为发展中国家，参与国际碳交易市场主要是作为碳资产的供给国，通过清洁发展机制与发达国家完成交易。多年来我国一直重视碳交易市场的建设与发展，我国早在"十二五规划"中就明确提出逐步建立全国统一的碳排放市场，表明我国将通过建立市场机制，更多地发挥市场机制对资源配置优化的作用，使控制温室气体排放由依靠行政手段，更多地转为依靠市场力量。碳交易法规体系和技术体系的构建、自愿减排量（VERs）项目的实施对全国建立统一的碳交易市场起到良好的示范作用。北京市、天津市、上海市、重庆市、湖北省、广东省及深圳市的七家碳交易试点先后正式启动交易，标志着我国碳交易市场走向实际操作过程，为后续建立统一的碳交易市场储备了经验。从政策方面来看，目前国家在自愿减排温室企业排放核算标准制定、国家等级系统建设方面都取得良好的进展，为我国启动全国统一的碳交易市场建设做了良好的准备工作。

但是，我国碳资产交易市场有待进一步完善，存在以下问题：

（1）碳交易市场的参与方缺乏积极性。其原因是多方面的，碳金融的发展前景不明，知识普及范围不够，各地碳交易市场的政策差异和配额透明度不足，碳交易的交易金额对获得配额的规模企业而言杯水车薪，没有引起企业足够的重视。

（2）碳交易市场的流动性不足。在履约期之前，交易寥寥无几。交易峰值往往出现在临近履约期的1到2个月之内，没有形成活跃的交投市场氛围，无法对碳资产提供合理的连续市场价格。

（3）市场价格波动较大，导致碳资产市场风险被放大，产生的消极影响反作用于市场，从而带来了更多问题。出现以上问题的关键原因在于顶层设计不合理，对碳交易以及碳金融缺乏具有系统性、创新性的闭环设计。

【拓展阅读】

国际碳交易市场

目前，国际碳资产交易市场主要包括欧盟碳排放交易体系、区域温室气体计划碳交易市场、加州—魁北克碳交易市场。

1. 欧盟碳排放交易体系（EU-ETS）

欧盟碳排放交易体系是世界上最大的碳排放交易市场，通过对各企业强制规定碳排放量，为全球减少碳排放量作出巨大贡献。EU-ETS采用分权化治理模式，即该体系所覆盖的成员国在排放交易体系中拥有相当大的自主决策权，这是其与其他总量交易体系的最大区别。EU-ETS覆盖27个主权国家，它们在经济发展水平、产业结构、体制制度等方面存在较大差异。通过采用分权化治理模式，欧盟可以在总体上实现减排计划的同时，兼顾各成员国差异性，有效地平衡了各成员国和欧盟的利益。这种在集中和分散之间进行平衡的能力，使其成为排放交易体系的典范。此外，EU-ETS 具有开放性和循序渐进的特点。第一阶段从 2005 年至 2007 年，仅涉及二氧化碳的排放权的交易，仅覆盖能源、钢铁等高耗能企业。第二阶段从 2008 年至 2012 年，时间跨度与《京都议定书》首次承诺时间保持一致。逐渐加入其他温室气体和产业，欧盟开始正式履行对《京都议定书》的承诺。第三阶段从 2013 年至 2020 年，在此阶段内，排放总量每年以 1.74% 的速度下降，以确保 2020 年温室气体排放要比 1990 年至少低 20%。此外，欧盟希望通过该交易市场将其 2030 年温室气体排放量在 2005 年的基础上减少 43%。在《巴黎协定》时代，EU-ETS 正面临着进步的变革，以实现《巴黎协定》的目标。

2. 区域温室气体减排计划碳交易市场

2005 年成立的区域温室气体减排计划（RGGI）是美国成立的第一个以市场为基础的减排体系，其成员包括康涅狄格州、特拉华州、缅因州、马里兰州、马萨诸塞州等。RGGI 将电厂作为规制对象，二氧化碳作为规制温室气体，控排企业范围是成员州内 2005 年后所有装机容量大于或等于 25 兆瓦且化石燃料占 50% 以上的发电企业。RGGI 的初始配额总量由各成员州的配额总量确定，各成员州根据过去历史碳排放情况设定各自初始配额总量。同时 RGGI 也采取了分阶段的控制方式，即履约控制期，每连续三年是一个履约控制期，每个履约控制期相对独立。第一个履约控制期从 2009 年至 2011 年，该履约控制期配额总量为每年 1.88 亿吨的二氧化碳排放当量。但是，在首个履约控制期期间，RGGI 控排企业实际碳排放明显下降，碳市场在运行初期即面临碳配额严重供过于求的问题。为挽救碳交易市场，RGGI 果断对初始配额总量设置进行了动态调整，并出台若干配套机制以稳定碳市场。

3. 加州—魁北克碳交易市场

加州—魁北克碳交易市场是西部气候倡议（WCI）的一部分，其中加州是西部气候倡议的发起者，魁北克于 2008 年 4 月加入 WCI，并于 2014 年 1 月实现与加州市场的连接。加州—魁北克碳交易市场经过多年运行，形成了稳定的一级与二级市场。其中一级市场主要是进行配额的拍卖，二级市场主要是进行配额的交易。该交易市场对我国建立多层级的碳交易市场，实现一、二级交易市场的联动具有很好的借鉴意义。

我国主要碳交易市场机构

1. 北京环境交易所

2008 年经北京市人民政府批准，北京环境交易所有限公司（简称"环交所"）得以设立。2020 年，环交所更名为北京绿色交易所有限公司（简称"北京绿色交易所"或"绿色交易所"）。自成立以来，绿色交易所不断探索用市场机制推进节能减排的创新途径，相继成立了碳交易、排污权交易、低碳转型服务等业务中心，形成了完整齐备的业务条线，在交易服务、融资服务、绿色公共服务和低碳转型服务等方面开展了卓有成效的市场创新。绿色交易所是中国自愿减排交易市场主要的开拓者，开发了中国第一个自愿减排标准"熊猫标准"，推出了中国第一张低碳信用卡，推动完成了一系列知名机构的碳中和案例；在《温室气体自愿减排交易管理暂行办法》颁行后，绿色交易所作为国家发改委备案的全国自愿减排交易机构，已经发展成为中国核证自愿减排量（CCER）的主要交易平台。交易产品主要包括两类五种，分别是北京市碳排放配额和经审定的项目减排量两类，后者分为四种。北京市碳排放配额是指由北京市发改委核定的，允许重点排放单位在本市行政区域一定时期内排放二氧化碳的数量，单位以"吨二氧化碳（tCO_2）"计。经审定的项目减排量是指由国家发改委或北京市发改委审定的核证自愿减排量、节能项目、林业碳汇项目的碳减排量和机动车自愿碳减排量等，单位以"吨二氧化碳当量（tCO_{2e}）"计。北京碳市场的交易方式分为线上公开交易和线下协议转让两大类。线上公开交易的几种方式见表7.2所示。线下协议转让是指符合《北京市碳排放配额场外交易实施细则（试行）》规定的交易双方，通过签订交易协议，并在协议生效后到交易所办理碳排放配额交割与资金结算手续的交易方式。根据要求，两个及以上具有关联关系的交易主体之间的交易行为（关联交易），以及单笔配额申报数量1万吨及以上的交易行为（大宗交易）必须采取协议转让方式。

表7.2　北京碳市场线上公开交易方式

	整体交易	部分交易	定价交易
成交价格	最优价格	低于底价	底价成交
成交数量	全部成交	部分成交	部分成交
成交时间	自由报价期＋限时报价期	自由报价期	即刻成交
对手方数量	唯一对手方	多个对手方	多个对手方
适用情况	固定成交量	可以接受部分成交	快速成交

（资料来源：《北京碳市场 2018 年度报告》）

2. 上海环境能源交易所

上海环境能源交易所是经上海市人民政府批准设立的全国首家环境能源类交易平台，于2008年8月5日正式揭牌成立。上海环境能源交易所始终以"创新环境能源交易机制，打造环保服务产业链"为理念，积极探索节能减排与环境领域的权益交易，业务涵盖碳排放权交易、中国核证自愿减排量交易、碳排放远期产品交易、排污权交易、碳金融和碳咨询服务等。目前，上海环境能源交易所已经成为全国规模和业务量最大的环境交易所之一，市场发展各项数据均名列全国同行业前列。上海环境能源交易所在政府相关部门的指导支持下，充分利用上海国际金融中心的区位优势，积极参与全国碳交易的市场建设工作，努力加快碳衍生品和碳金融的发展，深入拓展排污权、节能量等创新交易模式，争取早日建成具有国际影响力的气候与环境权益市场中心。上海环境能源交易所坚持"市场化、金融化、国际化"的发展战略，努力为推进我国绿色低碳产业和循环经济，为建设资源节约型和环境友好型社会、实现经济社会可持续发展做出贡献。2020年，上海碳市场 CCER 交易量为 2102.23 万吨，同比增长 38.99%，占全国 CCER 年度总成交量的 33%，继续领跑其他区域碳市场。2020 年全国各大碳市场 CCER 交易量占比如图 7.2 所示。

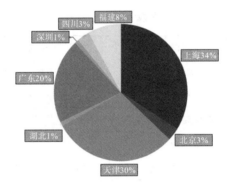

图 7.2　2020 年全国各大碳市场 CCER 交易量占比

（资料来源：《2020 上海碳市场报告》）

3. 广州碳排放权交易所

广州碳排放权交易所（以下简称"广碳所"）的前身为广州环境资源交易所，于 2009 年 4 月完成工商注册。广碳所由广州交易所集团独资成立，致力于搭建"立足广东、服务全国、面向世界"的第三方公共交易服务平台，为企业进行碳排放权交易、排污权交易提供规范的、具有信用保证的服务。广碳所由广东省政府和广州市政府合作共建，正式挂牌成立于 2012 年 9 月，是国家级碳交易试点交易所和广东省政府唯一指定的碳排放配额有偿发放及交易平台。2013年1月，广碳所成为国家发改委首批认定CCER交易机构之一。2013年12月16日，广碳所成功举行广东省首次碳排放配额有偿发放，成为至今全国唯一一个采用碳排放配额有偿分配的试点。同月广东省碳排放权交易顺利启动，创下中国碳市场交易的五个第一，迅速引发全球关注。2015年3月9日，广碳所完成国内第一单CCER线上交易，为碳排放配额履约构建多元化的补充机制。在严格遵循有关法律法规，按照省、市政府和发改委的管理和指导下，广碳所陆续推出碳排放权抵押融资、法人账户透支、配额回购、配额托管、远期交易等创新型碳金融业务，为企业碳资产管理提供灵活丰富的途径。广碳所的交易产品包括广东省碳排放配额（GDEA）、粤内CCER、粤外CCER、非履约CCER等，交易方式及收费标准见表7.3所示。

表7.3 广碳所交易产品

产品名称	产品代码	系统交易方式	业务类型	经手费费率
GDEA	000001	挂牌点选		交易金额双向5‰
		协议转让		交易金额双向5‰
		协议转让	正回购	交易金额双向5‰
		协议转让	逆回购	0
		协议转让	远期交易	交易金额双向5‰
		竞价转让		交易金额双向5‰
粤内CCER	100001	挂牌点选		交易金额双向5‰
粤外CCER	100002	协议转让		交易金额双向5‰
非履约CCER	100003	协议转让	远期交易	交易金额双向5‰
碳普惠	200001	挂牌点选		交易金额双向5‰
		协议转让		交易金额双向5‰
		竞价转让		交易金额双向5‰

（资料来源：广州碳排放权交易所碳金融服务收费标准）

4. 天津排放权交易所

天津排放权交易所是全国首家综合性环境权益交易机构，是一个利用市场化手段和金融创新方式促进节能减排的国际化交易平台。交易所成立初期主要致力于开发二氧化硫、化学需氧量等主要污染物交易产品和能源效率交易产品。交易所启动能源效率行动实验计划，邀请工业领域、能源领域和金融领域机构参加交易所能源效率行动咨询顾问委员会，共同设计和制定能源效率合约、交易规则和制度。天津排放权交易所会员主要分为三类：一类是排放类会员，指承担约束性节能减排指标的二氧化硫、污水（化学需氧量）和其他排放物直接排放单位；一类是流动性提供商会员，在天津排放权交易所进行交易但没有直接排放、不承担约束性节能减排指标，在天津排放权交易所提供市场流动性的机构；一类是竞价者会员，即独立参与天津排放权交易所电子竞价的机构或个人。

5. 深圳排放权交易所

深圳排放权交易所于 2010 年 9 月 30 日经深圳市人民政府批准成立，是全国首批温室气体自愿减排交易机构和深圳市范围内唯一指定从事排放权交易的专业化平台和服务性机构。深圳排放权交易所通过提供交易场所、信息发布、咨询策划及其他投融资配套服务，实现信息集散、价格发现、政策引导、金融创新、资源配置、规范交易等六大功能。

6. 湖北碳排放权交易中心

湖北碳排放权交易中心是为了应对气候变化、发展低碳经济、促进产业结构升级、推进环保机制创新，以建设湖北为低碳大省的目标应运而生的。其主营业务包括碳排放权交易、能效市场产品交易、新能源及节能减排综合服务、碳金融创新产品开发及碳交易投融资服务、碳交易市场咨询和培训等。中心的成立旨在通过标准化的交易程序保证碳交易市场的公助；为低成本高效率地控制碳排放积累经验及建设健全机制；为市场参与方提供透明的交易价格；协助国家制定更加完善的碳排放权交易政策和目标；协助企业以最低成本获得最高能源效率；设计一流的碳排放权交易市场和金融创新产品；为碳排放权交易市场利益相关方提供有关排放权交易的高质量的信息培训和相关服务。

7．重庆碳排放权交易所

重庆碳排放权交易所隶属重庆联合产权交易所集团，该集团是重庆市政府批准设立的市属国有重点企业集团，涵盖各种权益交易（股权、实物资产、知识产权、环境资源、特许经营权及其他权益）和配套金融服务，是一个综合性的要素资源交易市场，拥有中央企业、中央金融企业产权交易、中央国家机关事业单位资产处置、国家专利技术展示交易、中小企业产权交易和碳排放权交易等6个国家级交易资质和4个省级交易资质，累计形成了8大类20多个交易品种，特别是在诉讼资产交易和第三方支付结算业务方面走在行业前列。重庆碳排放权交易所在国内率先实现了公告、报名、竞价、结算全程互联网化，在各区县设立了31家分支机构，是全国唯一的省级区域全统一、全覆盖的交易市场。

三、 碳资产管理方法

近些年来，人类对气候变化的认识有了很大的提高，在低碳发展的背景下，企业进行碳资产管理任重而道远。企业应根据国内外法律法规相关要求，认真制定碳资产管理战略，提升企业形象与竞争力，方能获得长远的发展。

碳资产管理是指针对《京都议定书》所规定的温室气体开展的以碳资产生成、利润或社会声誉最大化、损失最小化为目的的现代企业管理行为①。

碳资产管理主要包括碳盘查（前提）、碳披露与碳标签（信息公开）、内部减排（企业行动）、碳中和（实现零碳排放）、碳交易与碳金融（碳资产保值增值）等内容。以下重点针对碳盘查、碳披露、碳标签、碳资产计量与内部减排进行详细分析，关于碳交易与碳金融等内容在前面第四章、第五章已作详细介绍。

（一）碳盘查

碳盘查是企业进行碳资产管理的第一环节，非常重要，关系到后续工作的开展。碳盘查有助于企业了解自身的碳资产情况，为制定减排策略以及实施减排项目提供数据基础。

1. 碳盘查的概念及分类

"碳盘查"并没有统一的概念，一般认为碳盘查又称碳计量，是指在一定的空间和时间边界内，以政府、企业等为单位计算其在社会和生产活动中各环节直接或者间接排放的温室气体②。碳盘查的研究对象是温室气体，《京都议定书》给出了六种人类主要排放的温室气体，包括二氧化碳（CO_2）、甲烷（CH_4）、氧化亚氮（N_2O）、氢氟碳化物（HFCs）、全氟化碳（PFCs）和六氟化硫（SF_6）。

根据盘查对象的不同，可将碳盘查分为四类，即组织、项目、产品

① 吴宏杰. 碳资产管理［M］. 北京：清华大学出版社，2018.
② 陈轶星. 碳盘查的国际通行标准及在我国实施的现状［J］. 甘肃科技，2012（12）：10-11.

和区域。组织层面指整个公司的碳排放量；项目层面指碳减排项目进行量化，比如土地利用变化项目的碳排放量等；产品层面指通过量化产品生命周期内的碳排放实现产品的碳标签（生态标签）目标；区域层面指一定地域空间内的碳排放①。

2. 碳盘查的原则

碳盘查应遵循以下原则：第一，相关性，选择适合预期使用者需求的温室气体源汇、温室气体存库、数据及方法；第二，完整性，纳入所有相关温室气体排放与移除；第三，一致性，与温室气体相关信息做有意义比较；第四，准确性，尽可能依据实务减少偏差与不确定性；第五，透明性，让第三者查证可以得到相同结果，揭露过程充分且适当②。

3. 碳盘查的内容

碳盘查的主要内容，可以概括为边、源、量、报、查等五个方面③。

（1）"边"：指组织边界或者运营边界，用于对盘查边界做整体规划。

（2）"源"：指组织内部的温室气体排放源，主要分为固定燃烧排放、移动燃烧排放、过程排放以及逸散排放这四类排放源。

（3）"量"：指对温室气体排放量进行量化的过程，一般有直接测量法、质量平衡法和排放系数法三种主要的量化方法。

（4）"报"：指根据碳盘查标准要求，创建碳排放清单报告。

---

① 伍婷. 城市住宅用地碳盘查及其影响因素分析与低碳利用对策研究 [D]. 长沙：湖南师范大学，2015.
② 徐苗，张凌霜，林琳. 碳资产管理 [M]. 广州：华南理工大学出版社，2015.
③ 张蕊娇. 中国应对全球绿色碳博弈之破立有道 [D]. 上海：东华大学，2013.

（5）"查"：由内部核查和外部核查两部分构成。"内部核查"指的是由企业内部对数据收集、计算方法、计算过程以及报告文档等自行组织盘查工作；"外部核查"指的是由第三方机构对企业的碳排放量进行核算的行为。

4. 碳盘查的标准

随着各国对碳足迹关注度的提高，很多国家和机构都制定了碳盘查的相关标准。就产品碳盘查而言，世界上至少有 15 种不同的标准。目前，国内外使用最广泛的碳盘查标准是世界资源研究所（WRI）和世界可持续发展工商理事会（WBCSD）发布的《温室气体议定书企业准则》（GHG Protocol）和 ISO-14064 温室气体核证标准，如图 7.3 所示。

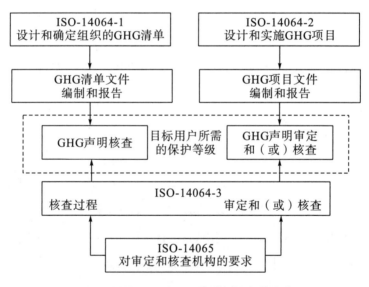

图 7.3　ISO-14064/14065 系列标准之间的关系

ISO-14064 系列标准由国际标准化组织（ISO）于 2006 年 3 月发布，共包含三个部分：ISO-14064-1、ISO-14064-2 和 ISO-14064-3。2007 年 4 月，国际标准化组织发布 ISO-14065 标准，该标准作为对 ISO-14064 标

准的补充，是一个对使用 ISO-14064 或其他相关标准从事 GHG 审定和核查的组织和独立机构的规范及指南①。

5. 碳盘查的意义

企业开展碳盘查工作具有十分重要的意义，主要包括以下五个方面：

（1）符合国内外政策法规的要求

《巴黎协定》代表了全球绿色低碳转型的大方向，是保护地球家园需要采取的最低限度行动，各国必须迈出决定性步伐。

为了落实我国"碳达峰、碳中和"的战略决策部署，《碳排放权交易管理办法（试行）》已于 2020 年 12 月 25 日由生态环境部部务会议审议通过，自 2021 年 2 月 1 日起施行。

国际上对减排的要求日趋严格，例如欧盟为确保 2050 年实现"碳中和"，决定将 2030 年温室气体阶段性减排目标比例从此前的 40%提升至 55%。来自 157 家企业、21 个行业联盟以及投资者协会的负责人均支持欧盟调整气候政策目标的举措，其中包括宜家、德意志银行、法国电力集团等欧洲企业以及微软、苹果等跨国巨头。这些企业中，有很多与中国企业存在贸易往来，因此，中国企业也会相应受到影响。

（2）降低企业的成本

对于企业自身来说，通过碳盘查能够清楚地了解各个时段、各个部门或生产环节产生的 CO_2 排放量，有利于企业制定针对性的节能减排措施，减少成本，提升竞争力。另外，就银行而言，随着碳金融、绿色金融的推广，银行在信贷业务方面也更倾向于服务低碳环保企业。

---

① 刘会艳，张元礼，赵纯革，等. 企业碳盘查与碳交易在我国的实施 [J]. 油气田环境保护，2015，25（04）：1-4＋79.

（3）便于碳资产管理战略的制定

从 2013 年我国试点碳交易开始，纳入试点的七省市控排企业必须进行碳盘查工作，摸清企业碳排放现状及增长情况。企业只有进行碳盘查，对照单位产品碳排放量的基准，才能确定自身拥有的究竟是碳资产还是碳负债，且盘查结果也可能影响第二年企业碳配额的发放。

（4）满足客户的需求

对企业而言，尤其是参与国际贸易的企业，需要满足国外客户碳排放披露的要求。例如，沃尔玛要求其供应商提供碳盘查的报告，苹果公司要求作为供应商的富士康公司购买盘查服务等，这些行为给中国企业进行碳盘查带来了压力和动力。

（5）提升企业的形象

企业越来越重视其社会形象。碳排放信息的披露，能有效地提升企业形象和信任度，赢得投资者和消费者的信赖。企业进行碳盘查就是履行企业社会责任的具体实践。

（二）碳披露

企业完成碳盘查后，收集到了各种碳信息与数据，这时需要对这些内容进行公开披露，即进行碳披露。碳披露也是企业进行碳资产管理的一个重要环节。

1. 碳披露的概念

碳披露即碳信息披露，指企业将自身的碳排放情况、碳减排计划与方案、执行情况等信息，在适当的时间，通过适当的方式，向公众进行披露的行为。碳披露以节能减排为目标，有助于利益相关者发现隐藏在企业中的气候风险与机遇，降低企业与利益相关者之间的显性与隐性契约成本，提高投融资效率，优化资源配置，提升企业低碳竞争力①。

2. CDP 碳披露框架

碳披露是基于特定框架开展的，典型的碳披露框架有碳信息披露项目（CDP）的披露框架、欧盟碳排放交易体系（EU-ETS）的披露框架、加拿大碳信息披露框架等。目前，全球应用最多的碳信息披露框架是CDP。CDP 创建于 2000 年，是一家独立的非营利性机构。从 2003 年起，CDP 发布公告 CDP1，2004 年、2007 年陆续发布了 CDP2、CDP3、CDP4 和 CDP5。CDP 试图形成企业应对气候变化、碳交易和碳风险方面的信息披露标准，以弥补没有碳排放权交易会计准则规范的缺陷。实际上，因为没有碳排放会计准则的约束，CDP 披露的范围更广，形式更为灵活②。

CDP 主要针对低碳战略等四个问题进行问卷调查，以完整反映被调查企业在应对气候变化方面的信息，如表 7.4 所示。

表 7.4　碳披露项目（CDP）的主要内容

	碳风险
低碳战略	低碳发展机遇
	碳管理战略
	碳减排目标
	碳核算方法
碳减排核算	碳排放的直接核算
	碳排放的间接核算

① 刘捷先，张晨. 中国企业碳信息披露质量评价体系的构建［J］. 系统工程学报，2020，35（06）：849-864.
② 张彩平，肖序. 国际碳信息披露及其对我国的启示［J］. 财务与金融，2010（03）：77-80.

续表

碳减排管理	碳排放计划
	碳排放交易
	碳排放集中度
	能源成本和计划
全球气候治理	气候变化的责任分担
	总体和个体减排成效
	国际气候治理机制

（资料来源：张彩平，肖序. 国际碳信息披露及其对我国的启示 [J]. 财务与金融，2010（03）：77-80.）

中国正处于转变经济增长方式的关键时期，碳信息披露作为政府监管企业温室气体排放的重要工具，有助于职能部门掌握宏观低碳经济走势，合理引导低碳资源配置。中国的碳披露尚不成熟，没有形成统一的披露规范，更没有强制性的披露要求，企业信息披露具有随意性，披露的内容、形式、载体不一，碳信息的使用效率较低[①]。因此，充分重视碳披露质量，采用科学合理的方法进行碳披露是关键。

3. 碳披露的计量方法

中国企业碳信息披露的计量方法，常见的包括声誉评分法、指数法、内容分析法等[②]，以下逐一进行简单介绍。

（1）声誉评分法：运用发放问卷的形式了解被调查者对企业的评价，被调查者对各个指标进行评分，各指标的总得分即为该企业的声誉分值。该方法存在一定缺点：一是被调查者须较为了解样本公司的情况，这往往会因公司规模、品牌、被调查者的个人经历及主观偏好等条

---

① 刘捷先，张晨. 中国企业碳信息披露质量评价体系的构建 [J]. 系统工程学报，2020，35（06）：849-864.
② 陈华，王海燕，荆新. 中国企业碳信息披露：内容界定、计量方法和现状研究 [J]. 会计研究，2013（12）：18-24＋96.

件受限；二是如果所发放的问卷过长，会影响问卷的质量，因此一次最多只能对 40 家公司作出声誉评分，限制了此方法在大样本中的使用。

（2）指数法：指研究者通过构建指数对信息披露水平进行评价。指数构建的步骤：一是将信息披露分为大的类别；二是确定大类所涵盖的小类；三是把每个小类分为定量和定性描述，并对两者分别进行赋值；最后将各小类的定量描述和定性描述的得分加总，该总分即为信息披露的得分。

（3）内容分析法：针对公司已公开的各类报告或文件进行分析，确定每一特定项目的分值或数值，从而对信息披露做出总的评价。其优点在于：一是适合大样本研究；二是除了特定的需要评分的项目外，其余的过程较为客观。其缺点在于：是确定信息披露的各项目时具有主观性。广义的内容分析法其实包括指数法，因为指数法也要对报告或文件的内容进行分析。

4. 碳披露的主要方式

我国的碳披露尚处于起步阶段，企业进行碳披露主要包括以下三种披露方式：

（1）企业社会责任碳信息披露

企业社会责任报告又称可持续发展报告或永续发展报告，是企业披露其社会责任履行的战略方针、具体行动及远景规划等非财务绩效的重要载体。目前我国企业主要在企业社会责任报告中环境绩效部分披露企业环境保护、节能减排的责任与贡献，从而变相披露碳相关信息。在环境绩效部分披露的内容更加强调的是企业在"节能"方面采取的行动，从而达到"减排"的目的，仅要求在"绿色工厂"部分披露减少温室气体排放相关内容，包括核心指标"减少温室气体排放的计划及行动"以及扩展指标"温室气体排放量与减排量"。通过分析《中国企业社会责任报告编写指南》要求，可以看出指南并未对碳信息做出严格、明确的披露要求，因此各企业在社会责任报告中的披露均为自愿性披露，显然在披露内容上缺乏完整性与可比性。

(2) 碳会计信息披露

《碳排放权交易试点有关会计处理暂行规定（征求意见稿）》是我国碳排放会计体系发展现状的比较客观完整的体现。在碳信息披露方面，该征求意见稿在"财务报表列报和披露"部分中规定碳信息的披露内容。与国际上大多数碳信息的表外披露不同，该征求意见稿强调要求企业采取表内与表外相结合、定性与定量相结合的方法披露碳会计信息。用定量的方法披露相关资产、负债、收益及费用，用定性的方法披露碳减排战略、减排行为等信息，丰富了碳会计信息披露的内容。

(3) 温室气体排放信息披露

《温室气体核算体系：企业核算和报告标准（修订版）》是温室气体核算体系中最核心的标准之一，重点关注的是核算与报告企业一级的温室气体排放量，为企业和其他组织编制温室气体排放清单提供了标准和指南，涵盖了《京都议定书》中规定的六种温室气体。企业可以根据其标准和指南，确定应对战略，建立温室气体核算、统计和报告体系，分解和考核节能减排指标，为未来参与碳排放权交易奠定基础。

（三） 碳标签

碳标签与碳披露都是公开企业碳信息的一种方式，而碳标签侧重于产品或服务层面，对于引导消费者绿色消费、提升企业竞争力有重要意义。随着全球应对气候变化工作的广泛开展，越来越多的国家和地区通过政策法律和试点等形式开展了碳标签工作。

1. 碳标签的概念

碳标签（Carbon Labeling）是指把产品在生命周期（从原料、制造、储运、废弃到回收的全过程）中的温室气体排放（碳足迹）用可量化的指数标示出来，以产品标签的形式告知消费者有关产品碳排放量的信息[1]。

早在 2007 年英国就已建立了碳标签制度，鼓励国内企业推广和使用碳标签，首次推出全球第一批碳标签产品。在英国的特易购（TESCO）、玛莎（Marks&Spencer）等超市中，薯片包装上标有"CO_2 75 克"，易拉罐啤酒上标有"CO_2 120 克"，一盒 250 毫升牛奶包装上显示"CO_2 360 克"，这就是碳标签。美国、加拿大、瑞典、澳大利亚、韩国以及法国等国也相继实施了碳标签制度。例如，澳大利亚于 2009 年承诺将在未来 5 年对 5%～10%的连锁超市上架产品贴上碳标签，法国于 2011 年 7 月 1 日开始要求在其境内销售的产品必须强制性地披露产品的碳足迹。中国环境保护部于 2009 年 10 月宣布实施了产品碳足迹计划，国家发改委于 2013 年 2 月 18 日发布了《低碳产品认证管理暂行办法》，旨在对符合碳排放标准的产品加贴低碳标签，以此来引导消费者购买产品碳足迹更低的商品。由此可见碳标签制度已得到世界各国的重视和推广[2]。

在商品上加注碳标签，不但使得碳排放来源更加透明化、促进企业采取相关措施减少对环境的不良影响，提升企业竞争力，还可以引导消费者选择低碳商品，形成低碳偏好，从而减少温室气体的排放，缓解气

---

[1] 胡莹菲，王润，余运俊. 中国建立碳标签体系的经验借鉴与展望 [J]. 经济与管理研究，2010（03）：16-19.

[2] 程永宏，熊中楷. 碳标签制度下产品碳足迹与定价决策及协调 [J]. 系统工程学报，2016，31（03）：386-397＋422.

候变化。

2. 碳标签的分类

根据不同的标准，可以对碳标签进行分类①：

(1) 根据碳标签的不同表现形式，可分为碳标识标签、碳得分标签和碳等级标签。碳标识标签：不公布明确的二氧化碳排放量，仅仅标明产品在整个生命周期内的二氧化碳排放量低于某个既定标准；碳得分标签：计算并公布产品在整个生命周期内的碳足迹，便于消费者对不同产品进行比较，引导消费者的低碳偏好；碳等级标签：计算产品整个生命周期内的碳排放量，与同行业平均水平比较，确定其在行业中所处的位置。

(2) 根据对参与主体的约束力，可以分为自愿型碳标签和强制型碳标签。自愿型碳标签具有企业成本、社会成本和交易成本低的特点，是政策实施初期和过渡时期的主要方式。目前大多数发达国家推行的碳标签制度属于自愿型碳标签，例如，英国碳减排标签，美国气候意识标签、食品碳标签和无碳认证标签，法国 Indice Carbone 碳标签，加拿大 Carbon Counted 碳标签等。然而，目前全球仍缺乏具有强制约束力的法律性公文。

(3) 根据碳标签的属性，可以分为公共碳标签和私有碳标签。公共碳标签的所有者是政府，而私有碳标签由私人公司经营，政府只发挥有限的作用。大多数碳标签实施者是政府机构，私人实施碳标签的数量有限，仅在法国和美国出现私有碳标签，这表明在大多数情况下实施碳标签制度，政府干预是有一定必要性的。

---

① 兰梓睿. 发达国家碳标签制度的创新模式及对我国启示 [J]. 环境保护，2020，48 (12)：71-73.

3. 碳标签的计算

碳标签的计算主要包括以下五个步骤①:

(1) 建立产品的制造流程图

尽可能地列出产品在整个生命周期中所涉及的原料、活动和过程,为后续计算打下基础。主要的流程图有两类:一类是"企业—消费者"流程图(原料—制造—分配—消费—处理/再循环);另一类是"企业—企业"流程图(原料—制造—分配),不涉及消费环节。

(2) 确定系统边界

一旦建立了产品流程图,就必须严格界定产品碳足迹的计算边界。界定的计算边界涵盖产品生产、使用及最终处理该产品过程中直接和间接产生的碳排放。

(3) 收集数据

计算产品碳足迹必须包括两类数据:一是产品生命周期涵盖的所有物质和活动;二是碳排放因子,即单位物质或能量所排放的 CO_2 等价物。这两类数据的来源可为原始数据或次级数据。一般情况下应尽量使用更为精准的原始数据,提高研究结果的可信度。

(4) 计算产品碳足迹

计算产品生命周期各阶段的碳排放基本公式:

$$\sum_{i=1} E = Q_1 \times C_i$$

其中,E 为产品的碳足迹;Q 为 i 物质或活动的数量或强度数据(质量体积千米/千瓦时);C_i 为单位碳排因子(CO_{2eq}/单位)。

(5) 结果检验

---

① 胡莹菲,王润,余运俊. 中国建立碳标签体系的经验借鉴与展望 [J]. 经济与管理研究,2010(03):16-19.

主要检测产品碳足迹计算结果的准确性，并使不确定性达到最小化，以提高碳标签评价的可信度。

4. 我国建立碳标签的意义

(1) 符合国家低碳战略发展目标

我国是世界上最大的温室气体排放国之一，力争在 2030 年实现碳排放达峰，2031 年至 2045 年快速降低碳排放，2046 年至 2060 年深度脱碳，实现碳中和。这些目标意味着中国必须走上低碳经济的发展道路，采取适合于低碳发展的政策，将建立碳标签体系，促进二氧化碳减排。

(2) 提升我国在国际碳市场的竞争力

低碳经济所代表的未来方向，具有集政治、经济力量于一体的特点，成为国家博弈的焦点之一。碳标签作为促进人类社会向低碳经济转型的关键工具之一，在发展中国家和发达国家博弈中的作用也越发举足轻重。因此，尽快建立并完善碳标签体系，能够帮助我国在低碳经济这场国家博弈中立于不败之地。

(3) 规避国际技术贸易壁垒

碳标签制度的顺利推行需要有相关的法律法规进行约束并给予保证，确定具体的核算法则、实施方案和标准等。对于国外设置的碳标签方面的技术贸易壁垒，可以用相应的方式进行规避，对出口商品做出严格的碳排放量方面的规定，对进口商品也同样实行一定的标准和认证要求，在一定程度上缓解贸易摩擦①。

① 胡莹菲，王润，余运俊. 中国建立碳标签体系的经验借鉴与展望 [J]. 经济与管理研究，2010 (03)：16-19.

（4）提高企业竞争力

在国际市场，绿色供应链已形成了新的门槛。例如，沃尔玛要求 10 万家供应商必须完成碳足迹验证，贴上不同颜色的碳标签。以每家沃尔玛直接供应商至少有 50 家上、下游厂商计算，影响所及超过 500 万家工厂，其中大部分在中国。这意味着，中国大量原材料企业、制造商、物流商、零售商必须进行碳足迹验证，承担减排责任，否则将拿不到跨国公司的订单。因此，建立一套中国的完整统一的碳标签评价标准迫在眉睫。

（四）碳资产计量

碳资产是在低碳经济领域由企业过去的交易或者事项形成的、由企业拥有或控制的、预期会给企业带来经济利益的碳排放权及其他形态减排相关资源。既然是资产，就不可避免地涉及资产的计量问题。碳资产的计量即在财务会计中以货币数额的形式来确定，表现企业对碳资产的获得、耗用和出售情况。目前对于碳会计的确认与计量尚未形成统一规范的标准，大量学者的研究也主要集中在碳排放权的会计问题上。

1. 碳资产的计量属性

碳资产是一项新兴的资产项目，在计量属性上可以参考传统资产的计量属性。但是，由于碳资产的类别不同，以及企业使用碳资产的目的不同，应当根据不同情形选择适宜的计量属性。一般来说，碳资产可以使用下面三种计量属性：

（1）历史成本计量

历史成本计量是将购置资产时所实际支付的现金或现金等价物的金额，或是将企业在购置该资产时所付出的对价的公允价值作为该项资产的计量金额①。企业的碳资产包括碳排放权、低碳技术、低碳设备、碳汇等，无论企业是以支付银行存款，还是非货币性资产交易等方式取得碳资产，该项资产的初始成本即为企业为获得该碳资产时所支付的购买价款，应采用历史成本。

历史成本计量方式也存在一些缺陷。一是碳资产的价格经常波动，相同的碳资产在不同的时期取得的成本差异性较大，企业的碳资产价值就不够准确。二是对于无偿获得的政府配额碳资产，因为取得该项碳资产时只付出了极其少的现金或其他形式的成本，依旧采用历史成本计量资产的价值是非常不准确的②。

（2）可变现净值计量

可变现净值计量是指资产按照其正常对外销售所能收到的现金或现金等价物的金额扣减该资产至完工时估计将要发生的成本、估计的销售费用以及相关税费后的金额计量。在这一计量属性下，碳资产依据其能在交易市场上正常出售所能获得的现金或是其他形式的收益的金额，扣除碳资产在进一步加工环节和其在销售环节所必须产生的相应成本以及相关税费后的净额作为该项碳资产的计量金额。大量学者认为，当碳资产被划分为存货时，应采用可变现净值的计量属性，对于被列为存货的可变现净值则在期末计量时应采用历史成本与可变现净值孰低计量。

可变现净值计量方式也存在一些缺陷。一是若企业取得某项碳资产的目的是投资，而不是在日常生产经营消耗，加之碳资产的价格经常波动，那么企业所反映的碳资产的相关公允价值失去及时性，影响管理者的实时决策；二是在企业的投资活动中无法反映碳资产的相关价值变

---

① 张彩平. 碳排放权初始会计确认问题研究 [J]. 上海立信会计学院学报，2011（4）：34-43.
② 杨茂丽. 碳资产的确认及其会计记录研究 [D]. 成都：西南交通大学，2016.

动，影响企业财务状况的真实性。

（3）公允价值计量

公允价值是指交易双方在交易市场上进行交易时，在公平及自愿的原则上双方所达成的协议价格。显然，使用该方式的前提是企业能够及时可靠地取得资产的公允价值。随着国内外碳交易市场迅速发展，碳资产公允价值的持续可靠取得将得以实现。

公允价值计量依旧存在缺陷，如果企业购买碳资产是为了在日常生产经营活动中耗用，那么该项碳资产的成本应当具有可靠性。然而，碳资产在碳交易市场的公允价值可能会随时发生不同程度的波动，导致在计算企业耗用碳资产所产生的成本时具有较大波动性，无法准确衡量企业为节能减排所付出的相应成本，降低积极性。

2. 碳排放权的账务处理

（1）配额碳排放权的初始计量

对于无偿获得的碳配额，由于是政府买单帮助企业进行节能减排，以减轻企业承担的环境成本，企业并未有经济利益流出，不符合等价交易原则，原则上不符合资产的确认条件。因此，在我国现有的条件下，规定对企业从政府免费获取配额时暂不予账务处理，仅考虑企业到期履约在出售节余配额或购买配额补齐差额时进行确认。对于以交易为目的、有偿获取配额的情况，需要进行会计处理，借记"碳排放权——配额"、贷记"银行存款"等科目。

（2）减排碳排放权的初始计量

企业产生减排碳资产需要一定的经济投入。一是要进行节能减排基础设施（有形及无形）的优化升级；二是企业申报减排额度以后，相关部门需要进行审定、监测核证、项目备案、减排签发等，这一过程涉及人力、物力、财力相关的成本费用，有学者认为可以增设"碳支出"损益类科目加以处理，也有学者认为可以直接计入"营业外支出"。因此，中国核证自愿减排量项目（CCER）开发研究阶段应按照无形资产进行处理，对于因为政策申报而产生的人财物力费用，应计入"碳排放权支出"加以核算。

（3）配额碳排放权的后续计量

企业发生了碳排放行为，就具有了一项履约偿付时应该支付碳排放权给他方（可以理解为减排监管者）的义务。如果企业该会计期间排放额度没有超过该期间的排放上限，说明企业履行了义务，无须做账务处理。如果该企业排放额度超过上限，则应核算其超排额度，并购买碳排放权补齐差额。如果企业出售其节余的配额，则应确认碳排放权收入，最后转入本年利润。

（4）减排碳排放权的后续计量

企业出售其 CCER，应当借记"银行存款"等科目，贷记"碳排放权收入"。损益类科目期末转入年度利润，期末应无余额。

3. 其他碳资产的核算

其他碳资产主要是指企业为节能减排而投入的低碳设备、低碳技术以及碳汇等。这些碳资产从本质上来说与传统会计中的固定资产、无形资产以及生产性生物资产等类似，只是需要从整个节能减排社会及企业活动的大视角出发，把相应的经济利益流入与流出单独区分。

同时，并非所有公司的碳资产都能涵盖碳排放权、低碳设备、低碳技术、碳汇等各个方面。因此，除了"碳排放权"资产需要增设总账科目，其他资产可根据其经济形态本质归入原有会计总账科目进行处理。例如，在"固定资产"下增设"低碳设备"明细科目，用以核算企业所拥有的减排设备；在"无形资产"科目下增设"碳汇""低碳技术"等明细科目，用以核算能够帮助企业节能减排的没有具体形态的资产，如表7.5所示。

表 7.5 碳资产的账务处理方法

碳资产类别		计量属性	经济事项	处理方法
碳排放权	配额	公允价值	免费获得	不做账务处理
			从政府购买得到	借：碳排放权——配额 贷：银行存款等
			调整公允价值	借：碳排放权——配额 贷：公允价值变动损益 或做相反会计分录
			节余出售	借：银行存款/应收账款等 贷：碳排放权收入
			发生超额排放	借：制造费用/管理费用 贷：应付碳排放权
			外购以抵减超排额	借：碳排放权——配额/CCER 贷：银行存款等
				借：应付碳排放权 贷：碳排放权——配额/CCER
	CCER	公允价值	发生项目申报费用	借：碳排放权支出 贷：银行存款等
			申报通过，获得减排额	借：碳排放权——CCER 贷：碳排放权支出
			调整公允价值	借：碳排放权——CCER 贷：公允价值变动损益 或做相反会计分录
			在二级市场出售减排额	借：银行存款等 贷：碳排放权收入
				借：碳排放权支出 贷：碳排放权——CCER
			"碳排放权收入""碳排放权支出"年末转入本年利润，无余额	
低碳设备			按固定资产处理	
低碳技术			按无形资产处理	
碳汇			按无形资产处理	

续表

碳资产类别	计量属性	经济事项	处理方法
基于碳排放权的金融产品	按金融资产处理		

（资料来源：姚文韵，叶子瑜，陆瑶. 企业碳资产识别、确认与计量研究［J］. 会计之友，2020，（09）：41-46.）

（五）内部减排

企业在开展碳盘查、碳披露以及碳标签设定等一系列行动后，需要有计划地实施减排措施。企业内部减排，除了能够直接地降低碳排放、降低企业能耗、提高技术竞争力、改善现金流，还能够间接地提升企业形象、践行企业社会责任。

我国政府出台了一系列碳减排的政策。根据生态环境部2019年11月27日公布的《中国应对气候变化的政策与行动2019年度报告》显示，我国已经提前完成了2020年的碳排放强度目标。2020年12月25日，生态环境部正式审议通过《碳排放权交易管理办法（试行）》。《2021年国务院政府工作报告》中明确制定2030年前碳排放达峰行动方案。2021年3月30日，生态环境部发布关于公开征求《碳排放权交易管理暂行条例（修改意见稿）》的通知等。

随着政府碳减排政策的出台、低碳消费观念的增强，全国各省减排从"要我降碳"变为"我要降碳"，体现了企业社会责任意识的提高。企业不再只追求短期利益，而是积极承担社会责任，履行有关环境和社会方面的义务。例如，黑龙江省已在2018年完成6个碳汇自愿减排项目的开发，预计到2030年，将完成406万公顷碳汇项目建设；2018年9月，北京市机动车自愿减排交易平台活动引起了广泛关注，人们只要少开车出行，出售碳减排量就可以获得微信红包，这些减排举措都是承担社会责任的最新体现①。

在全球化背景下，企业的竞争实际是供应链的竞争，发展低碳经济，也需要从供应链视角进行。企业要想落实减排承诺，就要进行大量的减排投资，运用技术创新推动企业绿色发展，共同承担供应链上下游企业降低碳排放的社会责任。这不仅满足了消费者的低碳偏好，还形成了一个具有社会责任感的供应链。目前，许多领先的国际品牌，如沃尔玛、耐克、阿迪达斯等也都被企业社会责任这一行为准则所驱使，将企业社会责任（CSR）纳入其复杂的供应链中，消费者也更为关注这些具有社会责任的企业对降低碳排放所做的努力。因此，供应链企业承担社会责任不仅仅需要降低碳排放、满足消费者对低碳产品的需求，还需要提高供应链上下游企业的利润，把可持续发展目标与全球低碳化目标相统筹，实现"发展"与"减碳"的协调共赢。

为了促进企业进行内部减排，需要政府相关宏观政策的引导。第一，实施严格但适度的环境规制，充分发挥好政府行政管制的作用，为市场型工具提供制度保障；第二，坚持市场化改革，不断完善排污权交易制度的建设，降低企业参与交易的各项成本，以吸引更多企业自发参与市场交易；第三，加强环境政策的差异性和针对性，根据不同地区的污染程度、市场化程度、执法力度、产业布局和能源结构等因素，找准最佳结合点，制定具有不同特色的环境政策②。

企业是碳减排的重要主体之一，在实践中形成了一些有效的管理模

---

① 林欢. 企业社会责任供应链碳减排优化策略研究［D］. 青岛：青岛大学，2020.
② 涂正革，金典，张文怡. 高污染工业企业减排："威逼"还是"利诱"？——基于两控区与二氧化硫排放权交易政策的评估［J］. 中国地质大学学报（社会科学版），2021，21（03）：90-109.

式和做法①，主要包括：

（1）合同能源管理模式。该模式是节能服务公司通过与客户签订节能服务合同，为客户提供节能改造的相关服务，并从客户节能改造后获得的节能效益中收回投资和取得利润的一种商业运作模式。国家《工业节能"十二五"规划》大力支持节能服务公司通过合同能源管理、节能设备租赁、节能项目融资担保等方式，为企业节能提供"一条龙"服务。

企业可通过将节能改造外包给专业的节能服务公司，解决前期技术改造升级所需的技术调研、设备采购、资金筹措、项目实施等关键问题，尤其适合缺少专业人才和资金的中小企业。对于实力强大的大型企业，也可能会因为节能项目风险责任的转移而取得更为实在的效果。该模式促进了国内节能企业的发展，很多节能企业由单纯的制造节能设备，转变为节能投资，在促进节能减排发展的同时也加快了节能企业本身的快速成长。

由于人们对环保领域的认识不够，至今许多企业对于合同能源管理这一新兴模式的了解并不充分，并且面临着运行这一模式的项目风险。

（2）利用国内外低碳政策支持低碳发展。在融资方面，国际上有很多针对节能减排的融资项目，其中最典型的是中国节能减排融资项目（CHUEE）。CHUEE是国际金融公司根据中国财政部的要求，针对企业提高能源利用效率，使用清洁能源及开发可再生能源项目而设计的一种新型融资模式。国内各大商业银行基本上都建立了"绿色信贷""绿色债券"等机制，部分银行还实行"环保一票否决制"，对低碳环保的企业提供资金支持。

---

① 吴宏杰. 碳资产管理［M］. 北京：清华大学出版社，2018.

有关政府部门也出台了一系列税收优惠政策扶持企业节能减排和技术改造。例如，《财政部、国家税务总局关于新型墙体材料增值税政策的通知》：自 2015 年 7 月 1 日起，对部分新型墙体材料实行增值税即征即退 50% 的政策；《财政部、国家税务总局关于风力发电增值税政策的通知》：自 2015 年 7 月 1 日起，对纳税人销售自产的利用风力生产的电力产品，实行增值税即征即退 50% 的政策；国家财政部、国家税务总局下达的《关于继续执行光伏发电增值税政策的通知》：自 2016 年 1 月 1 日至 2018 年 12 月 31 日，对纳税人销售自产的利用太阳能生产的电力产品，实行增值税即征即退 50% 的政策等。

（3）发展产业基金助力低碳技术研发和低碳项目投资。国家为了加速低碳技术研发，也配套了各种资金，其中影响较大的是中国清洁发展机制基金（简称清洁基金）。清洁基金于 2006 年 8 月经国务院批准建立，2007 年 11 月正式启动运行，其宗旨是支持国家应对气候变化工作，促进经济社会可持续发展。清洁基金的来源包括：通过清洁发展机制项目转让温室气体减排量所获得收入中属于国家所有的部分；基金运营收入；国内外机构、组织和个人捐赠等，使用方式普遍采取赠款和有偿使用。截至 2015 年 12 月 31 日，清洁基金累计安排 11.25 亿元赠款资金，支持 522 个赠款项目，涉及国家和地方层面的应对气候变化与低碳发展政策研究、能力建设和宣传等领域，包括碳市场机制研究和试点。自 2011 年开展有偿使用业务以来，清洁基金已审核通过了 210 个项目，覆盖全国 25 个省、自治区、直辖市，安排贷款资金累计达到 130.36 亿元，撬动社会资金 640.43 亿元。

我国有关省市为加快推进绿色低碳产业发展，积极出台扶持计划。例如，2018 年，广州发改委组织开展了 2018 年度绿色低碳发展专项资金资助项目；2020 年，深圳市发展改革委开启了专项资金 2020 年第一批扶持计划（战略性新兴产业绿色低碳类）；2021年，深圳市又开展了战略性新兴产业专项资金绿色低碳扶持计划（第二批）资助项目计划等。

四、 碳资产管理领域

企业是碳减排和碳交易的市场主体，碳资产具有重要的经济价值和投资价值，加强碳资产管理对控排企业与非控排企业都意义重大。控排企业一般指满足国务院碳交易主管部门确定的纳入碳排放权交易标准且具有独立法人资格的温室气体排放单位，被强制纳入碳市场总量管制和交易体系，每年有获得碳排放的权利以及上缴配额的义务。2016年，纳入全国碳排放权交易体系的企业第一阶段将主要涵盖石化、化工、建材、钢铁、有色、造纸、电力、航空等重点排放行业。而非控排企业即是指除控排企业（重点排放单位）外的其他单位，包括金融业、旅游业、互联网行业等。下面将分别就控排企业和非控排企业碳资产管理问题进行探讨。

（一） 控排企业碳资产管理

在国外，发达国家的碳资产管理发展较早，且较为成熟，通常采用集中管理的模式，包括两种实施路径：一是从内部出发，减少排放，企业通过开发新的技术、使用清洁能源等方式，提高能源的利用率，减少温室气体的排放；二是通过外部途径，积极参与到碳市场的交易以及清洁发展机制中，实现碳资产的保值增值，对于未履约的排放量接受罚款处罚。

在国内，大型控排企业和中小控排企业在碳资产管理方面还存在较大差异。大型控排企业通常具有国有资产的性质，对政府政策的响应程度较高，并且规模较大，受限排影响大，因此参与碳资产管理的主动性较高，管理能力较强；而中小控排企业规模较小，往往缺乏专业的碳资产管理人员，因此管理能力较弱，参与积极性不足。目前，国内碳资产管理主要分为两种方式：一是以自身履约为主要目的的战略布局，控排企业调整自身组织架构，成立专门的碳资产管理部门或子公司，进行碳资产管理工作；二是出现以营利为目的的专业碳资产管理公司，这类公司拥有很多专业领域人才，业务包括碳项目开发、碳项目投资、碳交易、碳盘查、碳咨询等①。

（二）非控排企业碳资产管理

从碳中和全局来看，促进非控排企业的碳资产管理具有重要的意义。非控排企业加入碳资产管理能够为碳市场提供更多的流动性，有利于更好地发挥市场发现价格的功能，引导企业选择低成本减排路径，实现不同行业、不同企业之间的利益调整和结构优化，从而降低全社会节能减排的总成本。

我国深圳、湖北、天津、重庆等碳交易试点机构已经放开非控排企业参与碳交易的门槛。目前，参与碳试点交易的非控排企业大多以专业

---

① 王雪松. 碳资产管理提升石化企业低碳竞争力效果研究［D］. 广州：暨南大学，2019.

碳资产管理公司和投资机构为主，而电力、钢铁、有色、建材、石化、化工、玻璃、陶瓷、电解铝、民航等非控排企业参与碳交易相对很少。

　　对于非试点地区能源消耗量在同等规模以上的企业而言，碳交易既是机遇又是挑战。电力、钢铁、石油同属用能大户，目前已纷纷参与到各地碳市场中去。与电力和石油行业相比，钢铁行业的各试点配额分配大多采用历史法，同时钢铁行业大多属于地方企业，企业内部各下属公司之间基本没有关于碳交易的交流，属于单打独斗的状态。

　　吴宏杰通过 SWOT 方法，全面分析钢铁行业非控排企业的优势、劣势、机会和威胁[①]，如图 7.4 所示。

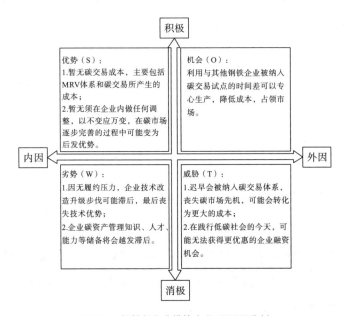

图 7.4　钢铁行业非排控企业 SWOT 分析

　　因此，钢铁行业非控排企业参与碳交易的优劣势都非常明显，根据企业实际制定适合企业自身的碳资产管理综合方案将变得非常重要，非

---

① 　吴宏杰. 碳资产管理 [M]. 北京：清华大学出版社，2018.

试点地区的重点行业企业有必要对碳资产管理进行专项治理。

【拓展阅读】

中国国电集团的碳资产管理①

中国国电集团公司（简称国电集团）是经国务院批准，于 2002 年 12 月 29 日成立的以发电为主的综合性电力集团。在碳资产业务方面，国电集团未雨绸缪，早在 2008 年 8 月便筹建了龙源碳资产管理技术有限公司，旨在帮助下属各子公司开展碳资产核算、CCER 申报、碳资产管理咨询与培训等业务。在企业战略层面，国电集团形成了碳资产管理统一管理、核算、开发、交易的战略思想框架。同时，国电集团还成立了碳排放管理中心。2006—2013 年，龙源碳资产公司帮助公司开发了 226 个清洁发展机制项目，为公司实现了 22.5 亿元的可观收益。在统一核算方面，2017 年，该企业自主制定了《中国国电集团公司碳排放管理规定（试行）》。同年，在龙源碳资产管理公司的协助下，国电集团两家福建电厂开展了翔实的碳排放核算，核证减排量 107 万吨，如果按照政府起拍 26 元/吨的价格计算，约合总价值 2782 万元。2017 年成交配额 2 万吨，国电集团福州电厂获得 44 万元的收益。

国电集团开展碳资产账务处理的主要方法：

1. 节约配额并出售获利

当国电集团及其下属电厂从政府免费获取配额时，不做账务处理。如果是有偿从政府购买获得的碳排放权，按实际支付的价税借记"碳排

---

① 姚文韵，叶子瑜，陆瑶. 企业碳资产识别、确认与计量研究［J］. 会计之友，2020（09）：41-46.

放权——配额"科目，贷记"库存现金"或"银行存款"，持有期间按照公允价值进行后续调整。国电集团将出售碳排放权收益计入营业外收入。出售节约的配额时，按照企业实际获得的收益计量入账。

借：银行存款/应收账款等

贷：碳排放权收入

2. 减排失败超额排放，须购买碳排放权补齐差额

国电集团某电厂发生超排时，则应该以公允价值确定其超排的碳排放权，然后从二级市场购买碳排放权来补齐差额。

借：管理费用/制造费用

贷：应付碳排放权

借：碳排放权——配额/CCER

贷：银行存款等

借：应付碳排放权

贷：碳排放权——配额/CCER

3. 国电集团通过申报 CCER 项目，核证减排量 107 万吨，整个过程会计处理如下：

国电集团对减排项目进行立项，将前期费用进行处理。

借：碳排放权支出

贷：库存现金/银行存款等

国电集团通过申报 CCER 项目，核证减排量 107 万吨，应按当时市场公允价格确定其价值入账。

借：碳排放权——CCER

贷：碳排放权支出

资产负债表日，公允价值上升，根据公允价值变动调整碳排放权资产的账面价值。

借：碳排放权——CCER

　　贷：公允价值变动损益

国电集团用减排额度在二级市场出售获益。

借：银行存款等

　　贷：碳排放权收入

借：碳排放权支出

　　贷：碳排放权——CCER

"碳排放权收入""碳排放权支出"科目期末转入本年利润，期末无余额。

4. 其他碳资产相关业务的会计处理

（1）龙源碳资产公司对外提供咨询服务的会计处理

对外提供的咨询服务盈利模式主要包括三部分：一是碳资产盘查服务收费；二是以提供咨询服务和协助操作的方式，帮助企业开发减排项目，并在项目开发成功之后享受分成；三是二级市场代理碳排放权交易，获取佣金收益。

根据龙源碳资产公司的战略定位，以上三个部分所获得的咨询费用及相关成本均应按照龙源碳资产公司的主营业务进行处理。若是其他企业，很可能只是在履行节能减排义务之余开发了碳资产服务业务，该情况下可作为其他业务进行处理。

企业完成一项咨询业务收取款项时：

借：银行存款

　　贷：主营业务收入——碳资产咨询业务

或针对上述三种不同项目分别设置三类明细科目进行核算。等到月末时，将业务发生的各项人财物相关费用进行汇总，再扣除相应的税费，核算出计提税金及附加款项等，再进行相应账务处理即可。

（2）碳资产业务相关设备、专利技术、碳汇等的会计处理国电集团持有固定设备、专利技术以及碳汇等资产是为了服务其碳排放权交易及碳资产咨询，与传统企业为了经营生产而持有的经营性资产没有本质差别。故而应当按照固定资产、无形资产等传统会计处理办法进行处理。另外，对于碳汇的确认而言，国内外学者认为存在金融资产、存货和无形资产三种方式，其中将其确认为无形资产得到了普遍认可，可以在"无形资产"下设"碳汇"明细科目进行会计处理。

中国石化集团的碳资产管理

1. 中国石化的基本情况

中国石油化工集团有限公司，简称"中国石化"或"中石化"，是1998年7月国家在原中国石油化工总公司基础上重组成立的特大型石油石化企业集团，是国务院国资委直属的副部级中央企业。在绿色低碳发展方面，中国石化以世界一流能源化工公司为标杆，以成为中国绿色低碳发展的领跑者为目标，致力于建设"清洁""高效""低碳""循环"的绿色企业。

2. 中国石化碳资产的主要来源

中国石化是我国重点控制排放的企业，其碳资产来源于三个渠道：一是分配获得的排放配额，二是自愿减排方案取得的CCER，三是基于这两者的其他交易工具，这些资产都可以凭借其特殊的价值进行市场交易。作为能源生产者，中国石化的能源消耗与温室气体排放体量相当庞大。石油天然气勘探、原油加工炼化和成品油储运销售三个环节均有大量温室气体产生。客观上讲，中国石化旗下的大部分油田处于开发中后期，能耗比例极高，同时又由于生产规模不断扩大，中国石化又在油品升级上进行了巨大的投入，勘探开发和油品炼化领域的节能减排面临巨大压力。而随着天然气开发规模不断扩大，成品油和煤炭的消耗量减少，能在一定程度上缓解中国石化的减排压力①。表7.6与表7.7分别展示了近年来中国石化能源与资源消耗以及废气、污水与废弃物排放情况。

表7.6　2017—2020年中国石化能源与资源消耗情况

指标（单位）	2017年	2018年	2019年	2020年
万元产值综合能耗（吨标煤）	0.496	0.496	0.494	0.490
原油消耗量（百万吨）	1.41	1.33	1.21	1.07
天然气消耗量（十亿立方米）	3.35	3.83	4.14	3.78
外购电力消耗量（十亿千瓦时）	28.86	30.57	32.26	30.83
原煤消耗量（百万吨）	15.08	15.18	14.77	15.00
工业取新水用量（百万立方米）	664.56	657.46	650.36	643.20

（资料来源：《2017—2020年中国石化可持续发展进展报告》）

表7.7　2018—2020年中国石化废气、污水与废弃物排放情况

指标（单位）	2018年	2019年	2020年
外排废气中二氧化硫量（千吨）	67.2	64.6	61.9
外排废气中氮氧化物量（千吨）	99.8	95.9	92.0
外排废水COD量（千吨）	19.4	19.0	18.6
外排废水氨氮量（千吨）	2.0	1.96	1.92
固体废弃物量（千吨）	2,229.0	2,115.32	1,710.8
危险废弃物量（千吨）	505.3	642.3	731.1

（资料来源：《2018—2020年中国石化可持续发展进展报告》）

3. 中国石化的碳资产管理分析

（1）制定公司碳资产管理策略

尽管中国石化于2013年才开始集中开展碳资产管理工作，但在此

---

① 吕志雄. 控排企业主动参与碳资产管理研究 [D]. 北京：中国石油大学，2019.

之前已经发布了一系列政策，建立了一套以节能减排为首要目标的排放控制体系，实施从生产到消费的全过程清洁管理。中国石化在2012年继续推进绿色经营，编制《中国石油化工集团公司环境保护"十二五"规划》，发布《中国石油化工集团公司环境保护白皮书》；同60家企业首次共同签署并发布《中国企业界应对气候变化倡议书》，将气候变化纳入企业长期发展战略。在2013年集中开展碳资产管理之后，公司不断调整完善碳排放管理体系，制定了《中国石化碳排放管理办法》《中国石化碳排放交易管理办法》《中国石化碳排放信息披露管理办法》等管理制度，系统性地开展了碳捕集、碳盘查、碳交易的工作。同时，公司针对性地采取减排措施，并借助碳捕获、利用与封存（CCUS）和林业碳汇等碳移除技术，减少自身的碳足迹。据中国石化《2020年可持续发展规划报告》显示，公司以2018年为基准年，设立了温室气体减排目标，即到2023年捕集二氧化碳50万吨/年，实现减排二氧化碳1260万吨，回收利用甲烷2亿立方米/年。公司明确提出了"碳达峰、碳中和"目标：确保在国家碳达峰目标前实现二氧化碳达峰，力争在2050年实现碳中和。表7.8展示了近年来中国石油温室气体排放与管理情况。

表7.8　2017—2020年中国石化温室气体排放与管理情况

指标　（单位）	2017年	2018年	2019年	2020年
温室气体排放总量（百万吨二氧化碳当量）	162.66	171.52	170.69	170.94
二氧化碳捕集量（千吨）	270	1010	1263	1290
甲烷回收量（百万立方米）	220	226	397	600

（资料来源：《2017—2020年中国石化可持续发展进展报告》）

2014年5月，中国石化发布了《中国石化碳资产管理办法（试行）》，旨在加强碳资产管理，实现碳资产价值，推进绿色低碳发展战略。企业将绿色低碳战略与资源战略、市场战略、一体化战略、国际化战略和差异化战略共同视为企业的六大发展战略。为了支持绿色发展战略，中国石化对组织结构进行了调整，具体情况如下图所示。

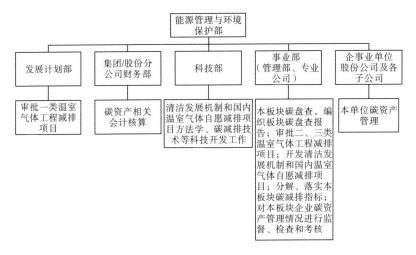

图 7.5　中国石化碳资产管理的部门分工与职责

（资料来源：《中国石化 2013—2017 年可持续发展报告》）

具体来说，能源管理与环境保护部专门负责公司能源管理、环境保护和应对气候变化等方面管理工作，也是中石化碳资产管理的归口部门。该部门的工作主要包括：编制绿色低碳发展规划以及一系列相关规章制度，完善绿色低碳管理体系；加大绿色低碳培训力度，逐步建立公司绿色低碳发展专业队伍；推动科技创新为绿色低碳管理的重点，建立能源管理信息系统，开发减排方法学、低碳产品，推广应用节能减排成熟技术。各相关部门接受能源管理与环境保护部的监督、检查与考核，承担本部门职责内的相关责任。其中，发展计划部负责对一类温室气体工程减排项目的审批工作。财务部则主要负责相关碳资产的会计核算工作。科技部则是主要负责低碳技术的创新与升级，涉及清洁发展机制和减排技术等开发工作。中石化碳资产管理的具体工作则落实到各事业部的职责范围之中。中石化各事业部负责本板块的碳盘查工作，对能源管理与环境保护部规定的本板块碳减排指标进行分解并落实。清洁发展机制和国内温室气体资源减排项目的开发也是各事业部的职责。同时，各事业部还要对本板块的碳资产管理工作进行监管、检查与考核①。

（2）上线碳资产管理信息系统

中国石化在2015年的节能环保工作会议上确定了"启动并加快碳资产管理信息化建设，年内实现覆盖全系统的温室气体排放监测、统计、分析等功能，达到推广应用条件，促进知识产权的成果转化"的方针。

目前，中国石化已建立碳资产管理信息系统（如图7.6所示），完成了全系统企业装置级别的碳盘查和碳核查工作②。在国际国内逐步严格要求大型上市能化企业进行碳排放信息披露的背景下，中国石化自2011年起开展全系统86家企业的碳盘查和核查工作。针对全国碳市场启动，全面梳理自备电厂，测算碳排放数据，确定将被纳入的企业名单。通过数据统计和分析，服务于开发、储备CCER项目，降低公司履约成本。

① 王雪松. 碳资产管理提升石化企业低碳竞争力效果研究 [D]. 广州：暨南大学，2019.
② 王燕. 石化行业碳资产管理系统设计及应用 [J]. 石化技术，2018，25（02）：176-178.

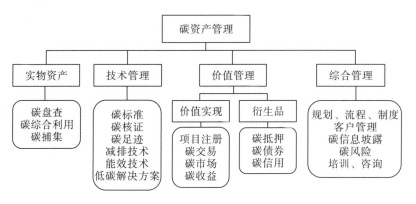

图 7.6　中国石化碳资产管理架构

（3）建立多模块碳资产管理体系

碳资产管理体系在国内还属于探索期，中国石化未雨绸缪，以国际标准开展碳盘查及核查工作，旨在为石化行业树立新标准，提高竞争力。结合碳资产管理与信息化管理的现状，中石化碳资产管理的体系架构可以分为 4 个模块，分别是实务管理、技术管理、价值管理与综合管理，其中实务管理是中石化参与到碳市场的基础的环节，而价值管理则是碳资产实现经济价值的最后一步。

（4）参与碳排放权交易市场

我国碳交易市场体系建设处在起步阶段，中国石化作为碳交易试点企业，积极参与国内各碳交易市场，通过中国石化上海高桥分公司和上海石化、中国石化燕山分公司、中国石化武汉分公司，分别参与了上海、北京和湖北各试点的首日碳排放权交易。在 2013 年上海环境能源交易所、北京碳排放交易市场正式启动期间，中国石化上海高桥分公司和上海石化购买 6000 吨碳配额，完成了上海环交所基于配额的首笔碳排放权交易；中国石化燕山分公司通过购买 20000 吨碳配额，完成了碳排放权配额的首笔交易。

目前，作为石化行业的重点控排单位之一，中国石化各地分公司几乎全程参与了 5 年试点以及 1 年全国性交易。据公开数据统计，被纳入碳交易试点所属企业有 26 家下属企业被纳入 7 省市碳交易试点范围，其中在湖北省就有江汉油田、武汉石化、荆门石化、湖北化肥 4 家企业。2015—2019 年中国石化参与碳市场交易情况如下图所示。

单位：万元

图 7.7　2015—2019 年中国石化参与碳市场交易情况

（资料来源：《2015—2019 年中国石化社会责任报告》）

中国石化坚持"摸清碳家底、实现碳减排、创造碳价值"的碳资产管理目标，建立碳资产管理信息系统；开展碳资产管理能力建设，提升各级碳资产管理人员技术水平，增强应对国家碳市场能力；持续开展碳盘查和核查工作，取全取准碳排放数据，为减排夯实数据基础；积极参与碳交易，提升碳资产价值，践行绿色低碳理念，共同守护绿水青山。

英国石油公司的碳资产管理

跨国石油公司都十分重视碳资产管理和新机制的探索，将绿色、低碳、可持续纳入发展战略。国际石油公司以英国石油公司（BP）、壳牌石油公司（Shell）等走在碳资产管理前列，为其他国家和地区碳资产管理和碳交易提供了宝贵的经验。下面将对英国石油公司的碳资产管理情况进行介绍。

1. 英国石油公司的基本情况

英国石油公司（BP）是世界上领先的石油和天然气企业之一，总部位于伦敦，在全球80多个国家从事生产和经营活动，其业务领域包括：石油、天然气勘探开发；炼油、市场营销和石油化工；润滑油和新能源。英国石油公司在全球拥有一支超过8万人的员工队伍，公司的股票在伦敦和纽约证交所挂牌交易。

英国石油公司认为公司实现可持续发展的最好办法是关注股东、合作伙伴和社会的长期利益。公司关注对环境的安全管理，致力于将能源安全地运送到世界各地。作为一家全球化的公司，英国石油公司的资产在全球多个地方都处于政府碳减排政策的控制下，因此英国石油公司在碳排放控制和碳资产管理方面也有客观的需求①。

2. 英国石油公司的碳资产管理

英国石油公司于1998年9月建立内部碳交易体系，目标为2010年前将碳排放在1990年的排放基础上减少10%，在这个基础上英国石油公司加入了欧洲碳排放交易体系，随着各个国家和地区政府的管制，英国石油公司又陆续加入了澳大利亚、新西兰、美国加州、中国的碳排放交易体系②。英国石油公司2020年的碳价格风险敞口主要在四个区域：欧洲、美国/加拿大、澳洲/新西兰、中国。

对于英国石油公司的碳资产管理，可以从以下两个层面进行分析：

---

① 剖析BP碳资产的管理模式［EB/OL］．［2014-10-27］．http：//www.tanjiaoyi.com/article－4290－1.html.
② 徐文佳，李兴春，李煜，等．跨国石油公司碳资产管理启示［J］．商业会计，2017（04）：56-57.

（1）企业层面：每家实体企业都有一个碳排放工作组和管理委员会，由政策法规、合规、策略、交易、财税、采购、销售、法律、宣传和系统建设方面的成员组成。企业具体负责温室气体的监测、报告、核查（MRV）和企业所在区域碳排放控制履约。MRV是一个全年的活动，它需要BP企业内部的监测计划，另外其监测计划必须在主要的合规性周期的时限内予以考虑。做好MRV是英国石油公司顺利完成履约责任、对生产量及未来排放量进行正确预测以及制定碳交易策略的基础，且不同的履约机会有不同MRV要求。英国石油公司每年需要在工厂层面做碳排放计划，实时监测后提交第三方机构审核，再提交政府主管机关核查。主管机关认为碳排放合格后，英国石油公司提交配额；如超出配额，就需要在市场上购买或者内部调配配额。

（2）集团层面：集团总部可在碳减排解决方案、新技术及新合作模式、全球碳减排交易、安全及操作风险四大方面为英国石油公司下属企业提供支持服务，其中综合供应和交易（IST）部门对英国石油公司全球的碳资产价格变动风险进行管理。同时，IST部门下还设立全球排放的交易部门，目标以最小限度地降低英国石油公司合规的成本并且通过这种优化来最大限度地提高IST部门的收入。全球排放的交易部门分布于伦敦、新加坡和休斯敦，可以覆盖英国石油公司内履约企业的全球范围的交易需求，并对碳资产风险进行集中管理和屏蔽。在英国石油公司强大的品牌和资源优势下，全球碳减排交易部门也对英国石油公司客户及其他第三方提供碳资产风险管理服务，进一步完善了英国石油公司对客户的服务承诺。

对于英国石油公司而言，配额只是满足履约需求，配额在履约时交给企业，在此之前可以交给交易部门，该部门负责买卖的盈亏。企业在履约前跟IST部门购买无风险合格碳排放额度，IST部门从市场购买抵消额度，承接所有风险以获取差价。因此，企业的价值在于，获取无价格风险的配额和合规替代额度之间的差价；IST 部门的价值在于英国石油公司是否承接碳市场风险的差价。同时，不同地区的碳排放政策变化和碳交易产品变化，也可以为英国石油公司带来套利的机会。

3. 英国石油公司的未来战略

2020 年 8 月，英国石油公司宣布将在 2050 年或更早实现零排放战略目标。为此公司特设定 10 个具体目标，旨在帮助公司早日实现零排放。英国石油公司表示，其中有 5 个目标是帮助公司自身实现零排放，另外 5 个目标有望帮助全球实现零排放。英国石油公司实现零排放的 5 个目标包括：到 2050 年或更早，公司所有业务实现零排放；公司石油和天然气生产碳排放为零；公司出售产品的碳强度降低 50%；到 2023 年，公司所有石油和天然气加工基地安装甲烷测试装置，并将运营过程中的甲烷排放浓度降低 50%；逐步增加对非石油和天然气业务的投资比例。有助于全球实现零排放的 5 个目标包括：更积极地倡导支持碳零排放的政策，包括碳定价；进一步激励英国石油公司员工实现目标，并倡导净零排放；对于行业协会关系提出新的预期；支持气候相关财务信息披露工作队的建设；成立新团队以帮助全球脱碳。

为实现这一目标，公司将整合上、下游业务部门，对业务架构和人员团队进行重大调整。公司重组后有四大业务板块，旨在实现更有效的管理目标，公司将在低碳业务上加大投资，在石油和天然气方面减少投入①。

---

① 中国石化有机原料科技情报中心站. 英国石油公司拟于 2050 年前实现零排放目标[J]. 石油化工技术与经济，2020，36（03）：12.

第八章

零碳生活

围绕全球气候变化，零碳（Carbon Neutral）已成为全球最流行的词汇之一。所谓"零碳"是通过计算温室气体（主要是二氧化碳）排放，设计方案抵减"碳足迹"、减少碳排放，达到"零碳"，也就是碳的零排放。"零碳"要求人们的社会生活各个方面尽可能节能减排并且降至最低，直至为零。为了实现"碳达峰、碳中和"目标，需要我们践行低碳生活，遵循自然、健康、和谐理念，衣食住用行各方面都坚持绿色低碳至上。

　　零碳实践方兴未艾，深入人们生活，在"住"上有依托于大数据、人工智能、云计算的智慧建筑；在"行"上有从车辆连接到路再从路连接到交通管理"大脑"的智能交通；在"食"上有因地制宜、遵循自然规律，与自然和谐共生的生态农业；贯穿"衣食住用行"的消费搭上互联网的便车得以更好地满足消费者的个性化、品质化、情感化、体验化的需求。

一、 智慧建筑

随着科学技术的快速发展和信息化水平的不断提高，建筑行业市场的竞争态势日益猛烈，智慧建筑应运而生。智慧建筑集中了多种现代化的新兴技术，逐渐成为国家综合实力的具体象征，成为新世纪的开发热点。

（一）智慧建筑的概念

智慧建筑是采用物联网、传感技术、多媒体融合、定位与导航、建筑信息模型、大数据分析、人工智能等新兴前沿技术对信息资源进行管理、对建筑设备进行监控和为用户提供信息服务的建筑形式，主要包括建筑物的系统、管理、服务和结构4个基本要素，通过4个要素组合为人们提供高效舒适且投资合理的生活环境①。从技术发展趋势而言，智慧建筑构筑基于人工智能的云平台，对多源异构数据进行融合，使该平台具有持续学习和不断优化的能力。智慧建筑涉及建筑、信息通信、互联网等相关行业，其中建筑设计院、互联网和IT企业、相关运营商、服务商正积极参与到智慧建筑的研发、建设、运维、经营等全生命周期

---

① 李梦瑶. 浅谈智慧建筑与智慧城市 [J]. 科技资讯，2018，16（25）：16+18.

的各个环节，不断提升行业的智慧化水平。智慧建筑必须满足两个基本要求：

首先，智慧建筑应当为建筑的使用者创造一个有利于激发工作积极性、提高工作效率，并且适宜的生活环境。

其次，智慧建筑应为建筑的管理者提供一套便于控制、管理、通信和维护的设施，使建筑的管理者能够有效地进行环境控制和安全检查。

（二）智慧建筑与设计的融合

建筑设计是智慧建筑的重要内容，因而智慧建筑在设计的过程中需要考虑多方面因素。首先，智慧建筑在设计时应考虑水资源的利用效率。提高水资源利用效率的方式主要包括创新废水处理技术和高景观用水设计，其中高景观用水设计既能有效提高水资源的利用率，又能在减少灌溉用水的条件下保障植物生长。其次，智慧建筑在设计时应考虑场所的可持续问题。在选址时选用对周围环境影响最小的地点，除此之外还要考虑空气粉尘和土壤侵蚀等问题；考虑便利的交通设施，便于人们的出行，有利于减少温室气体的排放；优先考虑开发污染较轻的工业用地，这既能节约土地，又能够保障用户的身体健康。最后，智慧建筑在设计时应考虑对能源的保护和创新设计。企业应安装能源系统，减少整体能源的使用，降低企业智慧建筑的运营成本，增强环境的可持续性。此外，早期应做好建筑设计，实现设计的最优化，最大限度地利用太阳能和风能等可再生能源，这样既有利于提高智慧建筑的创新性，又有利于减少建筑的能源消耗。智慧建筑在设计中需要注意以下方面的问题：

（1）改进智慧建筑的屋顶设计。屋顶不仅是智慧建筑的主要部位，还是智慧建筑与大气交换的主要部位，热能的积累和交换在此产生。因此，屋顶对智慧建筑的使用性能具有很大的影响。此外，智慧建筑的各种功能设备大多都布置在屋顶，以至于智慧建筑屋顶的电磁资源与空间资源比较紧张。在设计智慧建筑屋顶时应考虑隔热保温，减小智慧建筑屋顶出现热交换的可能，并且，依据智慧建筑的总体要求对屋顶功能设备的布置进行全面考虑，优化屋顶空间资源，减少屋顶设备产生的电子辐射、震动以及噪声等，保证智慧建筑屋顶的安全性与功能性。

（2）过程管理极为重要。首先，在设计智慧建筑前，技术人员应当深入了解设计标准，特别是硬性规定的内容。其次，确立明确的智慧建筑设计的管理目标，其主要内容包括智慧建筑的环境状况和智慧建筑的舒适度，考虑湿度、噪音、空气以及温度等因素，为智慧建筑的设计提供必要的规范和参考。最后，要加强智慧建筑结构设计的管理，以智慧建筑的力学结构特点、智慧建筑的层高以及智慧建筑的结构形式等内容为主，对智慧建筑的结构稳定性进行综合考虑，从而减少智慧建筑结构的安全隐患。

（3）重视智慧建筑的节能设计。高效率利用能源是智慧建筑的基本特征，在进行智慧建筑设计时，应当从系统的角度出发，做好节能工作，设计良好的节能系统和器具，降低智慧建筑的能耗，同时控制智慧建筑的能源消耗，节省能源成本，从而促进智慧建筑的节能发展。

（三）智慧建筑与智慧城市的融合

智慧建筑的发展与智慧城市的兴起是相互促进的，两者蕴含的新方法和新理念对城市规划工作产生了极大的冲击，同时推动了智慧建筑与智慧城市的建设与发展。① 特别是将智慧建筑与智慧城市融合成为城市发展的重要内容。智慧城市主要具有以下三方面的特征。

第一，智慧城市具有信息化特征。智慧城市的技术基础就是通信技术和信息技术，其运行本质就是获取、处理、分析和反馈信息的过程。由此可见，智慧城市管理的本质就是信息管理。

第二，智慧城市具有集成化特征。智慧城市的覆盖范围非常广，在计算机技术的帮助下，能够通过一个总系统进行调配和控制城市环境中的各类信息，分系统在搜集信息后统一发送给总系统，并由总系统统一处理和反馈信息，这些都直接体现了智慧城市高度集成化的体征。

第三，智慧城市具有全球化特征。随着新媒体和信息技术的发展，人类社会全球化的趋势越来越明显，全球化的信息共享和信息交流使人们的视野更加开阔，因此智慧城市也将呈现出全球化的特征。

智慧建筑融入智慧城市建设的对策包括以下两个方面：

（1）充分运用智能云计算技术。云计算技术对智慧建筑的设计和使用有着非常重要的作用，在建设智慧城市的过程中应当充分利用云计算技术。所以，在设计智慧建筑的过程中应当构建云计算平台，提高平台的服务质量，保证智慧建筑的应用效率。智慧建筑与智慧城市建设的结合，一定要朝集成化的方向发展，以集成平台为基础，进一步创新和发展计算机服务技术和产品。服务较为完善的云计算平台能够供应功能平台、应用软件以及基础设施等服务，智慧建筑云服务中心可以为智慧城市建设提供坚实支撑。②

（2）完善智慧建筑体系架构。作为一种新型建筑，智慧建筑的应用

---

① 杨俊宴，钮心毅，胡明星，等."智慧城市理论研究在实践中的探索"主题沙龙 [J]. 城市建筑，2018（15）：6—12.
② 张公忠. 智能建筑融入智慧城市建设 [J]. 中国科技奖励，2016（08）：38—40.

价值和优势较强，然而在实际的运用过程中，其依然存在一些问题，对智慧城市的建设与智慧建筑的融合产生了不利影响。所以，一定要严格控制这些影响因素，增强相应体系架构的建设，进而约束和规范所有智慧建筑，推动其与智慧城市的建设更好地进行融合。

总而言之，智慧建筑是现代化信息技术发展的必然产物，大数据、云计算和物联网等信息科技产业的发展推动了人工智能技术的进步与发展，使建筑行业不断朝智慧化的方向前进，智慧建筑的智能化程度随着科学技术的进步和发展而不断提高①。现代化技术的创新与发展为智慧建筑提供了不竭的发展动力，智慧建筑与智慧城市的融合将成为城市发展的必然趋势。

二、 智能交通

随着我国经济的高速发展，城市化、汽车化步伐的加快，城市交通拥挤、事故增多、环境污染等问题日益恶化，长久以来，人、车、路的矛盾激化已影响到了整个社会的可持续发展②。虽然道路运输增长的需求可以靠提供更多的路桥设施来满足，但是在资源紧张、环境恶化的今天，道路设施的增长将受到限制，这就需要依靠提供除设施以外的技术方法来满足这一需求，智能交通系统便是解决这一矛盾的途径之一③。

---

① 郭丽娜. 智慧建筑浅谈 [J]. 甘肃科技，2018，34（9）：89－92.
② 赖庆华. 智能交通系统信息平台的研究及其应用——公交智能调度管理系统的开发 [D]. 大连：大连海事大学，2004.
③ 张丽. 车辆视频检测与跟踪系统的算法研究 [D]. 杭州：浙江大学，2003.

智能交通是一项起源于美国的新兴技术，各地在引进的时候都必须考虑本地的实际情况，充分考虑引进技术与本地文化的整合，考虑技术位差。任何新技术如果没有现有技术对之消化吸收就是失败的，所以各个地区在制定本地区智能交通发展内容时，必须对本地区现有技术进行整合，然后再把与现有技术相近的内容作为自己的近期发展目标①。

（一）智能交通发展概况

智能交通系统（ITS）又称智能运输系统，是以信息通信技术将人、车、路三者紧密协调，和谐统一，在建立起的范围内、全方位发挥作用的实时、准确、高效的交通管理系统②。目前，智能交通在全球形成以美国、日本、欧洲为代表的三大研究中心，并成为继航天航空、军事领域之后高新技术应用最为集中的领域③。现阶段，我国经济持续快速发展，特别是改革开放以来，城市化与汽车化进程迅猛，并由此产生了交通、环境等众多问题，因此发展智能交通，特别是城市智能交通系统（UITS），在我国具有重大意义。

当前智能交通在我国仍处于探索阶段，由于我国特定的交通特点，智能交通的发展在我国面临众多问题。首先，我国城市交通成分复杂，自行车拥有量大，公共交通服务水平较低；其次，城市交通路网结构不合理，道路功能不完善，道路交通设施及管理水平不能跟上机动车的增长速度；再次，我国交通运输业面临着经济发展与资源制约的双重压

---

① 刘威. 智能交通系统在我国的发展现状与对策［J］. 中国科技财富，2009（06）：136.
② 杨亚鹏. GPS车辆实时监控系统的设计与实现［D］. 哈尔滨：哈尔滨工业大学，2011.
③ 王卫岳. 基于TMS320DM642的车牌识别系统［D］. 杭州：浙江大学，2007.

力。因此，我国发展智能交通必须在借鉴国际发展历程的基础上，立足于本国实际，走属于中国的智能交通发展之路。

（二）智能交通的发展现状

智能交通的推广已成为未来城市公共道路交通的重要发展方向。智能交通在国外已经发展成为一种非常成熟的技术，被广泛推广和应用，美国、欧盟、日本等西方发达国家或地区为此也投入了大量的政府财力。根据西方等发达国家的应用经验，智能交通包括7大领域和29个用户服务功能，其中的7大领域包括：出行和交通管理系统、出行需求管理系统、公共交通运营系统、商用车辆运营系统、电子收费系统、应急管理系统、车辆控制和安全系统[1]。可见智能交通系统是一个复杂的智慧系统，它涵盖了交通管理工作的四方八面。

智能交通应用势在必行。随着城市经济的快速发展，机动车越来越多地进入人们的日常生活，这对交通管理工作造成了不小的压力。通过近几年电子警察的推广应用工作，缓解了多年来警力不足和交通事故不断攀升之间的矛盾，扩大了交通管理的监控时段和监控范围，减轻了一线民警的劳动强度，改善了工作环境，科学准确的信息给交通管理者提供了决策依据，增强了交通参与者的守法意识，减少了交通事故的发生，使得交通秩序好转，提高了道路通行能力[2]。智能化交通已经成为现代交通管理的发展趋势，也成为各地向科技要警力、要战斗力的最佳途径。

---

① 于相坤. 国外智能交通系统对我国的启示 [J]. 汽车与安全，2014 (08)：98＋101.
② 刘验. 交通管理的新革命——江苏省电子警察的研发、装备和使用情况介绍 [J]. 中国交通信息产业，2003 (6)：88－89.

智能交通系统应统一规划，全面建设。未来交通管理的核心是城市智能交通管理系统的建设，将科技手段应用到管理活动的各个环节，注重系统的集成度和各个子系统间的衔接，只有各个子系统协调配合，整个智能交通系统才能物尽其用，创造最大的价值。因为整个系统不会一次性就建成，子系统较多，所以建设周期较长。各子系统应用平台应该能够相互衔接成为一个整体，而不能单打独斗，互不联系。现有的电子警察设备要进行升级改造，改变功能单一的数码照相方式，可根据智能交通的建设规划，依据科技水平的发展加以升级改造，扩展其功能。同时，要配合城市建设的统一规划，制订配套的交通科技项目建设计划，避免重复建设，随意建设。

重视电子警察采集信息的深层次作用，为管理决策服务。为了避免重建设、轻应用、重处罚、轻管理的错误做法，必须对电子警察所采集的信息进行深入分析，为管理决策与实施提供翔实的依据。现在正在进行的信息研判工作就是很好的模式，对智能交通中发现的有关苗头性问题要厘清原因，及时解决。要通过及时发现的问题对驾驶员进行有针对性的引导和教育，避免给交通管理工作带来更大的不利影响。

智能交通的应用并不能一劳永逸地解决交通管理方面的所有问题，仍需要发挥交通民警的主观能动性。智能交通虽然在时间上实现了无缝隙管理覆盖，在一定程度上解放了警力，缓解了警力不足的问题，但是，在一些路段和支路等交通监控所不能及的地方仍需要警力来维持交通秩序，智能化管理只能将民警变定点管理为动态管理，实行动态巡逻，及时处理突发性的交通拥堵、道路交通事故和一些交通违法行为。另外，智能交通还需要有大量的人力转移到幕后工作，及时采集交通违法信息并进行分析研判，及时发现一些动态性、苗头性的问题，为领导部门的决策提供科学依据。

城市的发展与智能交通系统将会共同繁荣，带给城市管理者全新的理念，并成为交通治理行伍中不可忽视的重要成员，并将会发挥其公平、准确的执法效用。

智能交通是一个基于现代电子信息技术的面向交通运输的服务系统。它的突出特点是以信息的收集、处理、发布、交换、分析、利用为主线，为交通参与者提供多样性服务①。在该系统中，车辆凭借智能技术在道路上行驶，公路依托智能技术将交通流量调整至最佳状态，借助于这个系统，管理人员对道路、车辆的行踪将掌握得一清二楚②。

智能交通技术是将先进的信息技术、数据通信传输技术、电子控制技术、计算机处理技术等应用于交通运输行业从而形成的一种信息化、智能化、社会化的新型运输系统，通过对交通信息的实时采集、传输和处理，借助各种科技手段和设备，对各种交通情况进行协调和处理，建立起一种实时、准确、高效的综合运输管理体系，从而使交通设施得以充分利用，提高交通效率和安全，最终使交通运输服务和管理智能化，实现交通运输的集约式发展③。

智能交通技术于 20 世纪 80 年代起源于美国，随后各国都积极寻求在这一领域中的发展，它是现代化交通运输体系的发展趋势。智能交通系统（ITS）涉及领域广泛，具有巨大的市场容量，这一新兴产业已成为全球最大产业之一，对未来世界将产生深刻影响④。

---

① 但雨芳，马庆禄. RFID，GPS 和 GIS 技术集成在交通智能监管系统中的应用研究 [J]. 计算机应用研究，2009，26（12）：4628－4630＋4634.
② 商瑶. 基于 WSN 与数据融合技术的交通信息检测 [D]. 大连：大连理工大学，2009.
③ 王婷婷. 城市道路交通流量短时预测研究 [D]. 贵阳：贵州财经大学，2018.
④ 王馨婧. 车载自组网中数据查询算法的研究 [D]. 哈尔滨：黑龙江大学，2013.

（三）智能交通系统

21世纪将是公路交通智能化的世纪，所采用的智能交通系统是一种先进的一体化交通综合管理系统。智能交通系统是一个综合性体系，它包含的子系统大体可分为以下四个方面。

1. 车辆控制系统

车辆控制系统可以辅助驾驶员驾驶汽车或替代驾驶员自动驾驶汽车。该系统通过安装在汽车前部和旁侧的雷达或红外探测仪，可以准确地判断车与障碍物之间的距离，遇紧急情况，车载电脑能及时发出警报或自动刹车避让，并根据路况自己调节行车速度，人称"智能汽车"。美国已有3000多家公司从事高智能汽车的研制，已推出自动恒速控制器、红外智能导驶仪等高科技产品。

2. 交通监控系统

交通监控系统类似于机场的航空控制器，它将在道路、车辆和驾驶员之间建立快速通信联系。哪里发生了交通事故，哪里交通拥挤，哪条路最为畅通，该系统会以最快的速度提供给驾驶员和交通管理人员。

3. 运营车辆综合管理系统

运营车辆综合管理系统通过汽车的车载电脑、高度管理中心计算机与全球定位系统卫星联网，实现驾驶员与调度管理中心之间的双向通信，来提高商业车辆、公共汽车和出租汽车的运营效率。该系统通信能力极强，可以对全国乃至更大范围内的车辆实施控制。比如，行驶在法国巴黎大街上的20辆公共汽车和英国伦敦的约2500辆出租汽车已经在接受卫星的指挥。

4. 旅行信息系统

旅行信息系统是专为外出旅行人员及时提供各种交通信息的系统。该系统提供信息的媒介是多种多样的，如电脑、电视、电话、路标、无线电、车内显示屏等，任何一种方式都可以。无论你是在办公室、大街上、家中、汽车上，只要采用其中任何一种方式，你都能从信息系统中获得所需要的信息。有了该系统，外出旅行者就可以眼观六路、耳听八方了①。

智能交通是一个国情相关性很强的领域，自 20 世纪 80 年代智能交通技术起步以来，各国政府和专家都根据本国国情在美国研究内容的基础上进行着本土化探索。对交通的要求不仅因国家、地区、文化的不同而千差万别，甚至同样的交通状况因出行者的角色——步行或者驾车的不同，而会产生不同的感受与评价。进一步说，同样的角色，因个体性情的不同，也会有不一样的感受。因此，交通是与文化和参与者的行为密切相关的一个领域②。从宏观上，我国的智能交通发展尚处于基础建设阶段。一方面，我国智能交通领域的基础技术应用还很不普及，先进的交通管理系统和交通服务系统在各地区或区域正在逐步建立；另一方面，我国的智能交通目前阶段还主要集中于智能化管理领域，智能化服务领域的发展滞后，人、车、路协同，安全体系建设，可持续发展等方面的工作还处于初步阶段。和世界发达国家相比，我国的智能交通发展空间更为广阔。其一，智能交通基础建设还需要一定的时间，市场的潜在规模比较大；其二，综合交通的智能化发展受到关注和重视，整合资源、信息共享，构建社会化的智能交通管理和服务平台，是我国交通管

① 柯爽. 基于视频图像的规定路段限行车辆检测技术研究［D］. 青岛：青岛大学，2009.
② 智能交通发展的最大挑战是国情［J］. 中国防伪报道，2008（08）：58－60.

理的特点，也是我国智能交通发展的特色；其三，我国人口数量大，社会发展的机动化进程迅速，人、车、路的协同管理具有现实的急迫需求，汽车电子技术、车路协调、公交等领域将具有很大的发展空间①。

ITS产业既是新兴的高新技术产业，同时也是综合性很强的"交叉产业"或"边缘产业"。由于ITS产业涉及交通运输、电子信息、交通工程、城市规划等领域，导致目前我国ITS产业的发展有以下三个问题。

（1）产业体系复杂且模糊，核心产业不突出。从产业类型可以有ITS产品技术提供、ITS系统集成、ITS系统运营服务等，但产业领域过于宽泛，ITS产业链的具体构成和划分比较困难。

（2）产业发展以政府管理部门的应用导向为主，在产业资源配置和优化中市场的作用有限。以项目建设为主的需求模式，造成地方性、区域性企业较多，ITS产业规模的提升比较困难，产业领域的规模企业数量也比较少。产业内企业发展良莠不齐，具有全国性影响力的龙头类企业缺乏。技术构成的复杂性和应用领域的专业性，对ITS产业领域的企业素质提出较高的要求，但是目前市场上ITS产业领域的各类企业素质差异巨大。

（3）产业归口不清，产业方向不明，缺乏相应的政策扶持和引导。ITS产业介乎于技术开发、产品制造、技术服务等之间，产业归属难以确定。以往的发展中，科技部、交通运输应用行业等给予了积极的支持和引导，在产业提升和进一步发展中，需要相关的产业部门给予重视和支持。

金融危机对交通领域既有影响也有机遇。金融危机对社会经济各个

---

① 张越. 天津港四号路智能交通系统研究［D］. 大连：大连海事大学，2010.

领域带来的影响，在交通运输领域都会得到体现和反应，如民航、铁路、公路、水运领域客货运输量的变化。

我国政府应对金融危机，投入巨资拉动内需，交通运输领域是重点投入建设的领域，这又是交通发展的契机。交通基础设施建设投入的加大，对智能交通技术和产品的派生需求明显，这是智能交通发展的重要机遇。

如何把握交通基础建设大发展的有利时机，把智能交通的发展和交通基础建设紧密结合，是 ITS 行业面临的重要挑战。智能交通既要在技术、产业、标准化等方面适应和满足交通运输领域的实际需求，同时更要从发展的角度引导需求。

中国交通的一大问题是人口多。此外，交通流的构成也很复杂，除了庞大的机动车流、行人流、自行车流外，还有助力自行车流、三轮车流等。

从城市的结构看，中国城市化进程也与国外很不一样，主要体现在城市结构和道路网络的不同。与纽约、伦敦、东京这些有代表性的国际都市相比，国外都市的城市功能区相对分散在市中心的周边地区，很少有像北京一样，城市中心区的功能高度集中，近千万人集中在面积狭小的市中心生活、工作，城市的交通压力在这一区域内高度集中。这是中国交通与国外相比的一个突出的特点。

以首都北京为例，北京市道路网络经过几十年的建设和完善，基本形成了环形加放射式的道路网络。由于城市人口密度长期维持在每平方公里 2.7 万人左右，市区人口集聚进一步加剧，人口流动量大，智能交通体系建设已成为北京交通可持续发展的必由之路。

在 2008 年北京奥运会期间，奥运路线、奥运场馆周边有 120 处系统控制交通信号。此外，还建设了交通综合监控系统，该系统包括视频监控、交通流检测和交通违法检测 3 个子系统。同时，在奥运会场馆周边和相关道路上还建设了 80 处电视监控点、15 套交通事件自动检测系统、80 套数字化视频系统①。

改革开放以来，我国交通事业快速发展。各级交通部门充分发挥"后起国"优势，通过技术引进和自主创新，一些先进技术逐渐在中国部分大城市交通部门得到应用②。虽然在整体规模和层次上与世界发达国家还有不小差距，但部分领域技术水平已处于世界领先位置。目前，我国社会经济发展水平仍处于工业化阶段，在向信息社会迈进的过程中，工业化任务还没完成，但信息化浪潮已扑面而来。对交通系统而言，一方面要求大力建设交通基础设施满足交通出行基本要求，另一方面要发展 ITS，使交通基础设施服务能力尽可能提高。

1. 我国 ITS 发展及现状

我国 ITS 的研究应用起步较晚，但其发展处于蓬勃上升趋势。

（1）规划和政策层面。成立了国家层面协调机构并开展规划研究，在制定科技发展"九五"计划和 2010 年长期规划时，交通部就将发展 ITS 列入计划，开展了 ITS 发展战略研究。1998 年，在国家质量技术监督局指导下，交通部正式批准成立了 ISO/TC204 中国委员会，该委员会把推进中国 ITS 标准化作为主要任务。国家有关部委已成立了全国 ITS 协调小组，并完成了"中国 ITS 体系框架""中国 ITS 标准体系框架研究""智能运输系统发展战略研究"等一批关系中国 ITS 发展的重点项目，还完成了重大"ITS 关键技术开发和示范工程"。

（2）技术层面。20 世纪 70 年代中至 80 年代初，主要试验研究城市

---

① 智能交通发展的最大挑战是国情 [J]. 中国防伪报道，2008（08）：58—60.
② 孔超. 基于 GSM 无线网络的远程数据传输系统 [D]. 南京：南京理工大学，2007.

交通信号控制。80 年代中至 90 年代初，一些大城市如北京、天津、上海引进消化了城市信号控制系统，北京引进了英国 SCOOT 系统，天津、上海引进了澳大利亚 SCATS 系统等。90 年代，一些大城市逐渐建设交通监控系统，一些高速或高等级公路建设监控及电子收费系统。GIS、GPS 等技术也在管理、运营等领域应用。"十五"期间，科技部将"智能交通系统关键技术开发和示范"作为重大项目列入国家科技攻关计划。该项目包括共性关键技术、关键产品和技术开发、ITS 工程示范和相关基础研究四大类 16 个课题。已验收课题获国家发明专利 23 项，制定企业标准 7 项，建立跨省市国道主干线联网电子收费、高等级公路综合管理、城市交通信息采集与融合等示范点 15 个，车载安全装置等中试线 3 条，生产线 4 条，成果转让合同 27 项。应该说，"十五"期间，我国 ITS 发展取得明显成效，但各城市 ITS 建设各子系统尚无法有效协同整合，集成度较低，技术上处于分隔独立状态。

（3）投资层面。"十五"以来，ITS 投入逐渐加大。据科技部统计，示范工程专项调动项目参与单位投入资金达 15 亿元以上，但投资主体主要是中央政府和地方政府。我国的一些企业积极性也较高，但因缺乏总体协调机构和投资机制，政府与企业间沟通不够，ITS 尚未形成重要产业。

2. **对我国 ITS 发展面临的挑战**

我国 ITS 发展总体形势较好，但问题也较多。反思多年来的发展，问题可概括为：体制分散，统一协调不够；引进太多，消化创新不够；政府主导，民间参与不够。具体为：

（1）没有明确规划。我国目前 ITS 基本处于分散在有关部门各自研发中，缺乏系统性、可操作性强的框架体系方案。

（2）统一协调力度差。国家虽然成立了协调指导小组，但协调机制还不完善，协调力度不够。从体制上看，系统建设和营运管理面对不同行业，城市交通管理系统建设和营运管理权责属公安交管部门或城建部门，公共交通属市政管理部门或建委，高速公路交通管理系统营运管理属收费道路公司和交通路政部门，商用车管理属交通运管部门，水运属交通港航部门，机场属民航部门，铁路属铁道部门。不同运输方式行业管辖部门不同，制度不同，信息也不能及时沟通，使 ITS 所要求的数据可相互交换、设备可相互联结、运作可相互操作目标相差极大。所以，须建立合适的法规和制度，建立横跨行业协调机构，规定行业管辖权责，否则 ITS 建设就无从谈起。

（3）投资机制不完善，产业化程度不足。目前，我国智能交通产业化程度较低，尚未形成具有一定规模的产业集群。因缺乏对智能交通产业发展前景的认识，有实力的大型企业并未涉足其中，虽然有一定数量从事技术研究和产品开发公司，但规模小、产品单一，尚不能形成系统化产品研发和生产的产业链，致使我国的智能交通产业还不足以支撑未来智能交通快速发展的需求。

（4）政府和民间缺乏沟通媒介。从发达国家推动智能交通建设实践看，政府和社会间都存在一个或多个以专业协会或其他组织形式出现的组织，这个组织从事智能交通技术研发、交流、推广应用，它上承政府，下接民间，起到政府与民间沟通媒介作用，体现了推动一项技术成果方面由政府和民间合作的有效模式。这种组织可通过影响力逐步将智能交通领域科研、产业、用户聚合在一起，从而有效发挥智能交通领域资源优势，推动智能交通技术开发与实际应用相结合的步伐。这种组织还可借助聚合资源优势，有效引导智能交通产业发展重点、调整和优化产业结构①。

3. 我国ITS发展策略

我国ITS发展必须从国情出发，从系统论观点出发，在发展过程中需要把握处理好八个关系：

一是处理好长远规划与逐步实施的关系。从国家全局角度对我国智能交通建设整体规划，部门、地方规划服从国家整体规划，引导部门、地方建设统一于国家智能交通大系统建设，并由国家尽快制定ITS建设相关标准，避免再建系统间出现不兼容和无法集成的问题，使我国ITS建设有章可循。

二是处理好交通基础设施建设与ITS发展的关系。发达国家ITS是在交通基础设施较为完善基础上发展的，但这绝对不是说交通基础条件不完善，就不用考虑ITS的发展。正是因为没有考虑长远发展规划，这些国家和地区实施ITS前都付出了代价，不得不投入大量人力和物力改造现有交通基础设施。因此，应把ITS视为交通基础设施的一部分，先期预留ITS发展空间。

三是处理好部门应用与系统综合的关系。改变单一的道路交通思维方式，把城市内交通、城市间交通、铁路交通、水运交通、航空交通等作为系统来考虑，以系统观点、统一观点、协调观点来对待ITS建设，宏观上统筹兼顾。

四是处理好城市个体与区域协调的关系。当前城市化快速发展背景下，城市群形态已经显现，区域社会经济联系日益密切。未来城市间竞争将会由目前单个城市或单一地区间竞争，升级为以大城市为中心的都市圈或城市群间竞争。城市群和大都市圈将主导中国经济发展。因此，

---

① 杨志武. 智能公交调度管理系统的研究与实现 [D]. 辽宁：东北大学，2007.

单个城市 ITS 规划和建设也应立足于区域发展视角，综合考虑区域内各城市间交通联系。

五是处理好消化引进与自主创新的关系。我国的 ITS 发展，不能只浅层注重安装设备和生产产品，而不重视产品自主知识产权。要加快提高自主创新能力，在消化吸收国外先进技术基础上，搞好共性技术攻关，除要注重智能技术、信息技术和交通工具研究外，还应注意捕捉世界新兴技术，加快新兴技术研发。

六是处理好政府主导与企业参与的关系。ITS 的政策导向影响到 ITS 产业和服务部门决策。目前，我国政府已将智能交通系统作为中国未来交通发展的重要方向。在法律、政策层面上应进一步加大力度和理顺推进协调机制，将 ITS 建设融入到常规的交通规划和交通预算中。还要开拓投资渠道和融资方法，积极鼓励和引导民间资本参与 ITS 建设，推进 ITS 产业化进程。

七是处理好先进技术与自身实际需要的关系。高新技术开发应用要与突出实际应用效用相结合，不能盲目攀比项目、技术的"新、全、洋"，要根据自身实际的需要，有所为，有所不为。当前，大城市主要应针对"缓解中心城市交通拥堵、提高交通运输安全、解决重大事件交通组织"开展攻关研发和应用。

八是处理好交通战略与国家战略的关系。ITS 发展应与国家经济发展战略和公共安全战略相联系。对经济战略而言，一要更好地支撑经济社会快速发展，营造更好、更高效的交通环境。二要带动信息产业发展，拓展高新技术发展空间，提升全球经济竞争力。三要促进汽车产业发展，为我国汽车产业参与全球竞争创造条件①。

――――――――――

① 建国. 我国的智能交通发展 [N]. 现代交通报，2009-01-13（6）.

三、 生态农业

自 20 世纪 80 年代，由生态科学家和农业工作者倡导推出"生态农业"概念以来，通过组织我国生态农业试点、示范和理论研究，持续推动了我国生态农业的不断发展，生态农业规模不断扩大，效益不断提高，影响日渐深远，取得了非常明显的环境效益、市场效益和社会效益。实践证明，生态农业是农业和农村经济可持续发展的成功模式，是解决我国农村人口、资源、环境需求与经济发展之间矛盾的最佳途径，具有强大的生命力和广阔的发展前景①。

（一） 生态农业的概念

生态农业是按照生态学原理和生态经济规律，因地制宜地设计、组装、调整和管理农业生产和农村经济的系统工程体系②。

1. 生态农业的产生背景

生态农业是世界农业发展史上的一次重大变革。纵观人类 1 万年的农业发展史，大体上经历了三个发展阶段：一是原始农业，约 7000 年；二是传统农业，约 3000 年；三是现代农业，至今约 200 年。

但是现代农业在给人们带来高效的劳动生产率和丰富的物质产品的

---

① 何艳桃. 我国生态农业经营模式及其发展趋势分析 [J]. 湖北农业科学，2011，50（14）：2809－2812.
② 肖俊杰. 景德镇生态农业发展模式研究 [D]. 景德镇：景德镇陶瓷学院，2012.

同时，也造成了生态危机：土壤侵蚀、化肥和农药用量上升、能源危机加剧、环境污染。面对以上问题，各国开始探索农业发展的新途径和新模式。生态农业便是世界各国的选择，为农业发展指明了正确的方向①。

为了克服常规农业发展带来的环境问题，许多国家发展了多种农业方式来替代常规农业，如"生态农业、生物农业、有机农业"等，其生产的食品称为自然食品、有机食品和生态食品等。尽管叫法不同，但宗旨和目的均是指在环境与经济协调发展思想的指导下，按照农业生态系统内物种共生，物质循环，能量多层次利用的生态学原理，因地制宜利用现代科学技术与传统农业技术相结合，充分发挥地区资源优势，依据经济发展水平及"整体、协调、循环、再生"原则，运用系统工程方法，全面规划，合理组织农业生产，实现农业高产优质高效持续发展，达到生态和经济两个系统的良性循环和三个效益的统一。

因此，生态农业吸收了传统农业的精华，借鉴现代农业的生产经营方式，以可持续发展为基本指导思想，实现农业经济系统、农村社会系统、自然生态系统的同步优化，促进生态保护和农业资源的可持续利用②。

2. 生态农业的定义

生态农业是在保护、改善农业生态环境的前提下，遵循生态学、生态经济学规律，运用系统工程方法和现代科学技术、集约化经营的农业发展模式，按照生态学原理和经济学原理，运用现代科学技术成果和现代管理手段，以及传统农业的有效经验建立起来的，能获得较高的经济

---

① 马玉华. 不同间作物对苹果果实品质的影响 [D]. 合肥：安徽农业大学，2015.
② 骆世明. 农业生态学 [M]. 北京：中国农业出版社. 2001.

效益、生态效益和社会效益的现代化农业①。

生态农业是按照生态学原理和生态经济学规律，因地制宜地设计、组装、调整和管理农业生产和农村经济的系统工程体系。其要求将发展粮食与多种经济作物生产，发展大田种植与林、牧、副、渔业，发展大农业与第二、三产业结合起来，利用传统农业精华和现代科技成果，通过人工设计生态工程，协调发展与环境之间、资源利用与保护之间的矛盾，形成生态上与经济上的两个良性循环，实现经济、生态、社会三大效益的统一②。

生态农业是一个原则性的模式而不是严格的标准。绿色食品所具备的条件是有严格标准，包括：绿色食品生态环境质量标准；绿色食品生产操作规程；绿色食品标准；绿色食品包装贮运标准。所以并不是生态农业产出的就是绿色食品。

生态农业是一个农业生态经济复合系统，将农业生态系统同农业经济系统综合统一起来，以取得最大的生态经济整体效益。它也是农、林、牧、副、渔各业综合起来的大农业，又是农业种植、养殖、加工、销售、旅游综合起来，适应市场经济发展的现代农业。

生态农业是以生态学理论为主导，运用系统工程方法，以合理利用农业自然资源和保护良好的生态环境为前提，因地制宜地规划、组织和进行农业生产的一种农业。生态农业是 20 世纪 60 年代末期作为"石油农业"的对立面而出现的概念，被认为是继石油农业之后世界农业发展的一个重要阶段。主要是通过提高太阳能的固定率和利用率、生物能的转化率、废弃物的再循环利用率等，促进物质在农业生态系统内部的循

① 陈钦华. 湘西山区生态农村建设研究 [D]. 长沙：湖南农业大学，2009.
② 席仲伟. 生态农业概述 [J]. 甘肃农业科技，2015 (03)：67－69.

环利用和多次重复利用，以尽可能少的投入，求得尽可能多的产出，并获得生产发展、能源再利用、生态环境保护、经济效益等相统一的综合性效果，使农业生产处于良性循环中①。

（二）生态农业的特征

生态农业强调发挥农业生态系统的整体功能，以大农业为出发点，按"整体、协调、循环、再生"的原则，全面规划，调整和优化农业结构，使农、林、牧、副、渔各业和农村一、二、三产业综合发展，并使各业之间互相支持，相得益彰，提高综合生产能力。生态农业具有综合性、多样性、高效性、持续性等特征。

生态农业针对我国地域辽阔，各地自然条件、资源基础、经济与社会发展水平差异较大的情况，充分吸收我国传统农业精华，结合现代科学技术，以多种生态模式、生态工程和丰富多彩的技术类型支持农业生产，使各区域都能扬长避短，充分发挥地区优势，各产业都根据社会需要与当地实际协调发展。

生态农业通过物质循环和能量多层次综合利用和系列化深加工，实现经济增值，实行废弃物资源化利用，降低农业成本，提高效益，为农村大量剩余劳动力创造农业内部就业机会，保护农民从事农业的积极性。

发展生态农业能够保护和改善生态环境，防治污染，维护生态平衡，提高农产品的安全性，变农业和农村经济的常规发展为持续发展，把环境建设同经济发展紧密结合起来，最大限度满足人们对农产品日益

---

① 王海东. 黑龙江省生物质能发展研究［D］. 沈阳：东北农业大学，2010.

增长的需求的同时，提高生态系统的稳定性和持续性，增强农业发展后劲①。

我国生态农业具有显著的中国特色，强调继承中国传统农业的精华，废弃物质循环利用；规避常规现代农业的弊病（单一连作，大量使用化肥、农药等化学品，大量使用化石能源等）；通过用系统学和生态学规律指导农业和农业生态系统结构的调整与优化（如推行立体种植，病虫害生物防治），改善其功能；推进农户庭院经济等②。

（三）生态农业模式类型

1. 时空结构型

时空结构型模式是一种根据生物种群的生物学、生态学特征和生物之间的互利共生关系而合理组建的农业生态系统，使处于不同生态位置的生物种群在系统中各得其所，相得益彰，更加充分地利用太阳能、水分和矿物质营养元素，是在时间上多序列、空间上多层次的三维结构，其经济效益和生态效益均佳。包括果林地立体间套模式、农田立体间套模式、水域立体养殖模式以及农户庭院立体种养模式等。

2. 食物链型

食物链型模式按照农业生态系统的能量流动和物质循环规律而设计的一种良性循环的农业生态系统。系统中一个生产环节的产出是另一个生产环节的投入，使得系统中的废弃物多次循环利用，从而提高能量的转换率和资源利用率，获得较大的经济效益，并有效地防治农业废弃物

---

① 丁毓良. 生态农业产业化模式及效益研究 [D]. 大连：大连理工大学，2007.
② 路明. 现代生态农业 [M]. 北京：中国农业出版社，2002.

对农业生态环境的污染。具体有种植业内部物质循环利用模式、养殖业内部物质循环利用模式、种养加工三结合的物质循环利用模式等。

3. 综合型

综合型模式是时空结构型和食物链型的有机结合，使系统中的物质得以高效生产和多次利用，是一种适度投入、高产出、少废物、无污染、高效益的模式类型①。

四、"互联网＋" 消费

（一）"互联网＋" 消费的发展背景

"互联网＋"时代的消费升级具有追求个性化、品质化、体验化、情感化的特征。"互联网＋"不仅可以影响生产的数量和层次，即催生供给侧革命，而且可以影响消费的数量和层次，即催生需求侧革命。"互联网＋"通过对传统产业消费主体、消费客体与消费载体的整合改造，使传统产业通过互联网实现产业间互联互通，重塑消费环境、重建消费逻辑与重整消费层次。"互联网＋"通过打造多点支撑的消费增长格局，培育和发展消费新热点和新兴消费方式，从而实现从需求侧推动消费升级。"互联网＋"通过驱动制造业转型升级，推进生产组织模式变革，推动个性化定制生产方式，从而实现从供给端发力促进消费升

---

① 陈珏. 农业可持续发展与生态经济系统构建研究 [D]. 乌鲁木齐：新疆大学，2008.

级[1]。通俗来说，"互联网＋"就是互联网和传统行业的融合。互联网正在应用于各个行业，其中，工业互联网正向工业领域扩大影响，全面推进传统工业的生产方式转变，使每一个顾客都能进入到产品研究、设计的整个工业过程。

在"互联网＋"时代背景下，消费者所扮演的消费角色也将得以转变，消费者和商家的界限变得不再清晰，并能不断适应两者之间的角色变化。从微商的迅猛发展，我们就可以看到其自身具备的巨大威力和渗透力，这样一种崭新的消费模式正在逐渐形成，其影响力也在不断扩大。对于大多数商家来说，客户越来越成为商业竞争的核心要素，谁手里掌握的客户越多，谁就掌握了未来的产业发展良机。竞争消费者的过程，就是一个争夺市场的过程，也是将零散的客户群体凝聚成一个完整产业链的必经之路，消费者快速成长为商家，这场产业革命将彻底颠覆我们的商业模式。随着互联网的发展，网上购物逐渐成为网民的习惯，据中国互联网信息中心（CNNIC）发布的第48次《中国互联网络发展状况统计报告》显示，截至2021年6月，我国网民规模达10.11亿，较2020年12月增长2175万，互联网普及率达71.6%，形成了全球最为庞大、生机勃勃的数字社会。根据国家统计局和艾瑞统计数据，2015年—2019年我国网络购物市场交易规模以27.4%的年复合增长率高速增长，远超社会消费品零售总额同期8.1%的增速。2019年，我国网络购物市场交易规模达100173.1亿元，占社会消费品零售总额的24.3%[2]。

"互联网＋"消费满足了消费的多层次性和多样性，而中国经济增

---

① 王茜．"互联网＋"促进我国消费升级的效应与机制［J］．财经论丛，2016（12）：94-102.
② 艾瑞咨询．2020年中国电商营销市场研究报告［EB/OL］．［2020-04-26］．https：//pdf. dfcfw. com/pdf/H3_ AP202004261378665799_ 1. pdf？1587895230000. pdf.

长的潜力之一正是巨大的消费市场，且消费多层次性与"互联网＋"的多元性高度契合。互联网的多样性挖掘了许多未被有效满足的消费需求，很大程度上弥合了供给与需求由于信息不对称所带来的"裂缝"。

以"互联网＋"为代表的生产技术带来了一场全新的社会变革，我们的消费、购物方式都在发生改变，甚至有的专家预测，一旦进入到这个崭新的时代，传统的消费理论和经验都将失去效果，一种全新的经营模式正在影响我们每一个人。消费者的"买买买"已离不开互联网所提供的信息与指导，"吃着火锅唱着歌"哪一个也离不开"互联网＋"。在"互联网＋"的加持下，消费者的个性化需求能够被最大化地进行挖掘，从而激发消费的活力。

"互联网＋"消费包括线上购物和各类服务，以及线上线下融合的分享经济等。当前几乎任何消费都已与互联网存在不同程度上的结合，消费领域中的互联网已深入人心。

"互联网＋"有效促进消费，一是在供给端减少了交易成本，包括信息搜寻、距离等因素产生的成本被互联网消减；二是增加竞争性，互联网拉近了厂商之间的市场距离，直接而长期的竞争能够产生更好的产品质量和服务体验，进而扩大消费；三是扩大市场规模，互联网并无地理和交易时间的边界，理论上可以实现全球任何地区、任何时点的交易，使得更多潜在的消费变为现实。

目前我国一线和部分二线城市的消费水准已经接近发达国家水平，而三四线及更低线城市正在沿着一线城市的消费升级步伐，实现从商品到服务，从数量到品质的转变。可以看到，在互联网领域围绕消费，既有大平台也有相对小众的应用；既有面向一二线城市的品质电商，也有针对广泛三四线城市的下沉式电商。

"互联网＋"促进我国消费的不断增长，消费不再受空间和时间限制,也进一步扩大了就业。"互联网+"能够创造出大量以前无法实现的就业岗位,同时使得很多劳动个体的价值得到更大化地发挥。"互联网+"通过扩大消费需求,来增加就业和创业需求。同时,"互联网+"消费更具开放性和连接性,可衍生出更多需求和对应的产业,从而创造就业岗位。显然,快递业和同城配送行业的兴起是依靠于互联网购物和消费平台的发展。

"互联网+"也进一步增加就业机会,实际上并不仅仅是快递、仓储等近几年爆发式增长的行业。随着互联网消费渠道的下沉,"互联网+"带动的就业正在向更为广阔的低线城市延伸。例如,对农村商业生态的再造、优质农产品缩短中间环节更高效地直达城市,都会最终体现为收入和就业的增长①。

(二)"互联网+" 消费模式与行为分析

人们的消费关系和行为按照消费者的消费内容、基本趋势组成的大数据汇成固定路线,即以消费者的消费活动及消费行为为代表,从而做出社会消费的总价值判断。因此,互联网下的消费模式不仅反映了消费的主要内容,而且还反映了经济社会生活的生产成本。

"互联网+"背景下的消费模式来源于传统消费模式又高于传统消费模式,最大的特点就是直接影响着商品生产、市场流通、经营销售等环节,消费者在获得和使用所购护肤品的体验之后,则会形成三种可能的购后反应:

---

① 新华网."互联网+"加持消费稳步增长 [EB/OL]. [2019-07-18]. http://www. xinhuanet. com/finance/2019—07/18/c_ 1210201648. htm.

一是强化了原来选择的信念，认同并重复购买；

二是认为原来的选择不过不失，不重复购买但无负面反应；

三是打破原来选择的信念，流露出后悔之意甚至反感，并采取不同的行为来弥补损失乃至进行负面扩散合成了消费模式的新常态。

因此"互联网＋"的消费也具备传统消费模式的基本特点，但在了解信息方面，"互联网＋"消费带给消费者更直接的消费判断，从而进一步提供给消费者自我学习的氛围。

互联网环境下的消费加快了有效市场机制的形成，加强了市场竞争，最具效率的企业得以更快地胜出。同时，互联网让信息更为透明，有助于优化投资决策，让资本配置更为有效。互联网推动劳动力技能提升、提高劳动生产率；通过降低价格，让人们获取信息更为便捷，以及带来各种各样的便利创造消费者剩余。从而改变了经济增长的模式，优化了生产产能，创造出新的生产力。

"互联网＋"消费需求主要表现在如下 6 个方面：

1. 追求文化品位的消费心理

消费动机的形成受制于一定的文化和社会传统，具有不同文化背景的人选择不同的生活方式与产品。在互联网时代，文化的全球性和地方性并存，文化的多样性带来消费品位的强烈融合，人们的消费观念受到强烈的冲击，尤其青年人对以文化为导向的产品有着强烈的购买动机，而网络消费恰恰能满足这一需求。

2. 追求个性化的消费心理

消费品市场发展到今天，多数产品无论在数量上还是质量上都极为丰富，消费者能够以个人心理愿望为基础挑选和购买商品或服务。现代消费者往往富于想象力、渴望变化、喜欢创新、有强烈的好奇心，对个性化消费提出了更高的要求。他们所选择的已不再单是商品的实用价值，更要与众不同，充分体现个体的自身价值，这已成为他们消费的首要标准。可见，个性化消费已成为现代消费的主流。

3. 追求自主、独立的消费心理

在社会分工日益细分化和专业化的趋势下，消费者购买的风险感随选择的增多而上升，而且对传统的单向的"填鸭式""病毒式"营销感到厌倦和不信任。在对大件耐用消费品的购买上表现得尤其突出，消费者往往主动通过各种可能的途径获取与商品有关的信息并进行分析比较。他们从中可以获取心理上的平衡以减轻风险感，增强对产品的信任和心理满意度。

4. 追求表现自我的消费心理

网上购物是出自个人消费意向的积极的行动，通常表现为花费较多的时间到网上的虚拟商店浏览、比较和选择。独特的购物环境和与传统交易过程截然不同的购买方式会引起消费者的好奇、超脱和个人情感变化。这样，消费者完全可以按照自己的意愿向商家提出挑战，以自我为中心，根据自己的想法行事，在消费中充分表现自我。

5. 追求方便、快捷的消费心理

对于惜时如金的现代人来说，在购物中即时、便利、随手显得更为重要。传统的商品选择过程短则几分钟，长则几小时，再加上往返路途的时间，消耗了消费者大量的时间、精力，而网上购物弥补了这个缺陷。

6. 追求躲避干扰的消费心理

现代消费者更加注重精神的愉悦、个性的实现、情感的满足等高层次的需求满足，希望在购物中能随便看、随便选，保持心理状态的轻松、自由，最大程度地得到自尊心理的满足。店铺式购物中商家提供的销售服务却常常对消费者构成干扰和妨碍，有时过于热情的服务甚至吓跑了消费者①。

（三）"互联网＋"消费环境影响因素分析

环境影响因素很多，从营销组合因素、社会阶层、参考群体等方面来看：

1. 营销组合因素分析

从产品、价格、分销渠道和促销四个方面来考虑对网上消费行为的影响。

（1）产品。产品是营销组合的首要因素，是研究消费行为的重要影响因素之一。即使网上购物已经成为当今热门的消费模式之一，但消费者并非对任何产品都愿意选择在网上购买，网上消费行为不可避免地受到网上所销售产品的种类的影响。根据艾瑞公司对网上购物各类别商品市场份额调查的有关数据显示，数码、电子产品、书籍、音像制品之类统一规格、标准性程度较高的商品，一直都位居网上最常购买产品类别的前列，占据着较高的市场份额。这些标准单一且有价格优势的产品不仅迎合广大网上消费者的需求，而且适合在网上销售，能给消费者选择在网上购买的理由，从而引起其购买行为。

（2）价格。网上直销的形式减少了传统渠道中的许多中间环节，使得网上销售的商品更具价格优势，吸引了价格敏感的消费者上网购物。在网上购物过程中，消费者也能非常方便和容易地收集各种商品的有关资料并进行价格比较，可见，价格仍然是消费者转投网上消费的重要

---

① 谢虹. "我爱我家"家装建材电子商务模式研究和改进方案 [D]. 上海：复旦大学，2005.

原因。

（3）分销渠道。网上商店好比每天 24 小时营业的便利店，顾客可以随时随地完成购物计划，网上购物也实现了厂商和消费者之间一对一的网络直销形式，消费者可以更便捷地买到所需商品。由于网上消费是在网上完成的，网上商店就构成了网上购物环境的主体部分，网站的外观设计也影响到消费者购物时的心情和购买决策。再者，消费者网上购物追求便捷，网站系统的产品搜索、信息提交、订货、付款等程序操作设计是否简便和安全等都直接影响了消费者对网站的好恶和忠诚度，从而影响其消费行为。

（4）促销。这里的促销即网上促销，包括网站推广、网络广告以及网上产品促销活动等。消费者在网上会接触到各种各样的网络广告，消费者对不同类型网络广告的偏好及这些广告对消费者的吸引程度，都不可避免地影响着网上消费者收集信息和购买决策过程。

2. 教育及职业背景的影响

由于不同消费者的学历、从事的职业存在不同，因此消费者能否在网上消费必然受到经济能力、学历、职位等社会阶层因素的影响。这一点在艾瑞公司有关网上购物的调查结果中也有明显的体现：在网上购物用户中，大专以上学历的比例最大；中高收入水平用户最多。学历的高低体现对互联网技术的接受程度，收入的高低体现不同的职业类别和层次，购买行为和方式也有所不同。如熟悉互联网技术和追赶潮流的白领会更容易接受和尝试网上购物。

3. 网络社区的影响

网络社区是对个体的一个很重要的外部影响因素，包括了朋友、家人、同事这些基本群体，还有网上的虚拟群体。消费者无论是咨询产品的相关信息还是购买经历、使用效果，在论坛里都能得到答复，而且不止一条帖子，论坛的成员不仅可以提供所需要的信息，还附加真实的个人意见。随着互联网应用的不断发展，网上形成的各种群体正逐渐从开始的偶然组合变成基本群体，网站论坛、虚拟社区、即时通信等为虚拟群体的存在提供了良好的条件，也使得虚拟群体对个体的影响力日益增大①。

（四）"互联网＋"激发消费新的动能

1. "互联网＋"创新消费新业态

2014 年 11 月，国务院总理李克强在出席首届世界互联网大会时指出，互联网是大众创业、万众创新的新工具。随着科技的发展，中国已然迈进了"互联网＋"时代。一方面，大数据、人工智能、5G 等新技术的迅猛发展，使生产和消费的场景发生深度变化。由互联网技术催生出新零售、新物流等新产业和新业态的同步创新，为经济的持续增长注入新动能。另一方面，伴随着中国经济进入新常态，"互联网＋"激活了消费热点，在经济稳增长中发挥着重要作用。党的十九届四中全会提出，坚持和完善社会主义基本经济制度，推动经济高质量发展，数据是重要的生产要素，这是中央依据"互联网＋"产业发展的新趋势作出的重大判断。

"互联网＋"消费带有明显的数字经济特征，随着工业 4.0 时代的

---

① 姜彩芬. 重视网上消费行为研究　促进 B2C 电子商务发展 [J]. 经济师，2006（02）：137 －138.

到来，人工智能、大数据等新一代信息技术迅速发展，我们的生产和生活方式也深刻改变。要顺应科技革命产业变革的新趋势，加快完善市场机制，积极推进"互联网＋"行动，培育"互联网＋"新型消费业态。坚持需求导向和民生导向，进一步优化市场监管，打造良好营商环境，在数字经济、电子商务、文娱融合等方面进一步增加服务商品、体验商品的供给，培育和释放新的发展动能。

2. "互联网＋"消费是稳增长的重要力量

中国正在加速经济转型升级，经济增长已实现由主要依靠投资、出口拉动转向依靠消费、投资、出口协同拉动。根据国家统计局发布数据显示，2019 年我国居民人均可支配收入达到 30733 元，比上年名义增长 8.9％，扣除价格因素，实际增长 5.8％。随着居民收入的持续增长，社会消费的潜力逐步释放。2015 年 3 月，国务院总理李克强在《政府工作报告》中首次提出制定"互联网＋"行动计划，旨在从国家层面促进大数据、云计算、物联网为代表的新兴信息技术与现代制造业、生产性服务业等深度融合创新，发展壮大新兴业态，打造新的产业增长点，为"中国智造"提供支撑，增强经济发展新动能，促进国民经济提质增效。"互联网＋"时代的到来，迅速冲击改变着原有的生产形态、商业生态和消费业态。互联网作为基础设施的普及、电子商务的发展、线下转向线上购物的场景转换，使我们的生活方式发生了前所未有的变化。比如，电子书改变了我们的阅读方式，京东、淘宝、拼多多等社交电商的发展为消费者带来更便捷更舒适的购物体验，满足了消费者个性化、多元化的消费需求。

中国经济正处于转型发展的重要关口，外部环境复杂严峻，提升消费在我国经济稳增长中的作用十分必要。商务部副部长钱克明指出，2019 年全年中国社会消费品零售总额 41.2 万亿元，同比增长 8％，消费对经济增长贡献率达 57.8%，拉动 GDP 增长 3.5%，连续 6 年成为经济增长第一拉动力。依托互联网平台优势，更大的生活服务业蓝海正在开启，从电商平台的飞速发展到罗永浩直播带货的传播效应，"互联网＋"消费的形态日益多元化，线上消费等正在迅速地挤压线下消费的空间。进一步培育壮大"互联网＋"，激发消费新动能，对当前国民经济持续稳增长具有重要作用。

3. 疫情当前"互联网＋"新消费逆势崛起

随着我国"互联网＋"消费呈现向纵深发展，大数据、云计算、人工智能等新一代信息技术广泛应用，改善了"互联网＋"消费者的体验，增强了线上消费的黏性。移动支付和网上购物已成为民众普遍的生活方式，"互联网＋"不仅带来了产业结构的升级调整，也极大地塑造了新消费形态，为国民经济带来了新的增长动能。

新冠肺炎疫情暴发后，全民积极响应疫情防控要求减少出门，线上消费量大幅增加，线上消费领域进一步拓展。盒马鲜生、京东到家等线上超市的订单爆满。线上消费也从原有的实物消费、居民消费加速向服务消费、生产领域延伸，如在线教育、远程办公、在线医疗与生鲜网购等为代表的"互联网＋"新消费模式的快速崛起，以京东分享为代表的一大批社交电商逆势爆发式增长，手机 APP、微信小程序等成为网络消费的主场。疫情期间，"互联网＋"医疗在打破医患之间的空间局限、避免线下交叉感染、提高医疗服务效率和缓解线下医疗资源紧张等方面的优势迅速彰显。同时，"互联网＋"在稳就业方面也发挥了重要作用，58 同城线上开设"灵活用工专场""配送招聘专场"，联合顺丰、京东等6000 多家企业提供多元化岗位，满足返城择业需求。值得注意的是，这些新的变化实则是移动互联网加速普及、城乡居民收入持续增长、消费升级所带来的"互联网＋"新消费的快速发展。

4. 培育壮大"互联网＋"产业激发消费新动能

由于我国现阶段面临的外部环境复杂严峻，中国制造可能受到外部的各种干扰和阻碍，必须做好长期应对外部风险挑战的准备。"互联网＋"黏合新产业、倒逼传统产业转型的能量正迅速释放，成为经济增长新的动能。坚持扩大内需，利用"互联网＋"激发消费新动能，使中国经济的长期向好的基本面更加稳固。发挥消费在"稳增长"中的基础性作用，稳步提升消费对经济增长的贡献率，必须以"互联网＋"为驱动，大力倡导和推动诸如"互联网＋"教育、"互联网＋"医疗等新型服务业的发展，鼓励产业创新、促进跨界融合、惠及社会民生的同时，拓展消费新领域，培育新的经济增长点，推动经济社会高质量发展。

加快完善现代流通体系。随着新兴的"宅经济"消费力量，"互联网＋生活服务"的下沉趋势会进一步显现，本地生活数字化蕴藏着巨大的消费潜力，将是经济增长新的动能。因此，应不断完善现代流通体系，构建以消费者为中心、市场驱动、数字化技术支撑、上下游结合的产业供应链体系，以适应"互联网＋"新消费形态变化的需求。

运用数字化转型促进企业降本增效。国务院发展研究中心产业部研究室主任、研究员魏际刚认为，"本地生活产业链接消费者和上游的农业、制造业结合，有重要的市场信息传导价值。可以推动供应链朝着个性化、定制化、短链化、数字化、智慧化迈进。"因此，应以数字智能化驱动"互联网协同"与"开放赋能"并举，通过数字化转型促使企业降本增效，提高创新力、竞争力和抗风险能力，从而增强宏观经济的发展动能。